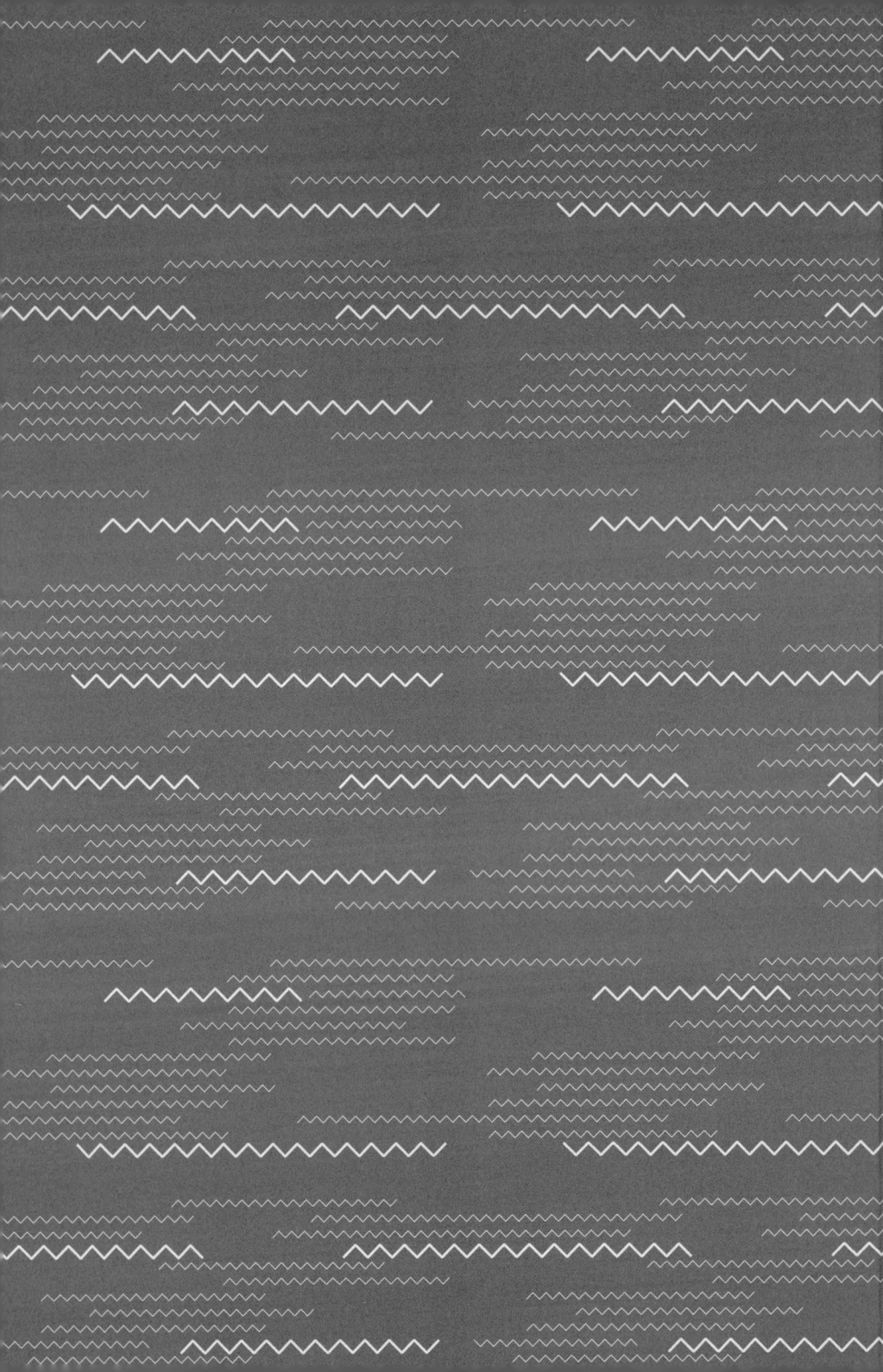

富士坑
美國製造的真實故事

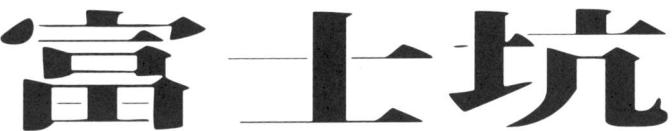

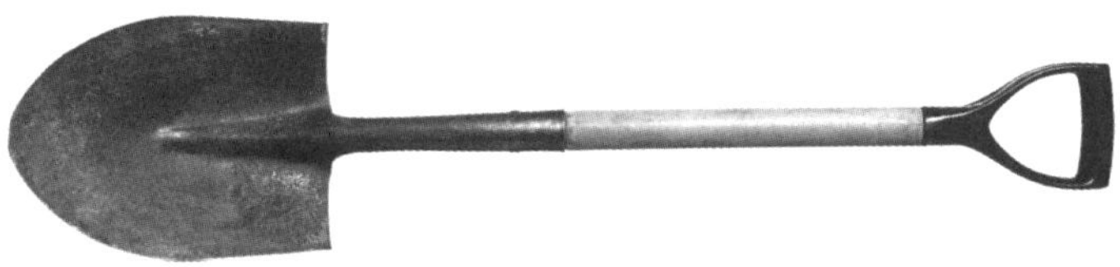

Foxconned
Imaginary Jobs, Bulldozed Homes,
And The Sacking Of Local Government

LAWRENCE
TABAK

勞倫斯・塔巴克——著　方佳馨——譯

目 次 Contents

導讀　沒有加害者的一場騙局／顏擇雅 —— 7
前言　我們每天都在被富士「坑」 —— 13
富士康威斯康辛計劃時間軸 —— 20

第 1 章　夢想新居幻滅 —— 39
Your Dream House Is Blighted

第 2 章　富士康進軍美國：夢想還是騙局？ —— 49
Foxconn Comes to America

第 3 章　富士康又畫了什麼大餅？ —— 61
What Does the Foxconn Say?

第 4 章　誰做的電視 —— 69
Who Made That TV?

第 5 章　土地掠奪：居民的抗爭 —— 85
The Land Grab

第 6 章　拉辛──鏽帶的典型縮影 ─── 103
　　　　　Racine, Poster Child of the rust Belt

第 7 章　TIF 重鎮謝拉德 ─── 127
　　　　　Sherrard, Illinois

第 8 章　猴猴做代誌 ─── 151
　　　　　Monkey Business in the Middle

第 9 章　瓦西里‧列昂惕夫與
　　　　　投入產出經濟影響分析 ─── 163
　　　　　Wassily Leontief and input-output economic impact

第 10 章　「飛鷹」盤旋下的經濟幻象 ─── 179
　　　　　　Flying Eagle Economic Impact

第 11 章　富士康的瘋狂「茶會」 ─── 193
　　　　　　A Tea Party for Foxconn

第 12 章　**閃閃發光的海市蜃樓** —— 207
A Bright, Shining Object

第 13 章　**點石成空術：
當政府自封經濟預言家** —— 225
The Problem with Picking Winners

第 14 章　**風兒似乎把不祥之物帶進城了** —— 235
An ill Wind Blows

第 15 章　**從地方發跡的貪婪** —— 247
All Politics are Local

第 16 章　**蠱惑人心的 TIF** —— 257
The Trouble with TIF

第 17 章　**有錢能使鬼推磨** —— 277
Following the Money

第 18 章 **深入富士坑** —— 293
Foxconn on the Ground

第 19 章 **從輪迴到覺醒** —— 305
Breaking the Cycle

後記　新合約 —— 327
致謝 —— 329
注釋 —— 333

導讀
沒有加害者的一場騙局

顏擇雅

通常，企業名稱變成英文動詞，都是因為曾經開創全新市場。例如 google 等於網路搜尋，hoover 等於吸塵清潔，xerox 則是影印，這些動詞對企業都是一種禮讚。相較之下，勞倫斯・塔巴克這本書的英文版書名是把 Foxconn 詞尾加 ed，也就是變成動詞被動式，是很反常的。

反常，因為英文讀者看到，就知道書名完全沒要禮讚富士康。英文 con 當名詞是詐騙案，也可作動詞，「我被坑了」英文就講：「I have been conned」。中文書名「富士坑」，可說譯音兼譯意。

把公司和坑騙連在一起，不構成毀謗嗎？顯然不，不然富士康早向作者與美國出版社提告了。

書名在內文只出現一次，前言最後一句：「我們每天都在被富士坑（Foxconned）。」擔心讀者不夠明白，最後一章如此收尾：「這不過是一場曠日費時的騙局（It is nothing but a long con）。」指富士康在美國威斯康辛州的投資案。

說投資案是騙局，是指控富士康搞詐騙嗎？

答案是沒有,連暗示也沒。其實,整本書看不出有在譴責誰。開頭先寫因為富士康的投資案而失去家園的當地居民,所以確定有受害者。但誰是加害者呢?作者並沒寫。

怎可能有一樁詐騙案,只有受害者,卻沒加害者?

這麼說吧:如果騙局參與者其初衷並不是想騙人,他們本身也算是被騙,這樣不管他們是否相當甘願被騙,有沒從騙局中獲利,都不能說是加害者。

但是,如果郭台銘沒在 2017 年給威斯康辛州畫大餅,就不會有土地徵收,居民也不會失去家園。後來富士康創造的工作機會根本只有當初承諾的十分之一,怎不算詐騙?

郭台銘早有多次講話不算話的紀錄。他曾說要大手筆投資印尼、越南、巴西、印度,金額講出來都是天文數字,後來都雷聲大雨點小。但有一陣子,他的確開口閉口都是面板,不只為了「鴻夏戀」高調接受日媒訪問,還說要「聯日制韓」,也大手筆在廣州增城投資大面板廠。當他說要在美國建另一座面板廠,我們頂多想:又來了,這人真的相當勇於做夢。

要不要相信郭董,則是另一回事。台灣人身邊多少都有一位因為郭董保證而股票買在高點的股民。

威斯康辛的那次大夢當然受到不少質疑,尤其在視面板為頭號「慘業」的台灣。但在 2017 那年,郭台銘兩次進白宮,4 月那次神祕兮兮,7 月則高調在白宮東廳宣布投資計劃,這場所一向只讓美國總統與國際元首合開記者會的。台媒當然要捧他為「台灣之

光」。也許，郭董是掌握了什麼大家還不知道的技術，有辦法另闢藍海？

等 2019 年中國京東方、華星光電新廠陸續量產，超大尺寸面板價格崩跌，我們就知郭董給威斯康辛州的承諾就是自欺欺人。美夢顯然已被市場鐵拳打碎，所以連廣東面板廠他也急著脫手。但既然是被自己的夢想所騙，沒人可以說他當初有要騙美國人。

商場豪傑勇於作夢是應該的，夢碎也沒什麼大不了。比較匪夷所思的反而是：美國人當初怎會相信他？這點，我們必須閱讀《富士坑》一書才有辦法理解。

面板是相當知識密集的產業，怎可能一個廠要用到一萬三千個藍領工人？還保證薪資足以在美國養家活口，這樣怎可能有競爭力？這種承諾在台灣會當作笑話，美國人卻買單了，這就是台美文化差距。

美國人之所以買單，《富士坑》一書在第 12 章有解釋：美國人熱衷「再工業化」(reindustrialisation)，很大成份是基於懷舊情緒，也就是對「輝煌三十年」的眷念。1950 到 80 年，美國有大量藍領工人的收入足以買房、買車、養小孩，這段美好歲月是製造業外移才結束。從此貧富差距拉大，工業城衰敗不堪，毒品肆虐。所以美國人就以為只要製造業回流，不只藍領工人可以重回中產階級，社會問題也可迎刃而解。

如果要我指出整本書中的最大騙局，我會說是這種對製造業已經過時的想像。它讓美國人跟郭董一樣，都在自欺欺人。

台灣沒有這種幻想，一來是台灣從來不曾存在藍領中產這種階級。二來是有個事實對台灣人來說是旁觀者清，美國卻極少人意識到：那三十年的美國製造業榮景，靠的是技術遙遙領先。說當時藍領收入保障是靠工會，是見樹不見林。宏觀一點應該說，當時的美國資方並不具有生產外移的選項，生產過程也比今日勞力密集，才有利於工會茁壯。

　　正因為台灣人沒有美國人那種幻想，所以都知道移出去的工作不會再回來了。就算回來，需要的知識或技能也一定比從前高一大截。這是為何台灣總在講產業升級與產業競爭力。類似用語在美媒卻很少出現。基本上，美媒跟美國政治人物一樣，只講 jobs（工作機會）。

　　正因為美國人對製造業的想像還停留在過去，所以往往把製造業想得太美好。不像台灣，想到製造業就想到代工，就想到環境污染，毛利率超低，還有工程師在旺季必須賣肝，淡季要放無薪假，工作也沒保障，因為只要中國那邊產能過剩，台灣這邊就死一片。

　　作者認為富士康投資案的問題出在「招商補助大戰」（第19章）。但台灣人應該會想到許多作者沒想到的問題。以我們認知，如果可以做研發設計和品牌，誰想做代工？就算美國身為大國，製造能力必須維持某種水平好了，但可以選的項目那麼多，為什麼選面板？難道面板具有戰略重要性，還是美國具有什麼適合生產面版的競爭優勢？這些問題，無論在台灣、中國、韓國還是日本，在政府決定投入某一項目之前，都必須好好評估，但美國人好像不覺得需要。

富士坑　*Foxconned*

書中指的騙局，指的是各州競相提供好處給企業，以及這種制度設計背後所形成的政商食物鏈。但這制度到底錯在哪裡，我們可能不見得會同意作者。作者認為政府根本不該給企業好處，但東亞製造業的成功經驗，多數都有賴政府獎勵措施，台灣半導體、韓國面板、中國太陽能板都是顯例。也許本書所描述的亂象，根源是美國特有的聯邦制？州與州之間競賽誰能給企業最多優惠，別說州政府那邊會被競標氣氛衝昏頭，企業這邊也容易被捧太高，以至於忘了我是誰。

　　後來，富士康在威斯康辛州創造的工作機會太少，拿不到多少優惠。偏偏依據合約，不管富士康要在當地從事多少生產，都必須付出龐大房地產稅，至少付二十年。換句話說，沒人可說富士康有坑美國人的錢。但地方政府有為了富士康而債台高築卻是真的，錢是進了誰的口袋呢？

　　是這些人：協助政府徵收土地的房仲業者、協助政府發債的金融業者、受政府委託寫經濟影響報告的會計師事務所、負責整地的營建包商。整本書最觸目驚心的，就是這些業者與地方官員之間的良好關係。

　　美國很難得有一個聯邦、州、郡、村每一級政府都牽涉到的失敗招商案，主角竟然是台商，還寫成一本書。如今赴太平洋對岸投資的台灣製造商，已比 2017 年多很多。台灣人從沒像現在這樣，需要掌握台美文化差異。光這點，就構成我們需要閱讀《富士坑》的一大理由。

導讀　沒有加害者的一場騙局

前言
我們每天都在被富士「坑」

我在美國愛荷華州迪比克（Dubuque）長大，好友的爸爸在市中心開了一家電器行。店裡的櫥窗塞滿了當時的新奇玩意：畫質有點糊的彩色電視、錶盤會發夜光的收音機、還有看起來很厲害的高級音響主機。我準備離開迪比克去讀大學之前，在店裡買了一台小音響，是個叫 Panasonic（松下電器）的日本新品牌，那時還沒什麼名氣。

那年頭，藍領工人絕對算是中產階級，努力點的高中畢業生，只要去約翰迪爾迪比克工廠（John Deere Dubuque Works）或迪比克包裝廠（Dubuque Packing Plant）跑生產線，就能養活一家人。順帶一提，那個包裝廠出產著名的「百合花火腿」（Fleur de Lis Hams），在美國中西部頗具代表性，曾是當地經濟和飲食文化的象徵。當時迪比克的差異性基本上只有宗教之別：新教和天主教。[1] 雖然希爾街（Hill Street）有塊小小的三角地帶住著幾戶非裔美國家庭，但城裡其他地方不是被契約硬性隔開，就是大家心照不宣，劃分界線。我們只有一所公立高中，摔角明星喬丹・史密斯（Jordan

Smith）大我一屆,是全校唯一的黑人學生,我那屆更是一個都沒有。印象中,西班牙裔人口就只有一個從委內瑞拉來的交換學生。

不過在我小時候,一切開始轉變。先是鎮西邊開了「二十號廣場」(Plaza 20),帶來愛荷華州第一家大型連鎖折扣零售商 Kmart,這種大賣場當時可是新潮流,搶走不少人氣。接著又蓋了室內購物中心,市中心最大的百貨公司「羅謝克」(Roshek's)也跟著搬過去,小本經營的雜貨店一家家關門。當時的地方大老(那時全是男的)眼看市中心一天天沒落,心急如焚,趕緊搶下 700 萬美元的聯邦都更資金。他們拆了空房子,把鐘塔搬到基座上,還在市中心設計徒步區,想重振老街榮景。只可惜,建好了卻沒人來逛。

接著,工業危機來了。1970 年代末,迪比克包裝廠的工人一年能賺 2 萬 5 千美元,換算成 2020 年的錢大概是 8 萬 7 千美元,工廠最熱鬧時有三千五百人上班。但是提供高薪、高福利加上老舊的廠房設備,導致包裝廠完全鬥不過別處常用移民與低薪工人的新廠。最後歷經裁員、減薪,苦撐到 1982 年還是關門大吉,鎮上的失業率直接飆升到 17％以上。我不是唯一離開的人,迪比克人走得乾乾淨淨,這地方的人口在 1980 年達到頂峰後就一蹶不振。

不過,跟全美各地一樣,迪比克的都更計劃讓這地方第一次自己接手商業發展。1960 年代末到 1970 年代之前,大多數的城市官員壓根沒想過要插手零售或工業發展的事。但如今,聯邦都市發展資金早就用光了,你很難找到哪座城鎮不主動出擊、推動經濟發

富士坑　*Foxconned*

展。它們利用稅務優惠、基礎設施投資、土地優惠政策，甚至靠市政舉債來吸引企業進駐。

1990 年代我接到一項任務：為堪薩斯市（Kansas City）的商務雜誌《Ingram's》撰寫一篇報導，主題是巴特爾會議中心（Bartle Hall）的擴建計劃，計劃預算高達 9 千萬美元（換算成 2020 年的購買力約為 1 億 6 千萬美元）。這項擴建不只是要挽救當時疲軟的會議活動，市府還宣傳說，這將成為重振垂死市中心的核心推動力。

經過深入調查，我交出一篇報導，詳述這 9 千萬美元的投資為何注定讓人失望——無論是市中心的附帶發展，還是設施本身的財務報表皆然。當時全美的城市就像在鬥公民軍備競賽，拚命擴建會議空間。但過度建設加上會議業務沒多少成長，多數設施都陷入財務危機。我還發現，那些吹捧擴建的經濟影響研究漏洞百出，甚至有點投機。最慘的是，各方人士慫恿城市把錢砸進無底洞。顧問說展廳空間不夠、飯店房間太少，逼迫市府再蓋更大的，還得補貼飯店，結果地方財政花了大錢，賠了夫人又折兵。

《Ingram's》的編輯看完我的稿子嚇了一跳，馬上取消了任務。但我沒停下腳步，繼續把報導寫完，最後在《大西洋月刊》（Atlantic Monthly）找到了刊登機會。之後，這篇報導被多家媒體轉載，包括《沙加緬度蜜蜂報》（Sacramento Bee）和《夏洛特觀察家報》（Charlotte Observer）——這兩座城市當時都在考慮擴建會議中心。

2017 年 7 月某日，我看著新聞，想起了那篇報導。當時美國總統唐納・川普（Donald Trump）和威斯康辛州州長史考特・沃克（Scott Walker）正在白宮宣布一項重大工業開發計劃，而我正好住在威州。一家來自台灣的公司鴻海精密（Foxconn，即富士康）承諾要在美國打造一座超大的工廠群，計劃投資約 100 億美元，並雇用一萬三千名工人。我讀到各州為了爭取這座工廠拚命競標，還看到那些誇大的經濟效益預測，忍不住聯想到當初會議中心的建設軍備競賽。威斯康辛州為了吸引富士康，提供了最高 30 億美元的補貼，若再加上公用事業和地方政府的基礎建設費用，總額高達 45 億美元。也就是說，每個工作崗位的成本高達 34 萬 6 千美元，數字誇張得離譜。不只補貼規模驚人，這場白宮宣布的活動還顯示出經濟發展被政治化的程度又更上一層樓。

2017 年 8 月初，我向一家專注美國上中西部（也就是美國老工業區的「鏽帶」）議題的線上期刊《鏽帶雜誌》（*Belt Magazine*）提案，這地區正是川普勝選的關鍵。我建議調查富士康工廠計劃背後，州政府提供數十億美元補貼的經濟影響說法是否站得住腳。主編喬丹・海勒（Jordan Heller）鼓勵我放手去做。

很快就能看出，富士康提出的工廠計劃把州際競標戰推到了新高峰。每個工作崗位的成本都比一般公共補貼水準高出十倍。接下來一年，數百個地方政府爭相競標亞馬遜（Amazon）的新總部，美國像是陷入了一場失控的拍賣狂熱。出最高價者或許能風光一時，但很可能落入「贏家的詛咒」——這是拍賣研究中一個有名的

現象，高估價值最甚的出價者最終會贏得獎品。

但富士康和亞馬遜只是少數引人注目的案例。全美各地州政府和地方政府的經濟發展支出正廣泛且穩定成長，國內每個大城市、地區和州都設有配備齊全、薪資優渥的經濟發展機構，這些機構互相競爭，喊出更高的價碼或耍更厲害的手段來爭取企業投資。它們才是真正的買家。這些「買家」不只瞄準企業，還包括企業雇來的幫手——負責選址與投資激勵的顧問，這些人被經濟發展專業人士拉攏的方式，就像婚禮策劃師被鄉村俱樂部拉攏一樣。這群顧問讓這套機器運作得轟隆作響，他們如法炮製出一堆報告，讓花在發展上的每一塊錢，看起來都像當年買微軟首次公開募股的股票那樣聰明。

這些資金究竟來自何方？富士康的故事在規模上或許很突出，但除此之外它就像一扇窗戶，我們能從中看到一個根深柢固、制度化的過程——城市之間、州與州之間的競爭讓公共資金變得拮据，卻讓企業賺得盆滿缽滿。對經濟發展支出的熱愛跨越了黨派界線，但在像威斯康辛這樣由共和黨州長和立法機構掌控的州特別受歡迎。正如沃克州長的競選口號承諾：威斯康辛「對商業敞開大門」。減免企業稅、豪擲經濟發展資金看似帶來繁榮的希望，實際上卻是教育預算被砍、社會服務縮水，還推遲了老舊基礎設施的修繕支出。即便如此，州長和市長因爭取到交易而獲得的政治光環無可爭議。大家似乎都愛贏家，哪怕付出的代價高得離譜。

2016 年，川普承諾要讓製造業工作回流（就像我小時候在迪比

克的那種工作）——這是他吸引美國上中西部選民的一大賣點。對於威州東南部的拉辛郡（Racine County）來說，這是個好消息，因為這裡後來成了富士康廠區的選址地。比起迪比克，拉辛市（Racine）曾經是個更熱鬧的製造業中心，提供了大量高薪工作。二戰期間和戰後工廠缺工，這個地區只好從美國深南部招募勞工，拉辛因此成了那波「大遷徙」（Great Migration）的目的地之一。但就像迪比克一樣，從 1970 年代中期開始，拉辛也進入了經濟持續衰退的時期。所以富士康承諾帶來一萬三千個「能養家的」工作崗位，對當地兩黨的代表來說實在無法抗拒。然而，到了決定要把哪塊地給富士康的時候，不是每個人都那麼配合。幸好（對於那些支持者來說）拉辛之外的芒特普萊森特（Mount Pleasant，人口為兩萬六千）不只有大片空曠農地，還有一個由茶黨（注：Tea Party，2009 年左右興起的美國保守派草根運動，反對高稅收、大政府及歐巴馬健保，推動財政保守，影響共和黨右傾）領導的鎮委會。於是芒特普萊森特迫不及待抓住這個機會，鎮上的支持者相信——或者宣稱他們相信——支持富士康計劃就是在幫美國再次偉大。

深入研究富士康計劃，就會發現企業、承包商、顧問以及市與州政府之間的親密關係。一個根深柢固的經濟發展體系水落石出：用慷慨的納稅人資金補貼來酬賞企業，為政客帶來政治資本，還讓有關係的承包商與供應商賺大錢。公共補貼支出開出創造就業的支票來換取民眾支持，但最終只有少數人的荷包滿滿。我們現在的經濟發展方式，完全符合政治學家雅各布・海克（Jacob Hacker）和

保羅・皮爾森（Paul Pierson）所提出的「財閥民粹主義」（Plutocratic Populism）。² 財閥民粹主義指的是大多數選民最終支持一個集中財富的過程。現代經濟發展就像一台低調運作的機器，穩定地從公共資金中掏錢，去富上加富，推動美國日益加劇的收入差距，這不僅是國家的恥辱，也對共和體制構成了潛在的威脅。

我們每天都在被富士「坑」（Foxconned）。

富士康威斯康辛計劃時間軸

2017 年

1月22日 彭博社（Bloomberg）報導：富士康計劃與 Apple 聯手投資 70 億美元，在美國打造一座液晶顯示器（Liquid-Crystal Display，簡稱 LCD）的生產工廠。但這項合資計劃始終沒能成形。

3月1日 富士康在中國動工：富士康在中國開始建設一座 10.5 代的平面 LCD 製造廠，採用先進技術，預計成本為 85 億美元。

3月28日 安永會計師事務所（Ernst & Young）聯繫威斯康辛經濟發展局（Wisconsin Economic Development Corporation，簡稱 WEDC）：安永代表一個匿名客戶（也就是富士康）詢問一項工業開發案，說需要 40 英畝的土地外加 750 英畝的擴建空間，預計創造兩千個工作崗位。

4月28日 威州州長沃克及州政府團隊受邀至華盛頓，與富士康執行長討論一項重大外國直接投資案：「LCD 製造廠」。WEDC 的官員預測，這項計劃最終將創造三萬至五萬個工作機會。

6月2日 沃克與州政府團隊參觀富士康的大阪工廠。富士康預計

2017 年秋季動工，時間表誇張得離譜。沃克向富士康提出 22 億 5 千萬美元的補貼方案。

6 月 14 日　川普透露一家大企業可能將進駐威斯康辛。

6 月 17 日　WEDC 聲稱，這筆交易包含「兩個項目，總投資約 103 億美元，雇用約一萬四千人」。

7 月 7 日　密爾瓦基都會商會（Milwaukee Metropolitan Chamber of Commerce）主席提姆・希伊（Tim Sheehy）表示，這是「下一個 10.5 代液晶模組及最終電視組裝作業」，工廠占地龐大，需「超過 1,000 英畝，1,500 萬至 2,000 萬平方英尺」。

7 月 12 日　簽署協議：富士康董事長郭台銘與州長沃克簽署手寫協議，富士康承諾投資 100 億美元，創造一萬三千個工作崗位；威斯康辛則會提供 30 億美元的補貼，包括 17% 的薪資退稅和 10% 的資本投資退稅。雙方同意，這些工作中四分之三會雇用時薪藍領工人，年薪約為 5 萬 4 千美元。

7 月 26 日　白宮宣布協議：川普、郭台銘與沃克在白宮活動上宣布協議，眾議院議長保羅・萊恩（Paul Ryan，威斯康辛選區的共和黨人）是重要參與者。

7 月 27 日　沃克慶祝活動：沃克為密爾瓦基商界領袖活動印製徽章，上面寫著「歡迎來到威谷」（注：Wisconn Valley，亦與富士康的英文名稱 Foxconn 呼應），模仿矽谷（Silicon Valley）的詞彙顯示對富士康開啟高科技集群的期待。

10 月 7 日　富士康選址：富士康宣布美國廠址為芒特普萊森特，

並承諾在 1.56 平方英里內建設 2,000 萬平方英尺的廠區空間，最終將在「威谷科學園區」（Wisconn Valley Science and Technology Park）雇用最多一萬三千人。

2018 年

4月26日　美國特殊玻璃和陶瓷材料的製造商康寧公司（Corning）首席執行官確認，威斯康辛的新玻璃廠計劃已取消——除非州政府提供 7 億美元補貼和無限期稅務減免。一座採用先進技術的 10.5 代製造廠若要生產大螢幕電視顯示器，現場沒有這樣的玻璃廠就無法運作。

5月24日　針對計劃縮減威斯康辛投資的報導，富士康回應：「我們將創造一萬三千個工作崗位，並投資 100 億美元，在威斯康辛打造先進威谷科學園區的承諾沒有改變。」[1]

6月20日　富士康宣布將建造一座較小的 6.0 代面板製造廠，而非 10.5 代工廠。

6月28日　川普總統在芒特普萊森特主持動工儀式，富士康展示未來園區的規劃模型——約 2,200 萬平方英尺的工業開發區。

2018 年秋　信用評等機構穆迪（Moody's）下調芒特普萊森特的信用評級。

11月6日　州長沃克被州教育廳廳長托尼・埃弗斯（Tony Evers，民主黨籍）擊敗，埃弗斯贏得 52% 的選票。

2019 年

1 月 27 日　郭台銘特別助理胡國輝（Louis Woo）透露，富士康在威斯康辛的製造計劃已縮減，將轉向研發重點，主要雇用工程師和研究人員，而非生產線作業員。他補充：「在威斯康辛，我們不是在建工廠。」[2]

1 月 31 日　《日經亞洲》（*Nikkei Asia*）報導，由於「總體經濟狀況疲軟」以及貿易戰的緣故，富士康將暫停美國的顯示器生產投資。富士康重申承諾將雇用一萬三千名工人，但未否認報導。

2 月 3 日　川普總統直接介入之後，富士康反駁胡國輝 1 月 27 日的說詞，表示將繼續推進 6.0 代平面面板工廠。

2 月 5 日　富士康宣布，第一個在芒特普萊森特製造的產品將是德州公司 Briggo 的自動咖啡亭。

4 月 29 日　拉辛郡和芒特普萊森特借貸了 3 億 5 千萬美元，基於 10.5 代製造廠的需求為富士康基礎設施付款。工程包括擴建鄉村道路以及建設每日可從密西根湖（Lake Michigan）抽取兩千五百萬加侖水的主水管。[3]

6 月 2 日　喬伊・戴－穆勒（Joy Day-Mueller）在芒特普萊森特的房子被拆除，這棟房子以及其他七十四戶住家被鎮公所脅迫用徵收權買下後拆除。

7 月 10 日　富士康宣布，芒特普萊森特將於 2020 年 5 月開始動工製造，雇用一千五百人。此規模的員工需求遠遠超過自動咖啡亭

的生產,但未具體說明其他產品。

8月27日 富士康承諾捐1億美元給威斯康辛大學新建一座研究中心。一年後,大學僅收到的承諾資金不到1%,剩餘款項「尚未有顯著進展」。[4]

9月11日 受到平面面板價格崩跌和關稅影響,中國的電視在美國的競爭力下降,富士康暫停在中國開設價值85億美元的10.5代工廠。[5] 報導宣稱,富士康正尋求投資者資金注入,甚至可能完全出售。

12月31日 富士康聲稱,2019年威斯康辛超過最低五百二十名全職員工的門檻足以觸發首批薪資和資本補貼;人數包括帶薪實習生。埃弗斯政府對數字存疑,並因富士康未依合約規定建造10.5代製造廠而不願支付款項;審計後符合資格的員工減至兩百一十六人,遠低於補貼門檻。

2020年

1月21日 郭台銘承諾,2020年將在威斯康辛開始生產產品,並推動富士康「製造第5代無線通訊技術和AI應用元件」的願景。此外,他也在台北的鴻海集團年度愛心嘉年華活動上鼓勵員工外派美國工作。[6]

2020年春 富士康的第二棟建築完工,一座99萬平方英尺的製造廠,但未達6代面板製造規格。一座指定為數據中心的圓頂建築

也在建設中，威斯康辛官員稱這不在補貼合約內。

8月21日　富士康在芒特普萊森特開始製造口罩，雇用七十名時薪 13 美元的臨時工。[7]

10月12日　WEDC 拒絕富士康 2019 年高達 5 千萬美元的補貼申請，因未達五百二十名最低員工目標，也未履行建造先進 10.5 代面板廠的合約要求。

2021 年

4月20日　威斯康辛州與富士康簽署新合約，正式確認公司工業計劃縮減至原承諾 100 億美元的 2.7%。威斯康辛希望透過每個職位 5 萬 5 千美元的新補貼留住富士康，富士康則要支付芒特普萊森特和拉辛郡估計至少 14 億美元房地產稅，期限數十年。這些稅收將用於支付數億美元地方舉債的利息，畢竟債務是因支持富士康當初不切實際的計劃而導致的魯莽支出。

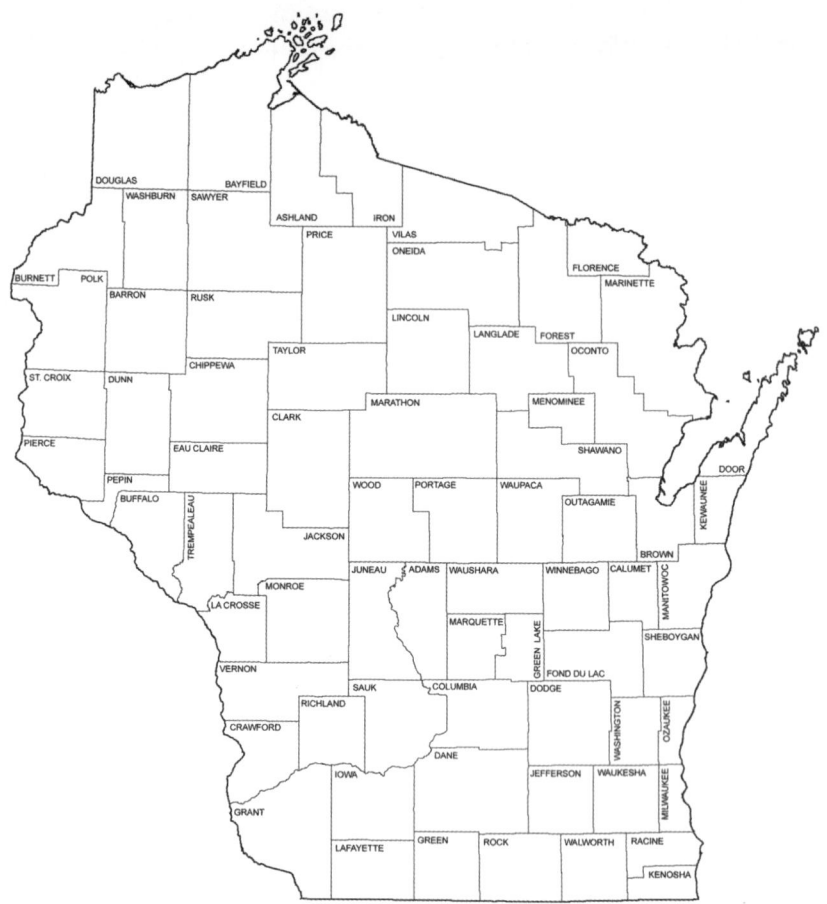

威斯康辛州郡級行政區地圖

打從一開始,富士康就表現出對威州東南地區的選址偏好,因為那裡的人口比較密集,且鄰近芝加哥郊區。

富士坑　*Foxconned*

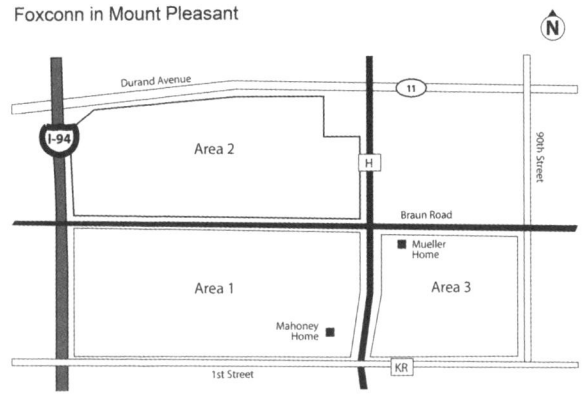

富士康在芒特普萊森特的建廠地點

上:雖然富士康曾宣傳,它們在日本的龐大工廠園區占地約 350 英畝,但在威斯康辛,規模打從一開始就大得多。富士康最初構想建廠的「第一期」就超過 1,000 英畝;它們也擁有收購「第二期」的選擇權。到了 2020 年秋,富士康已取得芒特普萊森特 1,015 英畝土地的產權。照片來源:Erins-Imaging。

下:在富士康進駐之前,這片地區大多為農業用地,鄉間道路旁有一些住宅零星分布。照片來源:Erins-Imaging。

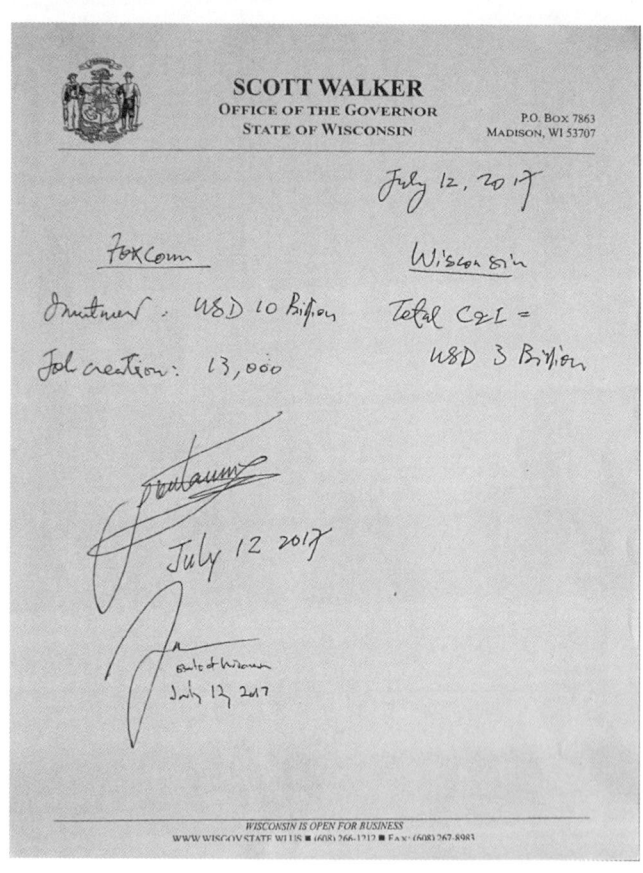

手寫協議書

2017 年 7 月 12 日,沃克與郭台銘在州長信紙上達成協議:威斯康辛州將提供高達 30 億美元的州政府激勵措施,換取富士康承諾創造一萬三千個工作機會及 100 億美元的資本投資(文件由《威斯康辛州日報》依《資訊自由法》取得)。

謝拉德的種種

上：通往謝拉德之路——儘管謝拉德地處偏遠，也缺乏雜貨店或餐館等基本設施，一座高檔高爾夫球場與湖畔住宅社區的構想仍激發了當地銀行主管弗萊及一群投資夥伴的想像。照片由作者拍攝。

下：費爾湖會館——原本設計為地標級會館與目的地型餐廳，最終卻以三寬的移動房屋充數。這起高爾夫球場開發災難（最後導致銀行家弗萊入獄）的關鍵人物後來被芒特普萊森特鎮任命為富士康案的專案主任。照片由作者拍攝。

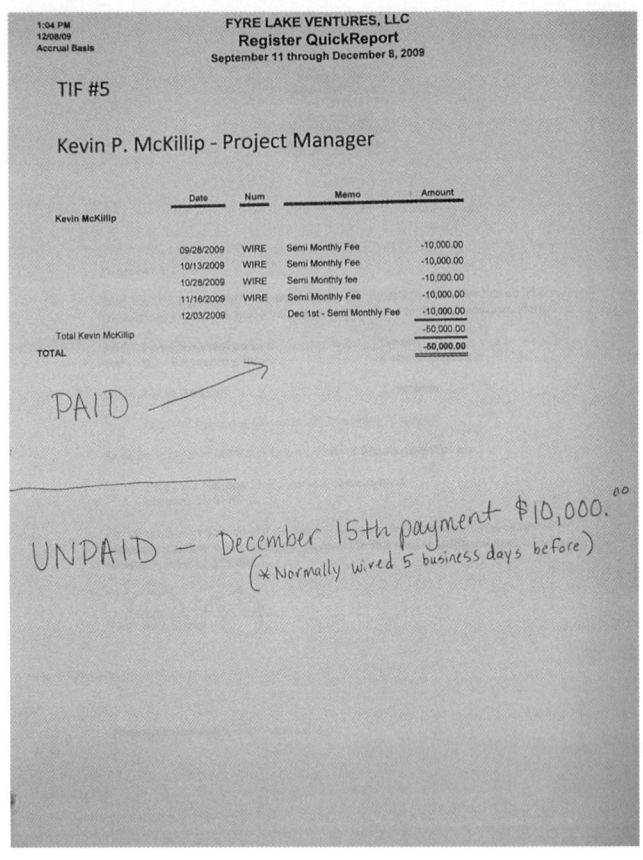

專案主任麥基利普的帳目——多位名為「專案主任」的人士共同導致謝拉德 1,600 萬美元的開發資金殆盡。帳目資料取自謝拉德的公開紀錄。

富士坑　*Foxconned*

狄揚家宅
上：拆遷前　中：拆除中　下：拆遷後
狄揚（DeJonge）一家於 2011 年搬入這棟寬敞的新居。2017 年 10 月，他們收到一封強制徵收通知書。隨後，地產被鎮公所宣告為「窳陋地區」。2018 年 11 月 8 日，他們的房屋遭拆除。圖（上）中由金·馬霍尼拍攝。圖（中）與圖（下）照片來源：Erins-Imaging。

理查茲家宅

上：拆遷前　中：室內　下：拆除中

理查茲夫婦擁有一棟保存良好的十九世紀農舍，位於 6.2 平方英里的「窳陋地區」內，附近也有眾多類似的老屋。這棟房屋連同其附屬建築於 2018 年 12 月 26 日至 27 日之間遭拆除。除了補償屋主外，鎮裡的納稅人還為拆除作業支付了 71,404 美元。照片來源：Erins-Imaging。

富士坑　*Foxconned*

富士康空拍圖
若不是因為這些最初建成的建築僅占原先承諾資本投資的 5%,且地方政府已全力投入數億美元基礎建設經費來支撐這場承諾中的產業開發,這些建築也許也算某種進展。照片拍攝:Mark Hertzberg。

富士康圓頂設施
截至目前為止，最引人注目的建築是富士康圓頂設施，當地戲稱為「富士康迪斯可球」。富士康說這是一座資料中心，不過，正如其他商業計劃，相關細節至今仍不明朗。照片拍攝：金·馬霍尼。

富士坑　*Foxconned*

屋主

上:馬霍尼夫婦因熟知自己的強制徵收權利,並堅持要求合理的買斷價格,一開始就被開發單位盯上。他們的「代價」就是成為區內最後一棟房屋未被夷為平地的屋主,親眼見證所有鄰居的家一一被推土機拆除。照片來源:Kevin Miyasaki。

下:在自家車道上的喬伊.戴-穆勒。她與丈夫麥可在 2017 年 10 月初收到強制徵收通知時震驚不已。他們 5 英畝的土地上有麥可除雪業務用的設施,還有一座費時打造的人工池塘,池畔豎著一面招牌,上頭寫著:「喬伊的海灘」。照片由作者拍攝。

動土大典
州長沃克、總統川普,以及富士康董事長郭台銘。
富士康於 2018 年 7 月舉行的動土典禮被美國總統川普讚為「世界第八大奇蹟」。這是一場茶黨風格的政治活動,出席者包括當地國會議員、時任眾議院議長萊恩、州長沃克,以及芒特普萊森特鎮長德格魯特。照片來源:路透社╱ Darren Hauck。

富士坑　*Foxconned*

威谷科學園區模型
富士康似乎十分懂得提供昂貴的模型與影片,而非真正落地的工廠。照片拍攝:
Mark Hertzberg。

1 夢想新居幻滅
Chapter Your Dream House Is Blighted

2008 年，金和詹姆斯・馬霍尼（Kim and James Mahoney）夫妻倆終於找到了一塊完美的土地，準備構築他們的夢幻新居。這塊地在芒特普萊森特的鄉下，周圍是種植經濟作物和蔬菜的農場，位於拉辛以西幾英里。他們喜歡這裡的鄉村氛圍，開車只要十分鐘就有電影院和超市，二十分鐘就能到拉辛工作。這是威斯康辛州的東南角，離密西根湖西邊大約十英里，往南十英里就是伊利諾州，距離芝加哥只要一小時車程。雖然他們還沒存夠蓋房子的錢，再加上有個三歲女兒，錢愈來愈難存，但他們不能讓這塊地溜走。多年來，他們經常來這裡走走，看著小開發區裡的房子一棟接著一棟蓋起來。他們修剪草坪，讓女兒在 1 英畝的土地上跑來跑去，心想這總有一天會是她的家。

2016 年秋，多年的期待與規劃終於動工，他們格外感動。這可不是普通的量產住宅：他們頻頻審視、細細考慮，精心修改每個細節。微波爐沒裝在爐子上方，而是放在腰部高度，因為金只有五英尺高。夫妻倆學著做石工，自己砌了整面壁爐牆。橡木地板也一樣——他們寧願花錢買高級木材，差額就用自己的勞力補上。

金解釋：「我們打算在這裡住一輩子，我們希望一切盡善盡美。」他們甚至選了單層設計，免得幾十年後退休時要爬樓梯。2017年2月，他們開開心心搬進新家。女兒已經和鄰居成為朋友，相處融洽。

那年春末夏初，芒特普萊森特（當時人口為兩萬六千人）有些傳言：也許有個大型工業計劃將會進駐此地。但沒什麼官方消息，他們的小社區遠離主要幹道，似乎安全無虞。

計劃的具體內容一直要到7月才在白宮的某場活動中揭曉，由川普總統、威州州長沃克和富士康董事長郭台銘領銜宣布。富士康是一家總部位於台灣的大型製造公司，大部分的資產在中國。富士康以超大工廠聞名於世，工廠有數十萬名工人組裝 iPhone 以及其他電子產品。

沃克是茶黨共和黨人，2010年首次當選州長。他在 Twitter 的簡介上自稱「基督徒、美國人、丈夫」及「威斯康辛第四十五任州長、哈雷戴維森騎士」。擔任州議員期間，他是美國立法交流委員會（American Legislative Exchange Council，簡稱 ALEC）的忠實成員，該組織推動極右議程，包括削減環保法規、監獄和其他政府職能私有化、設立教育券支持私校（注：教育券是一種政府提供的資金憑證，讓家長自由選擇子女就讀的學校，促進教育市場競爭）、限制投票權、打擊沒有合法居留證的移民。沃克主要的競選口號是「讓政府不再壓在人民背上」。根據歷史學家南希・麥克林（Nancy MacLean）的描述，威斯康辛州州長在上任之際，推出了一項由美

富士坑　*Foxconned*

國立法交流委員會及其主要支持者科赫兄弟（注：Koch Brothers，來自從事商業活動的科赫家族，以其政治活動及掌握美國第二大私營公司科赫工業〔Koch Industries〕而聞名）共同決定的計劃，意圖通過立法削弱公務員工會的權力。麥克林形容這項立法「極其致命」[1]，而沃克本人則稱之為「震撼彈」。

對公務員工會和教師發動突襲後，沃克很快便成為威州首位面臨州長罷免選舉的官員。然而，他成功挺過罷免危機，並於2014年順利連任。整個任期內，同事形容他始終如一，一心只想著下一次選舉。從第一任期開始，他就有意競選總統，即便在2015年的總統候選人提名戰慘敗，他仍未放棄這一抱負。他最具爭議的發言，莫過於回答有關外交政策經驗的問題時聲稱，在處理數千名抗議的小學教師後，擊敗伊斯蘭國（Islamic State，簡稱IS）不過輕而易舉——這番話被視為嚴重失言。[2]

郭台銘與沃克在白宮並肩站立的當下，郭董對計劃中的工業園區沒透露什麼細節，但他承諾將讓電視製造業重返美國。幾年前，日本電子公司夏普（Sharp）陷入困境，控股權被富士康收購——夏普曾為大型LCD面板製造廠投資了數十億美元，以期生產符合市場需求的大尺寸電視螢幕。富士康的構想是在威斯康辛州打造一座類似的工廠，並與供應商共同設址。時任眾議院議長萊恩站在講台後方，他的選區正是富士康選址的主要候選地。當時的傳聞顯示，工廠可能將落腳威州東南部的基諾沙郡（Kenosha County）或拉辛郡。房地產經紀人也開始在這兩個地區收購農地，準備進行交

易。直到2017年10月2日,官方才正式宣布:威斯康辛州有史以來最大的工業園區將坐落小鎮芒特普萊森特。在這之前,沒有舉行過公開聽證會,居民無從發表意見,甚至沒有舉辦任何公投。

10月初,馬霍尼一家正著手為新家布置第一棵聖誕樹時,掛號信件開始在社區內流傳。然而,他們還沒有收到自己的那封掛號,就先從鄰居和朋友口中得知了消息。當時,金正在莊臣(S. C. Johnson & Son,生產莊臣車蠟的企業)上班,丈夫來電說:他們所在的九戶住宅區即將被強制徵收。她回憶道:「當時我震驚不已,甚至有些恐慌。」

後來她拿那封信給我看,信件頂端印著「芒特普萊森特鎮」。信中使用了令人不安的術語「**徵收**」,並宣布:「您是受規劃道路改善工程影響的土地所有者」。工程與富士康的開發計劃有關,信件還用粗體字承諾:「**很快將有遷居專員與您聯繫。**」這些房屋將被夷為平地,地下室填平,土地的產權則將移交給富士康——在此之前,芒特普萊森特的居民幾乎沒有人聽過這家公司。

2017年10月11日,我從位於麥迪遜(Madison)的家出發,開車兩個小時前往芒特普萊森特參加富士康與未來鄰里的首次公開簡報會。我原以為會見到擠滿民眾的市政會議廳,富士康高層和當地官員組成座談小組,向居民說明計劃,回答問題。這場活動在新落成的市政大樓舉行,這座建築和馬霍尼家的房子一樣,放眼望去四周都是仍在耕作的農田。

然而,我走進會場才發現,這根本不是一場公開說明會,而是

富士坑　*Foxconned*

一場由總部位於密爾瓦基的公司穆勒傳播（Mueller Communications）主辦的公關活動。這家公司的擁有者兼執行長是卡爾・穆勒（Carl Mueller），他的客戶名單包括總部同樣位於密爾瓦基、立場極端保守且支持沃克的布萊德利基金會（Bradley Foundation）。基金會的總裁兼執行長曾擔任沃克2010年首次競選州長以及2012年罷免選舉期間的競選團隊主席。主會場內，穆勒傳播的人員圍繞著擺放好的展覽桌，桌上展示著未來富士康園區的設計圖、預計創造的就業機會，以及預計生產的產品等等。值得注意的是，這場活動的主辦方並不是富士康，而是芒特普萊森特，鎮公所聘請了穆勒傳播公司做公關宣傳。而截至2020年初，這家公司一共向該鎮開出了總額高達651,786美元的發票。然而這筆錢實際上並非來自鎮裡的普通預算，而是透過「稅收增額融資」（Tax Increment Financing，簡稱TIF）的方式支付──這部分的內容我們稍後再談。

沒多久我就發現，真正的重頭戲其實在一間擠滿人的小會議室裡上演。七十五名當地居民收到了芒特普萊森特鎮發的通知信，信中寫著，政府將根據威斯康辛州的「徵收法」收購他們的房屋。徵收權──也就是政府強制徵收私人財產的權力──歷史悠久，最早可追溯至羅馬帝國時期。在美國，這項權力被納入《美國憲法》的〈第五修正案〉，其中明文規定，政府在行使徵收權時必須基於「公共利益」，且必須提供「合理補償」。

多年來，美國法院一直認為徵收權只適用於公共工程，最常見的情況是道路建設與擴張。然而2005年，美國最高法院以五比四

的裁決結果，在「基洛訴新倫敦市案」（Kelo v. City of New London）中做出重大判決：在某些特定情況下，政府可以為私人開發計劃徵收土地，只要該計劃能透過增加房地產稅收和創造就業機會來促進經濟、復甦衰退的城市，就可視為符合「公共利益」。這項裁決普遍被認為是徵收權的擴張，引發了民眾與政治人物的強烈反彈。保守派認為這嚴重侵犯了私人財產權；自由派則擔心企業權力進一步擴張將導致財富與資源更不平等。幾年內，幾乎所有州都通過了限制徵收權的法律，防止類似情況發生。威斯康辛州的法律特別嚴格，只有真正荒廢的房產才能被政府徵收。對於獨棟住宅，法條規定只有在符合以下條件時，政府才能介入：

「廢棄、破敗、結構老舊或已無法使用。」

「房產本身、內部或周邊的犯罪率，必須至少是該市其他地區的三倍以上。」

這些條件確保政府不能隨意以「公共利益」為由徵收私人住宅，必須有具體的證據證明該房產已嚴重影響公共安全或市容。

然而，富士康計劃相當諷刺的是，指定開發區的州議員正是威斯康辛州眾議院議長、共和黨籍的羅賓・沃斯（Robin Vos），而他也十分積極推動這項計劃。不過十年前，他曾大力支持保護私人財產權的徵收法案，並於 2006 年公開承諾該法案將限制政府濫用權力。當時的他寫道：「這正是徵收權的本質。[3] 政府只有在極少數情況下（並支付公平市價）才能徵收私人財產，且僅限於該財產確實能夠造福公共用途。而不是因為某些公眾成員『希望看到另一家私

人企業開發』就能徵收。」如今，沃斯的所作所為與他過去的言論形成鮮明對比：他成了富士康計劃最大的支持者，即便計劃涉及政府強制徵收私人住宅，以供企業開發使用。

更荒謬的是，富士康在威斯康辛州所徵收的土地面積遠遠超過一般工業園區——總計 3,893 英畝（約 6.2 平方英里），相當於 4.5 個紐約中央公園大小。相較之下，富士康位於大阪郊區堺市最先進的 LCD 面板製造廠占地僅 340 英畝，且仍有足夠空間進一步擴建。然而，威斯康辛州的用地竟然是日本廠區的十倍——關於這一點，富士康和政府官員從未給出解釋。如果當初的開發範圍僅限 340 英畝，且在計劃縮減後即時停止道路擴建，幾乎不會有任何芒特普萊森特居民收到徵收通知書，更不會引發大規模的土地徵收爭議。

小會議室內，大約有一百位受影響的屋主及其親屬齊聚一堂，其中許多是由成年子女陪同的高齡居民。說明會由彼得・米斯鮑爾（Peter Miesbauer）主持，他是 G. J. Miesbauer & Associates 的繼承人，這家公司位於麥迪遜，專門從事土地徵收與補償協商（截至 2020 年初，公司已從芒特普萊森特政府獲得 403,950 美元的報酬）。米斯鮑爾人高馬大，在會場中央來回踱步，耐心聆聽屋主提出的問題。這些問題通常相當具體，但他的回應始終模稜兩可，只是不斷重申法條對土地徵收的定義，並強調政府依規定必須提供「公平市價」補償。然而，究竟多少才算「公平市價」？他始終沒有給出答案，現場不滿的情緒越發高漲，挫折感與怒氣在屋內瀰漫開來。

一位年長女士表示，她家正在進行大規模的房屋整修。「我該讓工人繼續將廚房完工嗎？補償金會把這些算進去嗎？」米斯鮑爾並未直接回應任何有關估價的問題，只表示這將由芒特普萊森特聘請的鑑價師決定。

其他屋主則問，這場變故帶來諸多困擾，是否會有所補償。這點米斯鮑爾倒是回答得很直接——法律並沒有規定要補償「精神損害與痛苦」。現場所有人都迫切想知道時間表：他們還能住多久？什麼時候會被迫搬遷？比起提問，金‧馬霍尼的發言更像懇求，她語帶哽咽，說他們一家子還從未在這棟夢想中的新家度過一次聖誕節。然而，米斯鮑爾能給的唯一保證，依然只是那句話：「你們會拿到公平市價的補償。」由於州政府與富士康之間的最終合約仍未簽署，米斯鮑爾對這些問題幾乎無法提供確切答案，只能補充一句：工程預計將於 2018 年春天動工。

在徵收會議還沒開始之前，主會場內、展示未來富士康園區地圖的攤位前，站著一位灰髮向後梳理的男子，金‧馬霍尼一眼就認出他，畢竟這幾個月他常常出現在報紙上。他是由第三方承包商聘請、代表芒特普萊森特負責推動富士康專案的人。他每月 2 萬美元的顧問費曾引發不少爭議，就連承包商卡普合夥工程公司（Kapur and Associates）也備受質疑，因為創辦人拉梅什‧卡普（Ramesh Kapur）多年來已為沃克的選舉挹注超過 10 萬美元的政治獻金。金主動上前自我介紹，對方回以微笑，說：「我是這個專案的新主任，克勞德‧洛伊斯。」（Claude Lois，Lois 的發音像「choice」的

結尾「loice」）金早已研究過威斯康辛州法規，指著地圖上的房產說：「你們不能徵收我的土地。你們可以出價買，但不能強行徵收。我們家離主要道路還很遠，而且這裡根本稱不上是『窳陋地區』。」洛伊斯臉上的笑容頓時消失，表情變得十分冷硬。他用一種當地居民日後熟悉的輕蔑語氣說：「別擔心，我們會找到辦法的。」

2 富士康進軍美國：
Chapter 夢想還是騙局？
Foxconn Comes to America

　　2017年7月26日，白宮東廳舉行的活動氣氛異常尷尬。沃克看起來特別不自在，也許是站在川普身邊的緣故，而川普在2016年總統選戰時，曾毫不留情狠狠批評沃克及威斯康辛州的經濟狀況。沃克一再把「富士康（Foxconn）」講成「富士坑（Fox com）」，還鬧出堪比《王牌大間諜》（*Austin Powers*）的蠢事——他自信滿滿地宣布：「這個計劃價值非常驚人：1千萬美元！」站在一旁的眾議院議長萊恩立刻拍了拍他的肩膀小聲提醒，沃克這才慌忙改口：「我是說100億美元！」接著，他又把富士康旗下的夏普誤認為夏普的競爭對手索尼（Sony），讓整場活動更加滑稽可笑。

　　郭台銘演講的濃重口音則帶來另一重挑戰。他不斷提到「AI、5G、AK生態系」，讓現場聽眾摸不著頭緒。我後來才搞清楚，AI指的是人工智慧（artificial intelligence），5G代表更快的數據傳輸（也就是更快的網速），而他口中的「AK」其實是「8K」——意思是電視螢幕上每平方英寸的像素數更多，也就是更高的畫質。但

……這怎麼就成了一個「生態系」？

　　媒體隨即大肆吹捧這項計劃。報導指出，富士康將投資100億美元，創造一萬三千個「能養家餬口」的工作機會，並生產市場上最受歡迎的消費電子產品：比鄰居家還要大的電視。威斯康辛州發行量最大的報紙《密爾瓦基哨兵報》（*Milwaukee Journal Sentinel*）以〈富士康時代在威斯康辛啟動〉為標題，將此事件渲染為一場重大突破。[1] 州長沃克在密爾瓦基舉行慶功宴，他興奮地向群眾宣告：「這將向全世界宣示——我們成功了！」他激動的情緒甚至反映在活動紀念徽章上，徽章上印著：「歡迎來到威谷」（Welcome to Wisconn Valley，注：就是威斯康辛、富士康，加上矽谷的意思）。這個名稱象徵富士康的進駐將促成一個科技產業聚落，與矽谷分庭抗禮。為了換取這項投資，威州政府承諾提供30億美元的激勵補助，當地各級政府也投入大筆資金來支持計劃。商業選址領域的權威雜誌《選址雜誌》（*Site Selection Magazine*）迅速推出長達十頁的專題報導，標題為〈大獎入袋〉，將富士康投資形容為重大勝利。[2] 在產業選址領域，經濟發展計劃能在白宮正式宣布極為罕見，甚至讓人興奮到忽略計劃本身的細節。隔天，專門探討選址決策的Podcast幾乎只圍繞這場活動本身大談特談，而非投資案的實質內容。同一時間，威州議會民主黨領袖戈登．辛茲（Gordon Hintz）內心一沉，他原本期待在2018年的州長選舉擊敗沃克，但此刻，這個希望正在破滅。「當時我的想法是——完了，我們輸定了。」2019年，他這麼跟我說。

富士坑 *Foxconned*

富士康並不是無緣無故突然對美國製造業展現興趣。這與川普的競選承諾完美契合——他承諾要重振美國製造業，同時揮舞關稅大棒，懲罰那些將生產線外移的企業。川普對於貿易平衡一事無比執著，然而，無論美國向中國出售多少噸黃豆，都無法與中國製造的消費性電子產品大量湧入美國市場匹敵，尤其是大尺寸電視這類高價商品。在這樣的背景下，如果能在威斯康辛生產、組裝電視螢幕，這將是「讓美國再次偉大」的一大步。

早在 2016 年 4 月 20 日，川普就曾在印第安納波利斯（Indianapolis）的印第安納州立博覽會場（Indiana State Fairgrounds），面對四千名支持者舉辦造勢晚會。³ 當時，他提到一段在網路上爆紅的影片，由暖通空調製造商開利（Carrier）的一名當地工人用手機拍攝。影片中，一名經理對著大批員工宣布：「為了保持競爭力，並確保公司長遠發展，我們最好的選擇，就是將印第安納波利斯廠的生產線遷往墨西哥蒙特雷（Monterrey）。」⁴ 話音剛落，現場立刻響起一片憤怒的叫喊與哀鳴，甚至罵聲不斷。

川普對現場群眾表示，他之所以特別關注開利，是因為「這是一個典型案例」。⁵ 開利早在 1970 年代末就被獲利豐厚的聯合技術公司（United Technologies）收購，如今卻決定將生產線外移。「當然，我還可以談談福特（Ford），大家都知道，它們正大規模把生產線轉移到墨西哥；納貝斯克（注：Nabisco，著名的餅乾和休閒食

品品牌）也正在把巨大工廠遷至墨西哥。」接著，他預演了未來當上總統後的日常抱怨風格：「我坐在家裡看新聞，結果看到開利裁掉了一千四百名員工！」

　　川普承諾拯救這些工作，並全面振興藍領階級的就業機會——這個承諾幫他贏得了關鍵的「鏽帶」選民，最終助他當選總統。至於那些開利的工作呢？聯合技術公司毫不掩飾地照樣把生產線轉移到墨西哥，即便該公司獲得州政府提供的 700 萬美元減稅補助，也未改變決定。2018 年 1 月，剛被裁員的開利員工蕾妮‧艾略特（Renee Elliott）接受路透社（Reuters）採訪時說道：「是啊，他（川普）救了一些工作，沒錯，他做到了。但他沒救到**我**的工作，他沒救到**製造業**的工作。他救的是辦公室人員，懂嗎？」[6] 艾略特曾在 2016 年的總統大選中支持川普。

　　後來，在某次訪談中，川普依然無視現實，憶述自己曾把白宮幕僚長萊恩斯‧蒲博思（Reince Priebus）叫來，對他說：「給我一份宣布要搬離美國的公司清單。我可以親自打給他們，每通電話五分鐘，他們就不會走了，OK？」[7]

　　川普剛上任時，白宮宣布成立「創新辦公室」（Office of Innovation），由女婿賈瑞德‧庫許納（Jared Kushner）領導，目標是吸引亞洲企業在美國設廠。[8] 回應來得又快又耐人尋味——甚至在川普正式就職之前，日本軟銀（SoftBank）董事長孫正義便現身川普大樓（Trump Tower）大廳，承諾投資 500 億美元。[9] 當時，軟銀正積極推動旗下電信公司 Sprint 與 T-Mobile 的合併案，孫正義顯

然心繫這場交易,並公開表示自己期待「一個放寬監管的時代」。他手裡拿著一張紙,上面印有軟銀的製造合作夥伴——富士康的標誌。媒體問到富士康在其中扮演的角色時,軟銀含糊其辭,只說正在「評估美國的投資機會」。接下來幾年,軟銀確實透過創業投資基金在美國大舉投資,其中包括向陷入困境的 WeWork 商業不動產公司投入 185 億美元。[10] 然而,這類投資對美國製造業的就業幾乎沒有影響。就在川普就職典禮的兩天後,富士康董事長郭台銘也對外宣布,他將在美國投資 100 億美元,計劃雇用三萬至五萬名員工,但對具體的投資內容卻隻字未提。[11]

2017 年 7 月,白宮正式宣布富士康投資案的前後,一場緊鑼密鼓的角力戰已在幕後展開。早在年初,富士康便聘請了全球知名會計師事務所安永負責選址評估。安永的選址與投資激勵專家布萊恩‧史密斯(Brian Smith)負責起草需求建議書(Request for Proposal,簡稱 RFP),並發送給符合條件的經濟發展機構。到了 3 月,史密斯聯繫了威斯康辛經濟發展局 WEDC(內部人士私下稱為「小雞雞」Wee-Dick)的高級職員科爾曼‧派弗(Coleman Peiffer),並提出一項計劃:富士康初步需要 40 英畝的土地,並有機會擴展至 750 英畝,計劃創造兩千個就業機會。對 WEDC 這類機構來說,這無疑是一項大案子,畢竟能創造數千個就業機會的投資計劃並不多見。一開始,WEDC 為這項計劃取了一個代號:「大計劃(Project Grande)」,這個代號可能反映它們高度重視此事,或是象徵這筆交易的龐大規模,又或者……只是某位官員最愛的星

巴克飲品尺寸。當然，其他州政府與經濟發展機構也收到了相同的需求建議書。美國各地幾乎都有這類機構，主要由州政府或地方納稅人資助，負責吸引投資、促進經濟發展。

拍賣會正式展開。隨著競標漸漸白熱化，這項產業開發計劃的規模也在不斷膨脹。在初步需求建議書發出一個月後，WEDC 接到創新辦公室的通知：這筆交易的規模比最初宣稱的大得多——投資額暴增至 100 億美元，並承諾創造一萬個就業機會。如果這個計劃在此之前還沒有被州長沃克列為最優先事項，那麼現在絕對是當務之急。沃克的政治生涯幾乎建立在「創造就業」的承諾之上，2010 年，沃克首次競選州長之際，對自己推動經濟增長一事自信滿滿。在他看來，這套促進經濟的「成功方程式」再簡單不過：把企業稅砍到幾乎為零，拔除所有「官僚障礙」（包括環保監管），將州立經濟發展機構從商務部拆分出來（後來他乾脆直接廢了商務部），然後親自掌控 WEDC，成為機構主席。他預計，在他的領導下，WEDC 將兌現他的競選支票，在四年內創造二十五萬個就業機會，讓他成為共和黨內的經濟奇蹟締造者。然而，現實遠沒有他想像的那麼簡單。即便 2010 年至 2017 年全美的經濟持續擴張，七年過去，他仍然遠遠達不到自己當初許下的二十五萬就業機會承諾。對沃克來說，一萬個工作機會不只是一次經濟利多，更是他政治生涯的救命索。這筆交易若能落實，將大大助長他的聲勢，甚至可能改變他的政治前景。

富士康的競標很快就達到威斯康辛州前所未見的高度，競爭對

手多達七個州。2017年5月5日，沃克在白宮與富士康高層會面，這場會議不僅促成了額外的競標，還讓富士康代表團親赴威州，實地考察選址。到了5月底，威斯康辛州端出一份價值12億5千萬美元的激勵方案，平均每創造一個工作機會的成本高達12萬5千美元，遠高於全國標準。但這場競標仍未結束。沒多久，部分州開始認為這筆交易「代價過高」，俄亥俄州等競爭者選擇退出。

2017年6月初，為了爭取富士康，州長沃克與核心幕僚租用了密爾瓦基西北互惠保險公司（Northwestern Mutual Insurance）的私人飛機飛往日本大阪，考察富士康從夏普手中收購的大型LCD面板廠。[12] 這趟出差花了納稅人37,500美元。[13] 這場參訪顯然讓沃克印象深刻，回到美國後，他立刻將威斯康辛州的出價提高至22億5千萬美元。但這場競標仍未結束，密西根州成了最積極的競爭對手。隨著2018年州長選舉逼近，沃克不可能輕易讓這筆交易溜走。一份經濟影響報告指出，富士康的工廠將帶來龐大的附帶經濟效益，於是沃克和州政府團隊再次提高出價。2017年7月12日，沃克與富士康董事長郭台銘在拉辛會面，並在沃克的個人信箋上手寫了一份協議。根據這項協議：威斯康辛州將提供高達30億美元的補助，其中包括對富士康工資總額17%的退稅，以及對其資本投資的10%退稅。富士康則承諾投資100億美元，用於工廠建設與設備採購，並雇用一萬三千名員工。然而，工廠的具體選址仍未確定。

沒多久，威斯康辛州各地的區域經濟發展機構也開始投入這場角

力。儘管富士康對選址條件緘口不言，但種種跡象顯示，整個選址過程中，條件一直不斷變動。不過，有一個要求始終沒變：工廠必須鄰近足以滿足人力需求的大型人口中心。對於威斯康辛州來說，這代表選址幾乎篤定落在威州東南角，包括密爾瓦基、拉辛和基諾沙，這些地方距離芝加哥外圍地區不遠，擁有相對充足的勞動力。

一開始，富士康只要求 40 英畝的土地，但到了 5 月，需求已經擴大到 200 英畝。6 月中旬，地方經濟發展機構接到通知，富士康的主要供應商將隨後進駐，因此選址範圍需要超過 1,000 英畝，才能容納這些企業。到了 7 月中，富士康再度提高要求，並告知選址官員，它們不只是要建工廠，還計劃打造一座「智慧城市」，因此需要 2,300 英畝的土地。這座「智慧城市」不僅包含工廠，還會有住宅區、人工湖，甚至還有優雅的噴泉。根據富士康深不可測的官方說法，這個計劃將「透過人工智慧與機器學習，改變建築數據分析方式，推動智慧建築與智慧城市技術發展，實現舒適、安全與永續的目標。」[14]

簡單來說，這座城市不只是生產螢幕，還要成為一個 AI 驅動的未來願景。一開始，各方就達成了一項關鍵共識：富士康不會支付任何土地費用。地主方的地方政府必須負責購買數千英畝土地，並提供基礎建設資金，包括擴建道路、興建下水道、每日供應數百萬加侖的高品質密西根湖湖水。這對區域經濟發展機構來說是個沉重的財務負擔，但它們最終還是鎖定了兩個符合條件的選址：拉辛郡與基諾沙郡。然而，當地財務負擔的估算從最初的 1 億美元迅速

飆升至接近 5 億美元，基諾沙郡經過詳細計算，選擇拒絕這筆昂貴的交易，直接說「謝謝，不必了。」

但就在拉辛郊外，有座名為芒特普萊森特的小鎮。這座小鎮剛剛經歷了一場政治大洗牌，溫和派領導人被推翻，取而代之的是一位認同茶黨理念的鎮長，以及一群死忠的鎮委會成員。鎮長戴夫・德格魯特（Dave DeGroot）是茶黨成員，同時也是沃克的支持者，對這筆交易毫不猶豫，全力支持。

───

德格魯特在拉辛長大，曾就讀附近的威斯康辛大學帕克賽德分校（University of Wisconsin-Parkside），自 1998 年起就在芒特普萊森特定居。[15] 他於 2013 年首次當選為鎮委會成員，並接受由科赫兄弟資助的「美國多數派組織」（American Majority）政治培訓。[16] 該組織致力於培養地方官員，推動「拒絕政府擴張帶來自毀政策」的保守派議題。根據《拉辛時報》（*The Racine Journal Times*）報導，德格魯特的競選政見主要圍繞在確保政府透明度、控制稅負以及推動負責任的預算管理。[17] 擔任芒特普萊森特鎮長期間，他的年薪約為 1 萬 3 千美元。

德格魯特在當地算是小型房地產投資人，主要管理繼承來的低階出租房，並透過旗下公司「行動購屋者」（Action Homebuyers）翻修並轉售房屋。有時候，他的自信幾乎到了自負的地步，但他也清楚，像富士康這樣的大型計劃，需要遠超過他個人能力範圍的專

業與資源支持。幸運的是，芒特普萊森特早已與全州頂尖的土地徵收律師艾倫・馬庫維茲（Alan Marcuvitz）建立了合作關係。馬庫維茲是密爾瓦基律師事務所 von Briesen & Roper 的律師，年屆八旬，專精徵收法。律師事務所開始向芒特普萊森特收取每個月 10 萬美元的費用，處理即將到來的大規模土地徵收事宜。此外，鎮裡也找來了負責行政事務的最佳人選：一名來自鄰近城鎮伯靈頓（Burlington）的退休共和黨籍市長，並由他來主導土地徵收的行政流程，薪資為每個月 2 萬美元。對於一個年度預算僅 2 千萬美元的小鎮而言，這些聘用案的花費顯然相當可觀。但從川普、沃克到德格魯特，所有參與者都給出相同的說法：「舊規則已經不適用了。」

沃克與郭台銘簽訂協議的當下，富士康計劃興建的工廠似乎已經相當明確會與沃克在日本參觀的那座工廠類似。這將是一個龐大的工業開發案，總占地預估達 2,000 萬平方英尺。相較之下，豐田（Toyota）位於美國肯塔基州喬治城（Georgetown）的全球最大汽車組裝廠，廠房面積也僅有 810 萬平方英尺。

2018 年 6 月，富士康工廠尚未正式破土，計劃卻已經悄然縮水。就在動工前一週，富士康宣布，它們不會再興建超大型工廠來生產巨型電視所需的顯示面板，而是改為較小規模的製造廠（但仍相當可觀），主要生產行動裝置與汽車產業用的較小型顯示器。然而，這個重大變更似乎完全沒傳到川普或他的演講撰稿人耳中。當川普站在威斯康辛州的農田裡，手握金色鏟子，為富士康工廠破土時，他依然滿懷豪情，稱這座即將興建的工廠為「世界第八大奇

富士坑 *Foxconned*

蹟」。這句話聽起來頗為諷刺，因為他曾用同樣的詞來形容自己在大西洋城（Atlantic City）投資興建的泰姬瑪哈賭場（Taj Mahal Casino），這座號稱奢華的賭場在 1990 年以 12 億美元落成，最終卻因財務危機，於 2017 年以原價的 4％賤賣，成為一樁慘痛的商業失敗案例。[18]

富士康堅稱，它們仍計劃投資 100 億美元並雇用一萬三千名員工，但接下來的幾個月，公司高層屢次對外發布重大計劃變更，新項目一個接著一個推出，先前的承諾卻不斷推翻，新增的計劃也未能落實。這種前後矛盾、不明確的行事風格幾乎成了富士康最鮮明的特徵。

2019 年 2 月，富士康副總裁比爾‧米契爾（Bill Mitchell）在密爾瓦基的一場會議上，將這種混亂的決策過程形容為「我們是邊飛邊造飛機」。[19] 到了 2020 年 11 月，鴻海科技集團旗下子公司的副董事長李傑試圖以「世界經濟論壇認證的燈塔工廠、工業 4.0 製造業的閃耀典範」來形容仍然充滿謎團的芒特普萊森特廠區。[20] 然而，隨著原定的大型建設計劃明顯縮水，威斯康辛州內一批力挺富士康的官員和支持者，依然選擇堅守希望與承諾，期待奇蹟發生。

威斯康辛州的官員很快就發現，想要掌握富士康到底在計劃什麼、實際上又在建什麼，簡直就像徒手抓魚──既難以看清，又總在即將得手時溜走。

3 Chapter 富士康又畫了什麼大餅？
What Does the Foxconn Say?

　　身為威斯康辛州的納稅人，我立刻對富士康這個新「商業夥伴」產生極大的好奇心。畢竟，如果有人邀請你投資一筆辛苦賺來的錢，無論是開餐廳還是科技新創，你不僅會想知道菜單上有什麼、公司在做什麼，還會想了解這位「合夥人」的過去與為人。

　　我開始盡可能查閱富士康的相關資料。這家公司擁有超過百萬名員工，核心業務就是以最高的效率組裝全球最受歡迎的電子產品。富士康最知名的產品是 iPhone，但同時也負責組裝黑莓機、Kindle 電子閱讀器、Xbox 遊戲機、任天堂 Wii、iPad 以及 PlayStation。換句話說，我們每天觸碰的電子設備，背後幾乎都有富士康的影子。儘管擁有龐大的勞動力，富士康也極力推動自動化。它擁有自駕車部門，早在 2016 年便開始每年生產四萬台「富士康機器人」（Foxbots），用於自家組裝線，朝著更高度的自動化邁進。[1]

　　或許是壞消息更容易成為頭條新聞的緣故，我第一個查到的資

訊竟然是「自殺防護網」。² 富士康曾因一連串年輕、低薪、絕望的中國工人跳樓自殺而被大量負面報導。這些工人從宿舍屋頂縱身一躍，選擇結束生命；富士康的應對方式則是在高樓周圍安裝安全網，試圖阻止更多悲劇發生。讓員工住在廠區內是富士康「即時生產」（Just in Time）效率模式的重要一環。在中國，員工宿舍極為簡陋，一個房間最多可擠十二名工人。富士康位於捷克的組裝廠也用類似的模式管理，偏好聘用年輕、單身的勞工，因為這群人更具彈性，更能配合工作需求。這些員工必須隨時待命，一收到簡訊通知，就得立即趕往工廠報到，輪班十二小時。³ 2018 年，加州大學兩位社會學家發表了一項研究，指出這類極不穩定的工時安排，對工人的心理壓力影響與低薪同樣嚴重。⁴ 然而，無論在哪個國家，富士康始終偏好「彈性」的勞動模式，傾向透過人力仲介與臨時工來填補人力需求，而非直接聘用正式員工。

當我把目光從自殺防護網和令人擔憂的勞動管理模式移開，開始深入了解這家總部位於台灣、主要產業資產分布於中國的企業時，發現富士康其實有大量公開資訊可供參考。首先，這家公司的創辦人郭台銘生於 1950 年，估計擁有 50 億美元身家，名列全球最富有的前三百名人士。⁵ 他的創業故事帶有美式車庫的創業精神——最初以 7,500 美元起家，在土城租了一間小廠房，專注製造電視的塑膠零件。然而，他似乎不太愛接受媒體訪問，而從一些事蹟來看，這或許是一個明智的選擇。例如，他曾經請來動物園管理員，教導富士康主管如何「管理」大量年輕員工。2013 年有另一

則相關報導顯示，有四名身穿迷你裙、戴著墨鏡的年輕女子站在中國深圳的富士康廠門口，向單身男性員工發放「自慰禮品」，說是要「幫減壓促和諧」。[6] 郭台銘的管理風格也頗具爭議，據傳他習慣讓下屬在冗長的會議中全程站立，甚至曾公開表示他最崇拜的歷史人物是成吉思汗。[7]

儘管外界普遍認為郭台銘與中國高層關係良好，富士康仍因濫用實習生而遭到中國處分。[8] 富士康似乎與部分廠區附近的大學達成協議，要求學生必須完成三到六個月的「實習」才能拿到文憑，而實習內容就是在生產線上輪班工作十二小時。[9] 這並非偶發事件，隨便抓個時間點，富士康的實習生人數都可高達六萬八千人。此外，富士康也因雇用年僅十四歲的工人而遭到指控，這違反了中國勞動法，也與官方宣稱的政策不符。[10]

長期以來，富士康與各國政府皆維持高要求的合作關係。2016年12月，《紐約時報》(New York Times) 披露了富士康在中國某座大組裝廠背後的補貼細節：當地政府提供超過15億美元，協助富士康興建大部分廠區及員工宿舍。政府負責鋪設道路、興建發電廠，並補貼工廠的能源與運輸成本。當地政府特別設立了經濟特區，提供富士康2億5千萬美元貸款，還承諾投入超過100億美元，大幅擴建距離工廠僅幾英里的機場。[11]

富士康毀約的歷史並不少見。以賓夕法尼亞州哈里斯堡 (Harrisburg) 為例，2013年，郭台銘宣布將投資3千萬美元，聘雇五百名員工，興建一座高科技工廠。[12] 當地人興奮不已，然而，這

筆交易卻隨著時間的推移，無聲無息地消失了。類似的情況不僅在美國發生，富士康也曾在印度、越南、印尼與巴西開出大筆投資承諾，最終卻未能兌現。這些毀約紀錄並非什麼鮮為人知的祕密，然而 WEDC 負責人馬克・霍根（Mark Hogan）卻向記者表示，威州團隊並不認為有必要對富士康進行背景調查，因為「我們已經和這些人熟到不能再熟了。」[13]

＊＊＊

阿爾貝托・莫爾（Alberto Moel）在香港為華爾街知名投資研究與經紀公司桑福德・伯恩斯坦（Sanford C. Bernstein）工作了七年，專門研究 LCD 面板產業。[14] 他指出，富士康習慣開出遠過超自身執行能力的承諾，即便按照東亞本就不夠透明的企業標準來看，富士康仍然極度不透明，他甚至形容這根本是「黑箱」。接受威斯康辛公共廣播電台（Wisconsin Public Radio）訪問時，莫爾更是直言，富士康的威州投資案是一場「花言巧語的騙局」。這番評論後來竟然變得意外貼切。第一年，富士康的建設進度乏善可陳，而發言人給出的解釋竟然是：「公司對威斯康辛州的降雪量頗為意外。」當然，並非所有的投資計劃都胎死腹中，除了中國，富士康在巴西、印度、捷克、墨西哥、休斯頓以及印第安納州普蘭菲爾德（Plainfield）都設有組裝業務。

等等，普蘭菲爾德？一座位於美國中西部現行的富士康工廠──這不正是我可以深入調查的地方嗎！這挺吸引人的，畢竟富

士康在威斯康辛的那些支持者說，富士康在海外對工人很差，但美國有勞動法在管，情況也許會不一樣。但我覺得眼見為憑，得去普蘭菲爾德看看真實情況。

普蘭菲爾德位於印第安納波利斯的西南郊區，2017 年的人口約三萬兩千人。富士康早在 2008 年就承諾要將當地的電腦組裝廠擴編為一千四百名員工，但實際情況顯示，這間工廠早已營運多年，平均雇員數大約九百人。[15] 根據職缺公告與求職評論網站的資料，這間工廠支付的薪資接近最低工資。在 Indeed、Glassdoor 等求職論壇上，除了幾則中規中矩的正面評價與一般的抱怨外，還出現了一些更耐人尋味的留言：

專業人員評價：

「明知團隊裡不是人人都會講中文，業務還是大多用中文溝通。如果你不會中文，啥都聽不懂……想升職？門都沒有。我那組有些人幹了八年多還在原地，升職遙遙無期。」

生產線員工評價：

「怪異的企業文化、惡劣的工作環境、低薪。」

「工時超長，薪水超低。」

「一堆臨時工，流動率超高。」

還有一些可能會讓潛在投資夥伴卻步的詞彙，例如「奴工」與「血汗工廠」。說到「血汗工廠」，好像還真不是亂說，因為老闆超不愛開冷氣。在 Comparably 這個網站上，富士康文化被打了個 D-，總共評了 18 個項目。[16] 最讓我在意的是三則提到「非英語勞

工」的評論，這些留言抱怨公司內部經常流傳移民局突襲的謠言，導致當天大批員工請假，工廠直接關閉一天。這些評論後來都被刪了，但我對此非常感興趣。

當地的雙週報《亨德里克斯郡飛揚報》(Hendricks County Flyer)和各家電台都無法提供更多資訊。但最終我找到了卡爾·威廉斯（Carl Williams），一位曾在普蘭菲爾德工廠工作的前員工。威廉斯於 2008 年至 2010 年間在富士康擔任品質技術員，後來轉為數據分析師。他認為，公司對他作為管理階層的待遇還算公平尊重。然而，他同時指出，他從未見過任何白人或非裔美國人擔任高層管理職位。此外他估計，工廠約九百名員工中，大多數可能都是無證移民。他甚至舉了一個例子，有名女性員工曾在工廠內，以三個不同的名字與社會安全號碼，連續工作了三輪六個月的輪替期。我不禁思考，那些尚未批准富士康優惠補助與監管豁免方案的威斯康辛州議員，會不會因為「非法移民」的問題而猶豫。畢竟，川普和控制威斯康辛的茶黨共和黨人都說，非法移民是美國最大的威脅。

威廉斯形容，富士康對無證移民勞工的態度「睜一隻眼，閉一隻眼」。他接著解釋，富士康高層刻意選擇不申請 E-Verify 認證（一種用來核實勞工身分的系統）。根據威廉斯的說法，管理層假裝不知情，也絕不承認自己對員工的身分證明負有任何責任，而是將這部分業務交給人力仲介處理，由仲介機構負責提供大部分勞工。此外，富士康也透過進口勞工來降低成本，而且特別依賴亞洲

來的資深工程師,這些員工的薪資甚至比美國剛從普渡大學（Purdue University）等學校畢業的新手工程師還要低。2014 年至 2016 年間,富士康申請了五十五張 H-1B 簽證,所有簽證均屬工程職缺,薪資範圍介於 46,000 至 82,000 美元之間。H-1B 簽證允許高技能外籍勞工在美國工作長達六年,富士康顯然利用這項制度,以較低的薪資聘請外籍技術人才,進一步壓低用人成本。

在富士康工作一段時間後,威廉斯又在墨西哥的某間富士康工廠待了一陣子,他親眼見識到富士康如何將勞工視為可拋棄、可替換的消耗品,這些經歷最終讓他成為堅定的勞工權益支持者,並投身工會運動。他對我說:「所有在美國經濟中付出努力與貢獻的勞工,都應該受到尊重,擁有合理的工資、福利與權利保障。」[17] 威廉斯還向我介紹他在富士康工作的前同事,包括安德烈・莫里斯（Andre Morris）,現居芝加哥。莫里斯於 2005 年至 2013 年期間在普蘭菲爾德工廠工作。他同樣觀察到,工廠內有大量無證移民,以及因移民局突襲傳聞而導致的停工日。雖然他從生產線員工一路晉升為經理,但他感到自己更上一層樓的機會受到限制,因為他是非裔美國人;他表示,在他之上的管理層中,僅有白人和亞裔。我問他是否會推薦他人到富士康工作時,他斬釘截鐵回答不會。他補充道,對富士康最深刻的記憶是悶熱的夏季,在無空調的倉庫中,從事永無止盡、不斷重複的工作,管理層則小氣得要命,不願啟用空調。

2017 年 9 月 11 日,我把這些訪談內容整理成一篇文章,發表在《鏽帶雜誌》上。[18] 當時,威州參議院正在激辯是否要通過對富

士康的補貼立法。兩位州參議員在官方會議記錄中引用了文章的部分內容，然而，我原本希望這些爆料能夠拖慢立法的進程，但只是痴人說夢罷了。所有反對意見都被忽視，法案依照黨派立場迅速通過，二十名共和黨參議員中有十九人投下贊成票。州長沃克笑容滿面，立刻簽署法案，正式讓這項補貼成為法律。他與支持者深信，只要短短兩年，富士康的生產線就會源源不絕生產出大尺寸電視，並且印上「美國製造」的標誌，讓這場交易成為美國製造復興的象徵。

4 誰做的電視
Chapter　Who Made That TV?

「電視是美國發明的。」富士康董事長郭台銘如此強調。他進一步指出,就在距離芒特普萊森特不遠的地方,曾大規模生產過電視。

伊利諾州的小鎮梅爾羅斯公園（Melrose Park）位於芝加哥以西十五英里,早期即為工業城市,企業帶動彼此成長,促使住房需求上升。[1] 1940 年,製造業創造了當地三分之二的就業機會,主要企業包括國家可鍛鋼與鋼鐵鑄造公司（National Malleable and Steel Castings）與美國剎車片鑄造公司（American Brake Shoe and Foundry Company）。二戰期間,別克（注：Buick,美國汽車品牌,現為通用汽車旗下的子公司）曾在此建造飛機引擎工廠;戰後,美國經濟轉向消費市場,電視產業興起。電視製造商天頂電子（Zenith Electronics）來此設廠生產映像管,推動美國電視市場發展。這一切並非依賴政府補助,而是市場自然成長的結果。

1970 年代中期,約翰・卡明斯（John Cummins）第一次造訪天頂工廠,當時他只有十四歲。他的父親、叔叔和幾位堂表兄弟都在這裡工作。2008 年他回憶道,工廠巨大無比,堪比一個街區。

工廠裡的機器二十四小時都在運轉,每年可製造高達三百五十萬顆陰極射線管。裝配線錯綜複雜,遍布整座工廠,「輸送帶總長達十三到十五英里」,宛如一座機械迷宮。²

還有爆炸。卡明斯補充說明:「其實是內爆,管內是真空的,所以會向內爆裂。」下雨天,屋頂有時候會滲水。「如果水滴落在陰極射線管上⋯⋯有時候它會突然爆裂,然後引發連鎖反應,旁邊的管子也跟著炸開,一個接著一個⋯⋯你就會看到有人被玻璃割傷。」救護車幾乎每天都會來工廠報到。

卡明斯跟隨父親的腳步進入天頂工廠工作直到 1998 年,將近二十年。這家公司 1918 年成立,曾因優質電子產品與創新技術聞名,發明了全球第一款結合無線電和電視技術的電視遙控器,並率先研發高畫質電視(High Definition Television,簡稱 HDTV)。然而,到了 1998 年,天頂電視不再在美國完成最終組裝,梅爾羅斯公園生產的映像管全都運往墨西哥裝配。即便如此,天頂已經撐得比大多數的美國電子製造商還要久。海外生產的映像管更便宜,對天頂來說,買管比自己生產更划算。最後幾年,天頂試圖透過機器人自動化生產,但這些機器無法精細操作脆弱的映像管,因此最終也未能扭轉頹勢。

可能是太顧及伊利諾州員工的關係,天頂已連續虧損十年,最終一直到要宣布關閉梅爾羅斯公園工廠的幾個月前,才根據《美國破產法》(*U.S. Bankruptcy Code*)第十一章申請破產保護,導致兩千個待遇不錯的工會工作就這麼沒了。³ 天頂最終成為南韓電子巨

頭 LG 的子公司，LG 仍然看重它的品牌價值及其研發部門，但對卡明斯和無數工人來說，這象徵一個時代的終結。

如今，美國每年大約售出三百五十萬台電視，但沒有任何一台電視是在美國生產的。[4] 曾經有一家名為 Element 的公司在南卡羅來納州組裝部分電視，但這家公司於 2018 年倒閉，並將原因歸咎於川普政府的關稅政策。我曾趁著特價在百貨公司買了一台 Element 的電視，這款 19 吋平面螢幕電視與 Element 的其他產品一樣，在《消費者報告》(*Consumer Reports*)評比中敬陪末座。儘管包裝上印著鮮明的紅、白、藍國旗配色，但我仔細查看機身，卻發現背後貼著一張小標籤寫著「中國製造」。

富士康董事長郭台銘承諾將開啟全新的時代，但這需要全新的技術。如果要製造現代電視，就得生產平面顯示器，而這種技術從未在西半球出現過。但現在，一切即將改變。LCD 面板的自動化製造與過去的天頂工廠毫無共通之處，也不需要只有高中學歷的藍領工人。即便如此，「美國工人重返工廠、組裝現代電視、拿著高薪與福利」的夢想依然誘惑人心。那些極力吹捧此計劃的人，迫切想要相信富士康能幫助美國重返製造業的黃金時代。至於細節？管他的！

美國製造

美國電視製造的歷史基本上就是二十世紀美國製造業的縮影。

1923 年，西屋電氣（Westinghouse）的一名研究員取得了第一個映像管的專利。1927 年，菲洛・法恩斯沃斯（Philo Farnsworth）進一步改良技術並拿到專利，最終打造出第一個全電子電視系統，他也因此有了「電視之父」的稱號。他在某次的早期實驗播送了一張他太太的模糊影像，為後來無數的家庭劇和情境喜劇奠定了基礎。美國在 1946 年開始量產電視機，到了 1949 年，所有大城市都有了電視台。1962 年，90％的美國家戶都有一台電視。

直到二十世紀末，陰極射線管（Cathode Ray Tube，簡稱 CRT，又稱映像管）仍是電視的標準技術，天頂等公司就是映像管主要的生產商。核心元件是一種真空管，透過電子束（陰極射線）投射到螢光幕，產生可見影像。這種類型的電視體積龐大，重量驚人（2019 年，我終於處理掉那台 1991 年買的、重達六十磅的 32 吋 RCA〔注：電子設備生產商美國無線電公司 Radio Corporation of America 的簡稱〕電視，還差點閃到腰）。早期的映像管電視不是很耐用，所以在 1950 年代，「電視修理工」成了熱門職業。當時許多家庭都會將維修電話貼在顯眼的地方，因為映像管經常損壞，需要更換。

彩色電視在 1960 年代初開始普及，同時電路也換成了更可靠的電晶體（固態）電路技術。不過我家還是忠於那台有點模糊、但很耐用的黑白天頂電視，一直到快 1970 年才換。先前我一直沒搞懂《綠野仙蹤》（The Wizard of Oz，每年在哥倫比亞廣播公司〔Columbia Broadcasting System，簡稱 CBS〕播出，收視率超高）

的完整魅力，直到 1970 年代初在電影院看到，我才驚覺：原來《綠野仙蹤》是彩色的！

　　科學界早已知曉電視螢幕有其他可能的技術選擇，但美國電視製造業的流失，並非單純因為映像管被現今普及的平面螢幕取代，而是早在這之前就已開始外移。《影響力代理人：日本遊說團如何操控美國政治與經濟體系》（*Agents of Influence: How Japan's Lobbyists in the United States Manipulate America's Political and Economic System*）一書的作者帕特‧喬特（Pat Choate）將這場產業轉移歸咎於日本的「直接攻勢」。[5] 他詳細描述了日本政府如何先在國內形成反競爭的卡特爾企業聯盟（Cartel），再透過外交手段、欺詐行為以及華盛頓的內部人脈來強化影響力。根據他的說法，一群日本製造商先在國內壟斷市場，再運用相同的策略進軍美國，並成功打擊美國本土企業。美國公司最初將黑白電視的技術授權給日本企業，後來又開放彩色電視技術，喬特認為此乃一大失策。日本企業依靠本國受保護市場內的高利潤，再以低於成本的價格，將產品銷售給美國消費者，同時透過祕密回扣來拉攏特定的美國零售商，最終成功搶占市場。

　　1966 年至 1970 年間，美國電視製造業的勞動力減少了一半，隨後在 1971 年至 1975 年間又減少了 30％。接下來的幾年，剩餘的製造業工作機會又削減了四分之一。到了 1971 年，美國政府官員得出結論：日本企業確實以人為壓低的價格在美國市場「傾銷」產品。然而，面對可能的報復性關稅和其他外交挑戰，財政部選擇

不採取行動,理由是計算損害與評估影響過於複雜。同一時期,日本企業積極收購美國本土的電視製造商,美國擁有的電視製造商數量從 1968 年的二十八家下降到 1976 年底的六家。到了 1990 年代末,你仍然可以買到像 RCA 這樣聽起來像是美國品牌的電視,但它已不再是美國製造。然而,電視產業即將迎來另一場顛覆,這一次,日本公司將成為輸家。

LCD 時代來臨

一般認為,奧地利植物學家弗里德里希·萊尼澤(Friedrich Reinitzer)是第一個觀察到某種奇特物質的人,這種物質似乎介於固態與液態之間,實際上有兩個熔點。他將自己的觀察結果與德國物理學家奧托·雷曼(Otto Lehmann)分享,雷曼注意到這種物質(記錄上是苯甲酸膽固醇脂,cholesteryl benzoate)具有晶體的特性,並命名為「液晶」(liquid crystal)。接下來的八十年間,這種物質雖然廣為人知,但一直沒有發掘出實際用途,也未受重視。

到了 1960 年代,研究人員開始深入研究液晶。1961 年,喬治·哈利·海爾邁耶(George H. Heilmeier)取得普林斯頓大學的博士學位,隨後便加入 RCA 實驗室,當時美國的基礎科學研究大多由企業資助。早期研究發現,當液晶被夾在塗有導電層的玻璃之間並加熱時,電流會在液晶內產生特殊的圖案。海爾邁耶在實驗中加入特殊染料,發現只需少量的電流,就能改變液晶的顏色。到了 1964

富士坑 *Foxconned*

年,他深信液晶顯示器將能實現,未來家家戶戶的牆上都會掛著平面彩色電視。

RCA 持續推進研究,成功發現可在室溫下運作的液晶材料,並於 1968 年公開展示首批樣品顯示器。這一突破激發了美國、歐洲和日本的應用研究,最終催生出數位顯示手錶與電子計算機螢幕。然而,RCA 對這項新技術沒有特別感興趣,因為當時 RCA 在映像管市場占據主導地位,不願放棄既有優勢。這聽起來像是技術發展中又一次的「錯失良機」,但事實上,液晶技術的突破並非一蹴可幾——距離海爾邁耶所描繪的 LCD 彩色電視願景,還需要整整二十五年,技術才能真正趕上他的樂觀預測。

液晶技術的發展後來在日本電子公司夏普有了重大突破。1980 年代末,夏普以昂貴且繁瑣的工序生產小型 LCD。負責這項研發的鷲塚諫(Washizuka Isamu)問到,消費級電視的最小螢幕尺寸為何,得到的答案是 14 吋。於是,他要求團隊直接跨越技術門檻,開發 14 吋的液晶螢幕。根據業界人士川本博久(Kawamoto Hiroshisa)2002 年的文章,1988 年夏普總裁首次看到成果之際,還以為這是一場惡作劇。[6] 液晶螢幕的解析度與亮度遠遠超過映像管顯示器,好到令人難以置信,彷彿「這塊螢幕好得不像真的」。當年稍晚,這項技術突破正式對外公布,也宣告了液晶顯示技術的時代來臨,正如 RCA 的海爾邁耶當年所預見的未來電視發展方向。這一發展促使東芝(Toshiba)、IBM 與日本電器(NEC)等主要電子企業投入液晶技術應用,夏普則在 1991 年率先推出商用產

品。正如川本所言，二十世紀的大部分時間，美國都是創新的領導者，但日本的優勢在於完善的技術以及推動量產。⁷ 到了 2000 年，LCD 電視銷量已趕上映像管電視，而在短短十年內，映像管電視就已徹底退出市場。

現代 LCD 生產

耐人尋味的是，生產現代汽車上常見的 9 吋顯示螢幕的工廠，成本竟然比製造整輛汽車的工廠還高。這一切都歸因於精密且苛刻的技術要求。汽車仍然沿用許多與福特 Model T 時代相似的硬體與組裝工序製造，但 LCD 螢幕可不是能在車庫裡隨意擺弄修理的東西。舉例來說，本田（Honda）2009 年在印第安納州格林斯堡（Greensburg）建造 Civic 生產工廠時，初期資本支出約為 5 億 5 千萬美元，後續投資將總額提高至約 10 億美元。⁸ 相較之下，富士康在威州提出的 LCD 製造計劃有兩種方案，其中規模較小的是 6 代面板製造廠，業界稱為「fab」。6.0 代工廠所生產的面板尺寸不足以滿足現代電視需求，但可以滿足汽車市場。2016 年，日本顯示器公司（Japan Display Inc.，簡稱 JDI）在日本白山市（Hakusanshi）建造了一座 6.0 代工廠，初期投資達 16 億 7 千萬美元。⁹ 而目前製造最大尺寸電視面板的 LCD 工廠則屬 10.5 代，建造成本在中國約為 80 億美元，若在美國，成本將會更高。¹⁰

LCD 面板的「Gen」代表「世代」，反映出顯示器尺寸的發

展,如今 LCD 螢幕最大可達 110 吋。世代數字愈高,代表工廠使用的玻璃基板尺寸愈大,能生產的面板也愈大。隨著玻璃基板變大,每平方英吋的製造成本也會跟著下降。1990 年,當時最大的 LCD 面板由 1 代工廠生產,使用 12 吋 ×16 吋的玻璃板,約略大於一張法律用紙(注:美加兩國常用的常規尺寸,為 8.5 吋 ×11 吋)。6.0 代工廠則處理 59 吋 ×79 吋的玻璃基板,大小相當於一張雙人床。10.5 代工廠使用的玻璃基板則達到 115 吋 ×132 吋(約 9.6 呎 ×11 呎),比車庫的門還要大。由於這些玻璃極為脆弱又相當特殊,尺寸愈大,運輸就愈困難。大型 LCD 工廠通常會在廠內直接設置玻璃製造設施,玻璃基板一生產便直接進入製程,避免運輸過程造成破損。無論工廠規模大小,生產過程都需要極度潔淨的環境。玻璃基板需要精密塗層,並添加液晶與光學膜,一粒灰塵就足以毀掉整片面板。材料的對位要求極其精確,誤差必須控制在數微米內,而人類髮絲的直徑約 40 微米。全程幾乎不允許人員直接接觸,所有製程皆採用自動化與機器手臂作業完成。

這些 LCD 工廠的規模令人難以想像。舉例來說,2016 年,日本顯示器公司耗資 16 億 7 千萬美元打造了 6.0 代工廠,廠房占地 150 萬平方英尺,擁有三層生產區,但僅雇用兩百五十名員工,幾乎全是技術人員與工程師。相較之下,中國京東方最新的 10.5 代廠,廠房長達 1,300 公尺,總面積高達 1,500 萬平方英尺。作為對比,Honda 在格林斯堡投資 10 億美元興建的汽車工廠,雖然占地僅 130 萬平方英尺,但雇用了兩千九百名工人,其中大多為藍領階

級。對於亟需就業機會的社區來說,汽車製造業似乎是更好的選擇,然而汽車產業早已成熟,外國車廠遷移至美國生產(通常由美國南方各州提供高額補貼)的故事早已不是新鮮事。而這個將全新製造技術引入北美的想法,卻帶來了截然不同的震撼感。

富士康爭取威州投資案期間,董事長郭台銘特別邀請州長沃克及多名核心幕僚,參訪富士康位於大阪的 10.0 代面板工廠,此舉顯然效果顯著。其中,芒特普萊森特的富士康項目負責人洛伊斯也受邀加入後續的高規格參訪行程,他表示:「我認為那趟日本之行至關重要,許多人都因此更有信心,它告訴我們:『這是真的,這些傢伙是認真的。』而且這是一家非常高水準的企業。」[11]

日本電子巨頭的衰落

諷刺的是,日本電子巨頭衰落的過程,與當年美國電視製造業的沒落如出一轍。日本企業曾在消費電子產品與 LCD 面板產業擁有絕對的領先優勢,最終卻幾乎完全被排除在市場之外。日本顯示器公司 2016 年斥資建造的 6.0 代廠房還撐不到 2019 年底就關閉了。富士康那座讓威州官員印象深刻的 10.0 代大型工廠呢?自 2009 年以來,每年都在虧損。2016 年,富士康以 35 億美元收購夏普三分之二的股份之際,以極低的價格買下了這座工廠,這筆交易的總額甚至遠低於工廠原始數十億的建造成本。[12]

這一切的關鍵因素在於技術的快速變遷。二戰後的數十年間,

日本電子產業受益於低於美國的工資水準、新建的製造廠,以及美國企業累積的遺留成本(Legacy Costs)。進入二十一世紀後,中國與韓國同樣抓住了類似的優勢,有時憑藉更低的勞動力與建設成本,有時則仰賴大規模的政府補貼。例如2018年,韓國政府斥資5億美元建立研究中心,推動平面顯示器技術的發展。中國政府將特定高科技製造業列為戰略資產,投入龐大資源支持,而地方政府則額外提供數十億美元的補助,為大型電子工廠提供土地與資金。儘管這類區域性支持與美國的經濟發展激勵措施有些相似,但中國與韓國政府的補貼規模遠遠超過美國的標準,因為美國的補助通常需要具體的投資回報預測,而亞洲國家的補助往往不設門檻。

在消費電子產品領域,日本的挫敗尤為慘重,特別是從機械式裝置(如Sony的隨身聽Walkman)轉向數位產品(如Apple的iPod)的過程中顯得力不從心。[13] 夏普最終被富士康收購;Toshiba則將消費電子產品部門出售給中國的美的集團。如今,Sony的主要利潤來源已轉向保險業務[14];日立則出售了消費電子產品業務,專注於工業製造,例如通勤列車。[15]

日本在維持LCD製造業務方面也遭遇了重重困難,成效不彰。2011年,Sony、日立和Toshiba的LCD製造能力在日本政府的支持下合併,成立了日本顯示器公司。到了2020年初,經歷多年虧損後,日本顯示器公司與一家中國公司達成投資協議,最終導致所有權轉移。

日本LCD產業的衰退主要受到兩大因素夾擊。首先是中國政

府對 LCD 製造的鉅額投資與補貼，涵蓋中央與地方政府層級，大力扶植國內面板產業。這不僅讓中國企業能夠壓低售價，還導致市場供應過剩，進一步壓低 LCD 面板的價格，使日本廠商的獲利空間受到嚴重擠壓。其次是有機發光二極體（Organic Light-Emitting Diode，簡稱 OLED）技術的興起。根據產業網站 OLED-Info，OLED 顯示技術是一種平面自發光技術，透過在兩層導體之間放置一系列有機薄膜來發光。與 LCD 相比，OLED 不需要背光，螢幕可以更薄、能耗更低，OLED 也因此直接成了 LCD 的競爭對手。到了 2020 年，OLED 已成為高階大尺寸電視的主流技術，雖然價格仍高於同尺寸的 LCD 螢幕，但 OLED 的影像品質具有更高的對比度、更高的亮度、更深的黑色、更廣的色彩範圍，以及更快的刷新率，進一步壓縮 LCD 的市場空間。

OLED 顯示技術的一大優勢在於靈活性，可製成彎曲、甚至可折疊的螢幕，不僅提升了應用範圍，也增強了耐用性。[16] 此外，OLED 製程不會產生有害且難以降解的重金屬汙染物，環保方面也優於 LCD。然而，OLED 的製造工藝比 LCD 更為複雜，即便 LCD 本身已屬高度精密的技術，OLED 的生產仍面臨更高的技術門檻與挑戰。

到了 2020 年，OLED 電視的生產幾乎都由韓國企業主導，LG 成了市場的領導者。[17] 三星（Samsung）曾經也是 OLED 領域的重要廠商，但 2015 年因高成本與技術挑戰，決定退出大尺寸螢幕市場，讓 LG 取得主導地位。與其他科技製造商類似，LG 也選擇在

中國投資,利用較低的勞動成本、成熟的供應鏈,以及中國政府積極提供補貼或共同投資的機會。2019 年,LG 在廣州建立了一座大規模的 OLED 8.5 代面板工廠,成本預計為 45 億美元,其中廣州經濟技術開發區出資 30％作為股權投資。[18] 然而,中國本土顯示器企業也迅速擴展 OLED 產能,其中京東方、華星光電與惠科都在積極擴張 OLED 業務。[19] 2019 年 5 月,顯示器供應鏈顧問公司(Display Supply Chain Consultants)的創辦人兼執行長羅斯・楊(Ross Young)總結當時的市場趨勢:「在智慧型手機與電視這兩大關鍵顯示器市場,LCD 正逐步被 OLED 取代。」[20] 當時,Apple 最新推出的高階 iPhone 全面改用 OLED 螢幕。2020 年,富士康旗下的夏普宣布將推出 OLED 電視,採用 LG 面板。此外,Sony 也早已進軍大尺寸 OLED 電視市場,同樣採用 LG 的 OLED 顯示器技術。

富士康之所以能建立全球製造帝國,是因為它是全球最頂尖的代工組裝廠商。其他公司負責發明產品,富士康則專注於如何以最佳的方式製造。然而,2016 年底收購夏普後,富士康做出了一項大膽決策,它不僅要繼續維持 LCD 製造的領先地位,還要投資 85 億美元,在中國打造一座 10.5 代超大型的 LCD 面板工廠,生產市場需求旺盛的 65 吋與 75 吋電視螢幕。這座工廠原先計劃於 2019 年底開始動工生產,但富士康遇上了嚴峻的市場變局。從工廠動工到預計開幕期間,大尺寸 LCD 面板的價格暴跌了 50％,嚴重影響

獲利。同時,川普政府對中國製產品加徵10％的關稅,使得中國製造的LCD面板在美國市場的競爭力進一步下降,韓國企業反而占據優勢。[21] 在Covid-19疫情引發經濟衰退之前,LCD產能已經供過於求,市場需求疲軟。到了2019年初,富士康似乎開始延遲工廠動工,並下調2020年的產量預測。[22] 當年,有可靠消息指出,這座LCD工廠其實已被悄悄掛牌出售,富士康正考慮直接承擔短期損失,避免未來連年虧損,重蹈10代工廠導致夏普破產的覆轍。[23]

　　與此同時,富士康仍對外宣稱將在威斯康辛州創造一萬三千個就業機會,並生產LCD面板。富士康在芒特普萊森特興建了一座占地100萬平方英尺的倉儲建築,預計於2020年完工,是為美國的「6.0代面板製造廠」。當地媒體《拉辛時報》向來相當支持富士康,2019年10月10日,報導指出:「這座建築將成為北美首座、也是唯一一座薄膜電晶體(Thin-Film Transistor,簡稱TFT)的LCD面板製造廠。」[24] 然而,業界人士對這座建築是否真的能作為LCD製造廠產生強烈質疑。LCD製造廠需要特殊的地基穩定龐大的機械設備,且通常設有三層作業區,但該建築的設計似乎不符合這些標準。LCD製造設備的供應商有限,通常需要多年才能交貨,而據業界觀察,並未發現富士康有任何相關設備訂單。此外,傳統LCD工廠的高樓層會設有上層裝卸平台,好讓吊車運送設備,但這座芒特普萊森特的單層建築僅建在一塊混凝土板上,完全沒有可見的上層裝卸區,外界也更加懷疑這個廠區的真實用途到底為何。

儘管疑點重重，但針對原先 10.5 代大型工廠的基礎建設工程仍未停止。地方政府已經發行了數億美元的市政債券，用於支付承包商進行土地整平、房屋拆除、六線道公路建設、管線鋪設與土地徵收。富士康的支持者仍堅信公司會履行承諾，就算沒有，根據芒特普萊森特、拉辛與富士康達成的協議，即便富士康最終撤出威斯康辛，它仍得從 2023 年起，根據至少 14 億美元的評估價值支付房地產稅，並持續數十年。

這項協議白紙黑字寫得清清楚楚，郭台銘的團隊已正式簽署合約。

5 土地掠奪：居民的抗爭

Chapter

The Land Grab

2018 年 3 月 20 日晚間，芒特普萊森特的居民擠滿了鎮公所，準備向社區發展管理委員會發表意見。這個機構實際上是鎮委會下的執行委員會，當晚的會議議程只有一項：正式啟動強制徵收未接受政府收購報價的土地。這項決策涉及將 3,900 英畝的農地、農舍，以及部分分散、但維護良好的獨棟住宅，統一劃為「**窳陋地區**」（blighted area）。這個標籤是地方政府強行徵收土地的關鍵步驟，同時也是從地方茶黨官員、州長沃克，一路通往時任總統川普的富士康支持鏈中，至關重要的一環。為了兌現承諾，確保富士康在 8 月 1 日前獲得第一階段 1,100 英畝的土地，地方政府必須完成這項土地徵收計劃。

五十幾歲的喬·雅納切克（Joe Janacek）臉上有一抹灰白色的八字鬍，身穿圓領毛衣。他手上僅拿著一張紙，神情不安地走向發言台，對委員會朗讀道：「我已經在這棟房子裡住了二十八年。」「我是一名納稅公民，我應該得到更好的對待，而不是像垃圾一樣被人踢到路邊，被人從自己家裡趕出去。」[1]

康妮·理查茲（Connie Richards）與她身材高大的丈夫站在一

起,夫妻倆神情僵硬,宛若格蘭特‧伍德(Grant Wood)的名畫《美國哥德式》(*American Gothic*)中的農民夫妻。她說道:「拆除機球砸向我們傾注心血的房子和農舍的當日,將會是令人心碎的一天。」羅德尼‧詹森(Rodney Jensen)的聲音因激動而顫抖,他憤怒地指著委員會說:「鎮委會告訴我們,我們的土地一文不值,然而,你們同時又告訴富士康,這裡是全世界最好的地段。我真不知你們怎麼能心安理得地坐在這裡,做出這種決定。」

這場土地徵收計劃由專精徵收法、月顧問費高達 10 萬美元的律師馬庫維茲與專案主任洛伊斯擬定,在幾位徵收顧問的協助下,頗有馬基維利式充滿權謀的味道。首先,他們派遣指定的房地產仲介公司「匹茲兄弟地產」(Pitts Brothers)直接接觸當地持有大量土地的農民。仲介只給兩個選項:

一、簽署出售選擇權,以每英畝 5 萬美元的價格賣地。

二、等待政府依據徵收法強制徵收,屆時,補償金將依開發前的市價計算,可能低至每英畝 5 千美元。

對於擁有 250 英畝土地的農民來說,這筆交易的差距極為懸殊,賣價可能是 1,250 萬美元,也可能只有 125 萬美元。況且,買家只給幾天的期限,農民幾乎無從考慮,只能匆匆決定。這種策略既有效又迅速,富士康的土地收購計劃也因此進展得相當順利。同時,匹茲兄弟地產也從中獲得數百萬美元的鉅額佣金,成為這場交易的大贏家。

對許多土地持有者來說,這筆交易也是一筆可觀的意外之財。

例如，約翰·福克（John Fork）擁有152英畝的土地，補償金預計可達760萬美元。對於擁有更多土地的人來說，這筆錢足以再買下一座農場，或是悠悠哉哉退休，在威斯康辛置產新居，同時在佛羅里達再買一間度假屋，享受「候鳥式生活」。但對於那些曾向已故父母承諾永不出售祖產的人，這卻是一個殘酷且令人心碎的決定。

對於擁有小面積土地的屋主，鎮公所則以「道路擴建」為由進行收購。有些土地確實落在傳統道路的徵收範圍內，因為鄉村道路將擴建為四線道或更寬的公路。但許多被徵收的土地其實與道路計劃毫無關聯。對此，金·馬霍尼等精明的屋主很快就質疑這種手段，但這種做法仍向大多數地主傳遞了一個訊息：他們沒有拒絕的餘地。接著，鎮公所開始向這些地主開出條件：市價加上40%的補償。換句話說，如果房產估值為30萬美元，政府會開出42萬美元的收購價，要求對方立即簽字。倘若屋主拒絕條件並選擇抗爭，政府則會直接以徵收法強制收購，且只支付30萬美元。這種策略再一次發揮了驚人的效果，許多地主選擇接受買斷，儘管由於民眾期待富士康的勞動力和所有被迫遷移的屋主湧入市場，當地的房產價值正迅速攀升。

對於少數頑強抵抗的屋主，鎮公所使出最後一招：拿出富士康廠區的地圖指給屋主看，並告訴他們，未來不會有道路通往他們的房產。「如果你們不賣，以後就無法開車回家。」這種威脅成功動搖了一些屋主，迫使他們選擇出售房產。但諷刺的是，一直到幾乎所有交易都已塵埃落定，才有人發現這完全是一場騙局，鎮公所根

本無權限制道路通行,這是屬於州立交通部的管轄範圍,而且根據州法,刻意讓私人土地陷入「交通孤島」是違法行為。

當天的公開會議中,唯一來自外地的發言者是來自「正義研究所」(Institute for Justice)的安東尼・桑德斯(Anthony Sanders)。這是一家總部設於明尼阿波利斯(Minneapolis)的公益律師事務所,其中不乏全美頂尖的徵收法專家。詳細檢視相關法規後,桑德斯直視社區發展管理委員會,語氣堅定地告誡他們:「不要搞錯了。如果這件事進入法律訴訟,你們一定會輸。你們無權強行奪走這些人的家園。」

桑德斯所屬的律師事務所曾代理過美國史上最具影響力的徵收法案件「基洛訴新倫敦案」(Kelo v. New London),並在最高法院的審理中敗訴。這起 2005 年的劃時代判決,由五票對四票通過,法院裁定,在特定的條件下,康乃狄克州的新倫敦市政府有權為商業開發目的徵收私人財產。此案影響極其深遠,判決發布後,全美四十二個州紛紛通過新的徵收法規,藉此釐清徵收程序並加強地主的財產權保障。

桑德斯向我解釋他為何會出席 3 月 20 日的會議:「我們過去曾經處理過威州的徵收案,因此富士康的計劃早已在我們的關注範圍內。」「後來,有一名土地持有者找上我們,還有幾位代表屋主的律師也向我們求助。根據我們對威州法律的經驗,我們很清楚,鎮公所若想強制徵收,就得先將土地判定為『窳陋地區』。」

強制徵收這片廣達 6.2 平方英里的土地,最大的難題在於威斯

康辛州對「窳陋地區」的法律定義極為嚴格且十分具體。例如，符合「窳陋地區」標準的其中一個條件，是該地區的犯罪率必須是周邊社區的三倍，這對於富士康計劃的用地來說，根本毫無邏輯可言。此外，法律還有一條條款，與當地政府試圖為富士康取得土地的目標背道而馳：「若某處不屬於窳陋地區，授權徵收的機構便不得強制徵收……若該機構的目的是將該土地轉讓或租賃給私人企業。」

桑德斯直言不諱表示：「這完全是濫用徵收權的經典案例。」當地方政府向富士康承諾，將在 2018 年 8 月 1 日前取得所有土地的計劃時，他認為只有兩種可能：「要不是他們向富士康畫了一張大餅，就是他們已經準備好龐大的資金，準備開出天價收購。」換句話說，他們的「開價」根本就是讓屋主無法拒絕的交易。

富士康最早提出的選址條件是土地必須由當地政府免費提供。州長沃克的談判團隊迅速同意了這項要求，但要達成這項條件，他們還得找到願意配合的地方政府。關鍵在於，地方政府必須同意兩件事：協助成立徵收權機構，確保能夠透過徵收法強制取得土地，並發行市政債券，籌集數億美元，用來購買土地並支付基礎建設費用，以履行對富士康的承諾。從富士康最初發布需求建議書，一直到最終在芒特普萊森特成功徵收 3,900 英畝的土地，這條路十分漫長且曲折不斷。

如前所述，這場土地收購計劃始於 2017 年 3 月，當時安永會計師事務所代表富士康聯繫 WEDC，最初尋找的是 40 英畝的土

地。然而，需求很快便膨脹至 750 英畝，迫使 WEDC 進一步向拉辛郡經濟發展局（Racine County Economic Development Corporation，簡稱 RCEDC）求助。RCEDC 是威斯康辛州十八個地方經濟發展機構之一，擁有十六名全職員工，年度預算約 200 萬美元，其中約 75％來自政府資助。RCEDC 的職能與密爾瓦基都會商會旗下的經濟發展部門「密爾瓦基七」（Milwaukee 7）重疊，負責威州東南七郡的經濟規劃。「密爾瓦基七」僅有十名全職員工，主要經費來自商會會員的會費。在美國其他地區，類似的地方商會組織也負責經濟發展，但部分是由納稅人資助，甚至在某些地方，資金來自部分營業稅。

2017 年 5 月 6 日，威斯康辛州經濟發展官員帶領富士康高層實地考察了三個潛在選址地點，分別位於基諾沙、拉辛和詹斯維爾（Janesville）。考察之前，WEDC 內部流傳的一份備忘錄指出，該項目需要「350 至 380 英畝的可開發土地」。然而，就在同一個月，「密爾瓦基七」發布了一份報告，總結全美各地最大規模的經濟投資激勵方案，其中將富士康計劃的用地規模訂為 750 英畝。但此時，威斯康辛州不僅已在評估其他可能的選址，連州政府能否在這場全國性的投資競標戰中勝出也未可知。

儘管如此，2017 年 5 月中，RCEDC 決定將最新的富士康需求建議書分享給芒特普萊森特的市鎮團隊。當地官員立即開始研擬策略，思考該如何滿足富士康的各項需求，包括大規模土地供應、環境許可申請以及 LCD 生產所需的大量淡水資源（用於清洗大尺寸

富士坑　*Foxconned*

玻璃基板）。為了讓地方政府更清楚富士康的規模，RCEDC 官員在備忘錄中附上夏普位於大阪的 10.0 代工廠的空拍圖。但對當地人來說，要想像這座龐大的工業設施出現在芒特普萊森特那片剛剛翻耕播種的田地上，實在是一大挑戰。

到了 6 月下旬，「密爾瓦基七」的一名高層警告，土地收購成本可能將大幅上升。隨著計劃用地擴展至 1,000 英畝以上，地主逐漸意識到自己土地的價值，不再願意接受每英畝 5 萬美元的報價——而這個價格已經是開發前價值的七倍。高層建議，應將預算提高至每英畝 10 萬美元，以確保能順利取得土地。與此同時，開發機構開始討論是否要在基諾沙或拉辛兩郡擴大收購範圍，將計劃用地提升至 2,000 英畝。然而，直到 8 月下旬，芒特普萊森特內部信件才透露，當地政府的實際計劃是收購約 3,900 英畝的土地，並且考慮將整個區域劃為「窳陋地區」，以便用徵收法強制收購。

一座工業園區若只需 350 英畝，當地政府為何要徵收 3,900 英畝的土地？我向芒特普萊森特鎮委會一名曾投票支持該計劃的成員提出這個疑問。蓋瑞‧菲斯特（Gary Feest）答道：「我不是很確定，地圖不是我們畫的。我只知道，富士康並非這片土地的唯一租戶，還必須預留空間給它們的供應商。」

政治人物往往渴望擴大權力，官僚體系則傾向不斷擴張。因此，我不禁懷疑，芒特普萊森特的官員是否藉著富士康計劃，試圖

掌控遠遠超過富士康實際需求的大片土地。我問菲斯特是否有人利用這個計劃來擴大自己的勢力範圍，他還是回答不確定。但對於像 RCEDC 和密爾瓦基七這類負責區域經濟開發的機構來說，「富士康園區」將成為極具價值的資產。這片龐大的工業用地擁有充足的水資源、穩定的電力供應，還有四通八達的優質道路，最關鍵的是，這些基礎建設費用全都由納稅人買單，而非富士康或未來進駐的企業。一旦工業園區建成，這些機構未來幾十年內都能仰賴這塊土地來招商引資，無需再為土地收購或徵收法爭議傷腦筋。更值得注意的是，這片土地已經被政府剔除了許多環保審查要求，避免了那些可能拖慢開發進度、甚至讓企業卻步的法規限制。對於鎮委會主席德格魯特這類有野心的政治人物而言，這更是一條快速晉升的捷徑。他不必經歷艱難的選舉過程，就能從地方小型房地產商一躍成為掌控數千英畝開發用地的關鍵人物。《芝加哥大學法律評論》（*University of Chicago Law Review*）曾指出，鎮公所主導的經濟開發往往會誘惑民選官員扮演企業家的角色，親自規劃並推動開發案。[2] 這並不是說德格魯特或任何參與富士康計劃的官員從中獲得個人利益，目前並無任何證據顯示有人藉此中飽私囊。

到了 2017 年 6 月 26 日，富士康的選址已縮減至兩個：占地超過 1,000 英畝的芒特普萊森特以及有類似區塊的基諾沙。但與芒特普萊森特不同，基諾沙有一位專業的市政行政官員，他為 WEDC 詳細計算了這個龐大計劃可能帶來的衍生成本，包括：警察部門的資本需求 200 萬美元，消防部門 900 萬美元，設施和道路擴建 1 億

3,800萬美元，機場擴建100萬美元，擴充公車車隊250萬美元，以及供水系統擴建1億2,500萬美元；連同其他雜項費用，總額超過2億8,500萬美元。此外，預計每年額外的營運成本為1,700萬美元。基諾沙市政府還要求州政府提供財政支持，以協助發行相關債券，並提出了一項額外的社會福利需求——建設一座新的心理健康設施。雖然這座醫療機構與富士康的工業開發並無直接關聯，但此舉象徵著這個計劃應該讓整個社區受益，而不只是滿足富士康的需求。然而，當這些要求被人證實的確超出了州政府的財政承受範圍時，基諾沙決定退出競標。基諾沙市長約翰・安塔拉米安（John Antaramian）正式宣布：「我的職責是保護基諾沙。」

與基諾沙審慎退場的決定相反，芒特普萊森特鎮長德格魯特及支持者異常興奮。富士康一確定選址，當地行動更是變得異常瘋狂。WEDC已向富士康承諾，將在2018年8月1日前完成最初1,000英畝以上土地的徵收與交付。或許這只是富士康在施壓，讓土地徵收計劃更快推進，但州政府官員、區域經濟發展高層，以及芒特普萊森特的鎮委會確實展現出前所未有的緊迫感。不過徵收過程仍然面臨一些法律程序的掣肘，例如：土地被指定為「窳陋地區」後，必須經過法定等待期，才能正式從私人手中轉移至政府名下。儘管芒特普萊森特的居民早在2017年10月就收到徵收通知，但直到2018年6月，土地「窳陋化」的程序才正式啟動。根據徵收法專家的說法，這是美國史上規模最大的「窳陋地區」行動。[3]

2017年10月，參加首次徵收會議後，我與一名五十幾歲、神

情憂慮的女子交談。她一頭金髮用髮髻紮得緊緊的，戴著銀框眼鏡，名叫喬伊・戴－穆勒。她與丈夫麥可（Michael）擁有一處 5 英畝的家園，位於布勞恩路（Braun Road）。這條車流稀少的雙線鄉村道路正好穿過富士康計劃的工業區。往東一英里有一座大型的農產品攤位，以前是她先生經營的，販售鄰近土地種植的各類蔬菜。近年來，他將農產品的生意交給別人接手，專心發展除雪業務。布勞恩路往西延伸通往 94 號州際公路，同時構成富士康第一期開發區（共 1,198 英畝）北側的邊界。當地政府承諾提供土地、道路擴建、水電供應、汙水處理與寬頻設施，但這些基礎建設的成本不斷攀升，最終達到 9 億 1,100 萬美元。道路擴建計劃最初要求將公路拓寬至六線道──這將直接吞沒戴－穆勒的家園。[4] 然而，後來規劃又改回雙線道，她的房子因此得以保留。專案主任洛伊斯迅速澄清：「這類計劃本來就充滿變數，而且戴－穆勒一家是自願出售土地的，從未經歷強制徵收。」

戴－穆勒一家的房子並不在富士康的主要工業區內，而是在規劃區北界，鄰近一塊 622 英畝的土地上，該區域被劃為工地臨時施工場地，與主廠區相鄰。她和麥可原本以為，既然家園位於邊界，應該能夠避開徵收。然而，當她收到政府寄來的通知時，她震驚地發現信件明確提及「道路擴建」。實際上，專案主任洛伊斯和徵收律師馬庫維茲並不在乎這些房屋是否真的以「道路擴建」為由徵收。以道路擴建為由來徵收是廣被接受的程序，幾乎沒有法律上的異議空間；因此，如果地主誤以為自己的土地很快就會變成公路，

他們更有可能選擇配合，而不會提出法律挑戰。芒特普萊森特當局的這場土地掠奪行動，就是透過這種模糊的說法，成功減少了可能的反對聲音。

10月的會議結束後，戴－穆勒依然無法接受現實。隔天我到她家找她交談時，她仍深陷難以置信的狀態。「他們要奪走我的家，我已經在這裡住了二十四年。」她不斷重複這句話，彷彿這樣就能讓衝擊變得沒那麼強烈。「我們這裡有一座池塘，還有一座農舍，我先生的生意全靠這些。」「這件事已經讓我一整個星期無法思考其他事情，我的睡眠品質也變得很差。整個計劃太荒謬了，我真的不明白怎麼會有人支持。」

他們家是單層、寬敞的牧場式的住宅，我們一路從車道走過精心修整的庭院，來到一座池塘前。池塘寬約數百英尺，邊緣用石頭圍了起來。沙地旁翻放著一艘小型浮筒船，旁邊立著標牌，上面寫著「喬伊的海灘」（Joy's Beach）。

「這一切都是我們親手打造的。」戴－穆勒一邊說，手一邊指向池塘和我們身後的庭院。「除了最初挖掘池塘的工程，其他全都是我們自己完成的。但如今，他們要怎麼補償這一切呢？」

我問她是否會繼續留在當地。她說：「我想離這裡愈遠愈好。」我想，她指的不只是富士康的開發案，更包括當地官員的所作所為。「但我先生的除雪業務全都在這片地區，主要客戶都在拉辛。」她搖搖頭，嘆了口氣。「看來，我們只能自己雇一位鑑價師，開始這場爭取合理賠償的戰鬥了。」

最終，由於額外的土地以及她先生在當地經營的商業設施，戴－穆勒一家得到了額外的補償。芒特普萊森特政府支付了99萬1千美元的土地補償款，以及23萬3千美元的搬遷費，其中大部分與她先生的事業有關。與一般屋主相比，當地政府對富士康開發區內的少數小型企業顯然更為寬容。這或許反映了共和黨政府長期親商的立場，同時也可能受個人背景的影響，專案主任洛伊斯曾經長年經營自家的小鎮汽車零件店，因此對小型企業更有同理心。然而，對喬伊與麥可而言，這筆補償並非什麼財務上的「意外之財」。他們承受了數年的壓力，失去了唯一真正想要的家園，到頭來，只能帶著這筆錢另覓新的生活與工作場所。

在芒特普萊森特鎮公所辦公室堆積如山的土地徵收公文與商業信函中，出現了一封與眾不同的信件。這封信是一位當地居民寫的，她年近七十，親筆寫下這封文情並茂的信，獻給即將被劃入富士康開發區的土地。這封信既像是對大自然的讚美詩，又帶著回憶錄的深情。她描述母親當年親手種下的白松，如今已長成參天巨樹，也回憶起兒時在農莊的小溪裡嬉戲玩耍的日子。事實上，家族的大部分農地數年前已經賣掉，用來支付母親的醫療費用。但她的家人仍保留了農舍與37英畝的土地，其中有幾英畝的林地被劃為長期保育區，如今即將被徵收。

這位要求匿名的居民在信中向鎮公所表達了她最後的願望：「我希望這片土地能夠成為『飛鷹計劃』（Flying Eagle Project）中的一塊綠地。」「飛鷹計劃」是富士康在開發案初期為自己選定的

代號。

專案主任洛伊斯很快便回信道：「感謝您的來信，並與我們分享這片土地的歷史。我會盡力幫忙，但如同我先前所言，我無法向您做出任何承諾。」

一週後，她又收到鎮公所發的第二封信：「這封信的目的是確認我們今天上午討論的產權交割安排……房產交割將在沃基夏（Waukesha）的 von Briesen & Roper 律師事務所進行。」儘管這片土地所在的區域當時並沒有明確的商業開發計劃，但芒特普萊森特仍迅速完成了土地交割，並立刻將房屋與附屬建築夷為平地。

這位女士的土地位於富士康計劃中的第二期開發區，位於已經移交給富士康的約 1,000 英畝土地的北側。「我再也沒回去過。」她告訴我：「我寧願讓它留在記憶中，維持原本的模樣。」截至 2020 年夏天，她的土地仍然歸芒特普萊森特鎮公所所有。她家的房子已經被拆除，但那些參天的白松依舊屹立不搖。諷刺的是，2019 年 4 月，鎮公所將這片土地的可耕種部分，以租約的形式交還給兩位農民。這兩位農民當初被迫以每英畝 5 萬美元的價格賣地，如今，鎮公所在沒有短期開發計劃的情況下，決定暫時利用這塊地種植玉米與大豆，賺取些許收入。鎮公所每英畝的租金收入為 180 美元。

截至 2020 年，在這片 3,900 英畝、被指定為「窳陋地區」的土地上，幾乎所有居民都已與鎮公所達成協議，只剩三戶仍在抗爭。羅納德・詹森（Ronald Jensen）對這座家園有著極深的情感連結。

這裡是他撫養孩子長大成人的地方，多年來，孩子們經常帶著自己的子女回來，就像過去一樣，在這片 3 英畝的土地上漫步遊玩。即便如此，他並非全然拒絕出售，條件是鎮公所必須給他與鄰近農民相同的補償標準，也就是市價的八倍左右。然而，鎮公所透過徵收法取得了詹森名下的產權。但直到 2020 年中，詹森仍然住在這棟房子裡，因為他在州法院與聯邦法院都提出了訴訟，挑戰鎮公所對其財產主張的所有權。鎮公所最終開出的賠償金為 569,300 美元，目前存放在類似託管帳戶的機制裡，等待爭議結果。但對詹森來說，這筆錢遠不足以在當地購買一塊 3 英畝的土地與相似規模的房屋，除非他願意搬到距離城鎮二十英里之外。這樣的生活變遷非他所願。

第二戶仍堅守家園的是馬霍尼夫婦。儘管專案主任洛伊斯曾放話要想辦法奪走他們的「夢幻新居」，但最終，他並沒有成功。然而，他似乎選擇以另一種方式來「報復」金的堅持，就是徹底無視他們提出的所有反提案。鎮公所曾開出第一輪收購價，但金表示，這個金額比他們房屋的重建價值至少少了 125,000 美元，主要是因為房屋內有許多經過特製改建的細節。在徵收律師馬庫維茲與洛伊斯的安排下，馬霍尼一家周遭所有鄰居的房屋全數被夷為平地，他們家則被孤立在一片荒蕪之中。曾經是寧靜的農田景色，如今只剩下被鏟平的泥土與富士康的工業建築。這就是金、詹姆斯，以及他們的女兒如今仍居住的地方，一座美麗的房子，卻被困在一片死氣沉沉的廢墟裡，成了一條無人問津的「死路」盡頭。金偶爾會在社

群媒體上更新富士康最新的施工狀況與交通情況,她從廚房窗戶就能清楚看到這一切。拜訪馬霍尼家的客人必須在富士康新設的警衛室前拐個彎,經過一片荒涼的土地,這裡曾是他們鄰居的家園,如今只剩下一堆裸露的土丘與殘存的車道,宛如當地印第安土墩的遺跡,一條條進退無路的「路」。

第三塊逃過「清除行動」的土地是克魯辛格(Cruezinger)家族的農場,他們經營的南瓜園「巨人之地」(Land of the Giants)頗受當地人喜愛。然而,他們一直不願公開發表任何意見。我從當地居民口中聽到了兩種截然不同的看法:有些人欽佩克魯辛格家族的堅持,認為他們和馬霍尼一家一樣,勇敢守護自己的家園。但也有人認為他們只是精於算計,畢竟如果他們的土地成為未來唯一尚未開發的區塊,那麼那塊土地的價值將遠遠超過現在的價值,成為未來私人開發最炙手可熱的資產。無論如何,克魯辛格家族的土地至今仍聳立在富士康計劃的邊界之外,見證著這場土地爭奪戰的最後局面。

回到麥迪遜後,我邊翻邊看自己拍攝的富士康地產照片,畫面上大多是被徵收的肥沃農地,包括整片的高麗菜田。這時,我的金毛貴賓犬輕輕頂了我幾下,催我帶牠去散步。我不禁回想起 2014 年夏天,麥迪遜市政府開始在我們社區公園的一個未使用區域周圍架設起圍欄的事。早在一年多前,市政府公園的管理部門就曾向鄰

近居民展開問卷調查，徵求意見，隨後舉辦了一連串的公眾會議與公開聽證會，邀請大家發表看法。雖然有些住在公園旁的居民反對，但大多數人持正面態度，最終，這片 1 英畝大小的「胡桃林狗公園」（Walnut Grove Dog Park）於 2014 年秋正式啟用。「狗公園」這個詞已經變成我和妻子在家不得不拼音說出的詞彙，以免一說出口，我們的狗就會興奮得不得了。如今，我們每週都會帶著狗去那裡散步三到四次。

相較之下，芒特普萊森特的屋主在收到正式的土地徵收通知之前，只聽過一些零星的謠言。他們拆開信封的當下，許多人肯定反覆讀了好幾遍，才真正理解信的含義。但即便如此，對他們來說，這件事仍難以完全消化、接受。

芒特普萊森特的居民從未有機會透過公開聽證會表達意見，也沒有人問過他們是否願意讓這片以農業為主的社區，變成富士康所承諾的全美最大工廠。這場涉及鎮史最重大變革的決策甚至沒有舉行公投。事實上，所有決策早已在密室裡敲定，幕後的推動者包括麥迪遜與密爾瓦基的經濟發展官員、律師、建築承包商，以及芝加哥安永會計師事務所的人。鎮公所的兼職民選官員雖然參與了過程，但實際上只是旁觀者。真正主導談判的是高薪聘請的顧問與徵收律師，而鎮公所官員在閉門會議上幾乎沒有發表過任何意見，也從未向鄰居透露計劃內容。或許是因為他們對這場超乎想像的開發案感到無力干預，更可能是因為他們簽下了嚴格的保密協議，從他們極力迴避討論的態度來看，幾乎可以肯定這些協議包含了不得公

開談論計劃的條款。

一台規模龐大的經濟開發機器已經全面啟動,而這台機器早已在數百個較小的開發案中磨練成熟。但這次的對象是富士康,是經濟發展領域裡少見的「大案子」,甚至可能是千載難逢的機會。難怪芒特普萊森特的居民會說,這場開發案就像「被火車輾過」。一旦這台引擎啟動,便再也無法停止。

在這場混亂且急促的過程中,大家幾乎忘了這場鉅額公共投資的初衷。從川普高調宣布,到州政府為 30 億美元的激勵措施遊說立法機構,一切的一切都圍繞著一個承諾:創造就業機會。WEDC 及其他支持者不斷重複著那句話:「一萬三千個能養家的工作。」這些並非針對工程師或電腦程式設計師的職位,而是按小時計酬的藍領工作,就像過去曾讓拉辛郡成為美國製造重鎮的工廠職缺。但隨著去工業化的浪潮襲來,這座城市從昔日擁有高薪工廠工人的榮景,逐漸淪為世代失業與城市衰敗的象徵。

6 拉辛──
Chapter
鏽帶的典型縮影
Racine, Poster Child of the rust Belt

　　2020年春天，我與七十二歲的傑拉爾德・卡沃斯基（Gerald Karwowski）對談時，他回顧了自己在拉辛的生活，努力尋找最貼切的形容詞──最後，他選了「幸運」。他的祖父母肯定會同意這個說法。他的四位祖父母都是波蘭移民，二十世紀初他們正好成年，搬到威斯康辛。在波蘭，他們只是佃農，沒有受過教育，靠著地主留下的些許土地勉強糊口。他最愛的外公用斷斷續續的英語向他描述過去的苦難。每當哥薩克（Cossacks）掠奪者來襲，他便和姊妹拚命奔跑，把家人藏在田地裡，以免遭受暴力或被綁架。如今，他的後代終於擺脫了舊世界的命運，從無地的佃農變成新世界的地主。卡沃斯基對拉辛的歷史充滿熱情，多年來，他全心全意蒐集當地的歷史文物。如今他住在拉辛郊外的一座農場裡，幾座倉庫塞滿了多年的收藏品，每一件都承載著這座城市的過去。

　　「這是我們做過最正確的決定。」卡沃斯基的外公常這麼說，並回憶當年舉家離開舊大陸，先是遷往密爾瓦基，再南下三十英里

來到拉辛。當時,密爾瓦基和拉辛都是波蘭移民的聚集地,而他的祖輩很快就在這座蓬勃發展的製造業城市裡找到工作。然而,他們的生活仍然圍繞著波蘭社群——週末去波蘭人的俱樂部聚會,週日則到波蘭裔的教堂參加彌撒。

工作並不輕鬆,他的外公在熔爐工廠的高溫環境裡辛苦工作了四十一年,外婆則在較富裕的人家裡當清潔工,靠擦地板與幫傭貼補家用。他的爺爺進入拉辛的知名家電公司漢美馳(Hamilton Beach)工作,奶奶則在洗衣坊裡熨燙衣物。每逢節日,家族成員都會擠進狹小的屋子裡,熱熱鬧鬧地團聚。當年,他們的四位祖父母、所有叔叔伯伯姑姑阿姨,以及每一個孩子全都住在拉辛。如今,只剩下零星的幾位親人還留在這裡。

卡沃斯基的父親後來開了一家雜貨店,起初主要的服務對象是波蘭裔居民,但隨著時間推移,顧客群逐漸轉變為非裔與西班牙語裔的居民。1953 年,卡沃斯基進入加菲爾德小學(Garfield Elementary School)時,學校裡的黑人學生屈指可數。[1] 但到升上國中時,白人學生反而成了少數。隨著美國的「大遷徙」進入尾聲,拉辛的非裔人口迅速增加:1940 年,拉辛郡的非裔人口僅有 484 人,1949 年增至 2,330 人,1960 年攀升至 4,700 人。[2] 如今,這座城市依然保持著多元文化,儘管曾經支撐這些移民社群的製造業早已式微。[3] 在威斯康辛州這個種族與文化相對單一的州,拉辛是個異數,2010 年的人口普查顯示,該市有 23％的人口是西班牙裔,23％是非裔。

高中時，卡沃斯基的父親曾勸他考慮加入家族的雜貨店生意。他已經在店裡待了無數個小時，補貨、結帳，每小時工資只有 1 美元。他親眼看著父親每天清晨五點開始工作，一直忙到晚上十一點，一週至少工作五、六天。

「我直接回他：『免談。』」卡沃斯基回憶道。

況且，當時正值 1960 年代中期，美國製造業仍處於巔峰。剛上高中，他就找到一份暑期工作，進入拉約汽車廠（Rajo Motors），這家公司專門改裝福特 Model T 的汽缸頭，讓這款經典老車成為火熱的改裝車。他喜歡這份工作，更愛這份薪水。一下子，他成了朋友間的「富翁」，週末總是他出錢買啤酒。父母不斷懇求他完成高中學業，但他根本沒耐心好好讀書。

「我從沒想過當律師或其他專業人士。」他這麼說。於是，高二懶懶散散混了幾個月後，某天早上他走進凱斯公司（J. I. Case Company）的辦公室遞交求職申請。公司一看到他有機械廠的經驗，當天下午就給了他工作。凱斯公司是當時拉辛最大的雇主，工廠占地 100 萬平方英尺，專門生產農業機械，是這座城市的經濟命脈。

回顧人生，卡沃斯基認為自己進入凱斯的時機受到命運的眷顧，年紀輕輕就入行讓他擁有資歷優勢，也讓他比晚幾年加入的同學更有工作保障。即使凱斯的業務有週期性，時常因應市場需求變動裁員，他卻從未被解雇。他一開始的薪資就足以負擔一間不錯的公寓，還能準時繳清帳單。隨著時間推移，他所屬的工會「美國汽車工人聯合會」（United Auto Workers，簡稱 UAW）不僅幫助勞工

提升薪資和福利，還改善了工作環境的安全性。到了 1996 年，工廠的環境已經煥然一新，時薪達 24 美元（按 2020 年的購買力計算相當於 40 美元），每年有七週的帶薪休假，還包含牙科和視力保險。當時他四十八歲，已經符合終身退休金與福利的資格。於是，他果斷選擇退休，結束了自己的工廠生涯。

拉辛位於密西根湖西岸，約在湖岸線的三分之一處。這座湖是世界第五大淡水湖，也是這座城市發展的重要背景。然而，現代拉辛與湖岸的關係卻顯得有些曖昧不明，反映出這座城市複雜的人口結構與文化特色。大片湖岸被一座龐大的遊艇碼頭遮蔽，裡面停泊的主要是外地來的小型遊艇。許多來自芝加哥及周邊郊區的船主願意通勤三十分鐘到兩小時，只為了享受這裡比芝加哥市區碼頭更優惠的價格。

拉辛的市中心距離湖岸相當遠，主要由市政大樓等公共建築構成，整體氛圍略顯衰敗。除了幾棟看起來像是芝加哥北岸搬來的高樓住宅之外，這座城市還沒有經歷明顯的「士紳化」。市中心只有幾家午餐餐館，到了傍晚便紛紛關門，整條街陷入寂靜。就算是天氣宜人的日子，從市中心步行到湖岸也是一段孤獨的旅程，沿途只有空蕩蕩的停車場與毫無特色的荒草地。一年之中大部分的時間，這裡的景象令人憂鬱，灰濛濛的湖水與冰冷的湖風讓氣氛更加沉悶。遊艇碼頭南側有一條單調無趣的灰色混凝土步道，旁邊是一堆

雜亂無章的破舊消波石，毫無美感可言。這一帶沒有沙灘，但在北邊，拉辛倒是維護了一處相對美觀的沙灘，白天適合親子活動，晚上則較不安全。

拉辛曾名列全美前幾名負擔得起的城市，當地房屋的平均價格僅略高於 10 萬美元。然而，這樣的統計數據掩蓋了拉辛及其他「鏽帶」製造業城市的現實：人口不斷減少、房屋老舊失修，以及長期存在的種族不平等。2019 年，拉辛在全美非裔居民最不宜居的城市排行榜上名列第二，僅次於密爾瓦基。[4] 這項評比主要基於教育、就業、收入及機會等方面的種族差距。2020 年 1 月，布蘭戴斯大學（Brandeis University）海勒社會政策與管理學院（Heller School for Social Policy and Management）發布的一項報告顯示，密爾瓦基都會區（包含拉辛）有全美最大的機會落差，白人與非裔兒童之間的發展機會差距最為懸殊。[5]

拉辛最早的定居者是受「根河」（Root River）河口吸引而來。據說，這條河之所以叫根河，是因為河道布滿了錯綜複雜的樹根（尤其是上游地區），影響水流通行。拉辛「Racine」這個名字源自法語，意思正是「根」。這條河流經一片相對平坦的沖積平原，形成天然的避風港，適合獨木舟與平底船停泊。對於當地的原住民族與早期的歐洲探險者來說，這不僅是一條水上的交通要道，也是一條通往內陸的捷徑。數百年來，各個原住民族群在這片土地上繁衍生息，法國皮毛貿易商來到此處時，波塔瓦托米人（Potawatomi）已經定居於此。他們在肥沃的氾濫平原上種植玉米，同時全年利用

魚鉤、魚叉和漁網捕撈豐富的漁業資源。每年春秋兩季，這片水域特別富饒，盛產白魚、湖鱒、鱘魚、梭鱸、希氏白鮭與大西洋鮭。

1830年代，美國東北部與英格蘭的移民開始湧入拉辛地區。1833年簽訂《芝加哥條約》（Treaty of Chicago）以來，移民數量一直增加。這份條約強迫波塔瓦托米人將他們在五大湖地區的土地割讓給美國，並要求他們在三年內遷往密西西比河以西的「印第安保留地」。如同當時許多不平等條約一樣，這對原住民族來說是一場災難。根據卡爾森學院（Carthage College）的歷史學家納爾遜・彼得・羅斯（Nelson Peter Ross）1970年代中期的記載：「就像所有強迫簽訂的條約一樣，許多原住民極不願意離開這片土地，他們的遷徙充滿掙扎與不情願。」

條約簽署後那幾年，當地局勢極為緊張。對於波塔瓦托米人來說，這片土地仍是他們的家園，因此他們偶爾會出現在移民的住處，期望得到一頓飯，或隨意取走一些物品，就像逛免費的商店。1836年7月4日，美軍上尉埃德溫・桑納（Edwin Sumner）與拉辛地區的波塔瓦托米人會面，並在報告中向上級寫道：「這些人看起來並不滿意，他們抱怨白人在條約規定的期限之前就開始侵占他們的土地。老實說，我無法反駁這項指控，因為白人確實正在餓死他們，大批湧入的移民摧毀了這片土地上的所有獵物。」1838年6月，大部分威州的波塔瓦托米人被迫強制遷徙。聯邦政府派遣特工在整個地區徵集馬車，將他們從密爾瓦基押送到愛荷華州西部。雖然仍有少數波塔瓦托米部族留在當地，但隨著野生獵物的枯竭，大

多數人在南北戰爭之前就不得不遷往西部。

部分波塔瓦托米人成功躲過了強制遷徙，另一些則設法重返家園，威斯康辛北部的森林與人煙稀少的地區成了他們最好的避難所，許多人開始在伐木業謀生。1907 年，官方統計顯示，威斯康辛州的波塔瓦托米人口僅剩 471 人。1913 年，美國國會批准了一部分賠償金，許多當地波塔瓦托米人利用這筆資金在威州北部與中部購買土地。1990 年，部族買回密爾瓦基一處舊部落中心共 7 英畝的土地，並開設了一家賓果遊戲廳，後來發展成美國第一家「非保留區賭場」（off-reservation casino），成為復興部落經濟的重要支柱。某種程度來說，這也算是一種間接的賠償，截至 2019 年，密爾瓦基地區的居民與遊客每年為該賭場帶來約 3 億 9 千萬美元的利潤。[6] Covid-19 疫情爆發之前，每位成年的波塔瓦托米部族成員每年可從中獲得大約 7 萬美元的分紅。[7]

最初，白人拓荒者在根河河口附近的沙質土地上開墾，種植玉米、馬鈴薯和大頭菜，但收成遠不足以維持生計。1836 年，移民開始向內陸遷徙，優先選擇橡樹稀樹草原地區，因為這些地點不僅擁有肥沃的草原土壤，還有高品質的木材，可用來建造小屋。早期拓荒者的生活極度孤立，與一百年後最偏遠的阿拉斯加探險家無異。對現代美國人來說，他們如何在威斯康辛漫長而陰鬱的冬季自力更生根本難以想像，許多人只能蜷縮在粗糙的小木屋裡，屋舍的大小與品質甚至比現代工具棚還要簡陋。然而，到了 1840 年，尼古拉斯・普羅沃斯特（Nicholas Provost）從當地寫信給他的姑姑，

信上對於短短五年內白人已大量湧入一事相當震驚:「這片土地才剛被白人開墾五年,但定居者的數量已令人驚嘆。」他同時提及當時極高的財務風險:「大多數人是向政府購地,但這些錢都是借來的——有些人為了籌資,不惜支付高達50%的利息,最低利率也要7%。」[8] 這些驚人的利率並非來自通貨膨脹(當時並無通膨問題),而是美國拓荒者願意承擔高風險開墾新地的決心,以及未受管制的銀行體系趁機剝削的結果。

來自美國東北部的農民十分懂得怎麼種小麥,儘管他們之前的土地已因過度耕作而貧瘠。然而,根河周圍未開墾的草原極為肥沃,因此成了小麥(當時最具經濟價值的作物)的理想種植地。早期定居者使用牛隻拉動笨重的鐵犁,但鐵犁效率低落,濕潤的黑土會結成厚重泥塊,必須不斷清理。1836年,約翰‧迪爾(John Deere)在伊利諾州大迪圖爾(Grand Detour)開始試驗更光滑的鋼製犁,但直到1849年才廣泛上市,恰逢芝加哥第一條鐵路開通。隨著農業技術的進步,拉辛郡的小麥產量增長驚人,從1840年的約四萬蒲式耳(注:英制的容量及重量單位,常用於度量農產品)激增到1850年的二十二萬五千蒲式耳,1860年達到三十萬蒲式耳,1870年更達三十五萬蒲式耳。這些豐收的數字,後來一直到1960至1970年代現代農業技術發展成熟後,才有機會再次接近。

小麥產業的成功與優質農地容易取得,引發了一波移民潮,拉辛郡的人口在1840年至1850年間翻了四倍,達到一萬五千人。1839年,政府修建了一條連接拉辛與詹斯維爾的公路,這條約六

十五英里的內陸道路進一步鞏固了拉辛作為貿易中心的地位。該地區的農產品經由這條公路從內陸運往拉辛的港口，進口商品則透過五大湖的水路運入。

最密集的內陸定居區位於湖岸平原上，其中包括今日的芒特普萊森特，這片地區自密西根湖向西延伸六英里，地勢幾乎完全平坦。到了1855年，拉辛內陸各個新興小鎮的經濟命運基本上由第一條鐵路的路線決定。例如，拉辛－貝洛伊特（Racine–Beloit）線避開了當時頗具潛力的羅徹斯特（Rochester），而選擇穿越伯靈頓，伯靈頓也因此迅速崛起為商業中心。伯靈頓後來成了沃斯的家鄉，這位威斯康辛州眾議會議長日後成了富士康計劃的主要支持者。

南北戰爭期間，農產品貿易仍是該地區的經濟命脈，但農業結構逐漸從小麥種植轉向乳製品與其他作物多元發展。其中，高麗菜成為當地的特色農產品，1880年後，冷藏鐵路運輸興起，能夠出口至更遠的市場，同時也供應當地的酸菜工廠。2017年夏末，我駕車經過富士康開發區時，成千上萬排列整齊的成熟高麗菜像洗牌般從我眼前閃過，其中許多菜將運往密爾瓦基與芝加哥的市場。

雖然拉辛今日以二十世紀的製造業盛衰聞名，但早在第二波工業革命初期，當地便歷經了經濟動盪。[9] 農業機械化導致農村人口大量流失，1880年至1910年間，鄉村居民紛紛遷離。同一時期，工業發展開始吸引這些流離失所的勞動力，推動拉辛市的人口在短短三十年間成長近150％。有趣的是，這些原本從事農業的工人，有好一部分轉向農業機械製造業，其中最具代表性的便是凱斯公

司。這家公司創立於南北戰爭時期,如今仍在拉辛營運,是當地碩果僅存的十九世紀企業。從二十世紀初到 1980 年代,凱斯公司一直是拉辛最大的雇主,1976 年的員工人數更是達到五千六百人。

1842 年,二十三歲的傑羅姆‧凱斯(Jerome Case)從紐約來到威斯康辛,隨身帶來當時最早期的機械脫粒機,這種機器能將小麥的穀粒與麥殼分離。抵達後,他立刻著手改良這項機械,並在 1847 年於拉辛建立工廠,專門生產更有效率的脫粒機。十九世紀末,他的公司開始製造蒸汽動力拖拉機,進入二十世紀後,又將技術轉向汽油動力拖拉機。歷經多次股權變更與品牌重塑,現今的凱斯公司已經成了全球第二大農業機械製造商(僅次於約翰迪爾),同時也是全球第三大建築機械銷售公司。[10]

大蕭條期間,拉辛的製造業曾大幅衰退,但隨著第二次世界大戰及戰後經濟復甦,製造業就業人數迅速攀升,並在 1960 年代末至 1970 年代初達到巔峰,約有兩萬六千人從事製造業工作。莊臣是推動拉辛成為造紙、化工與橡膠製造中心的關鍵企業。到了 1970 年代中期,莊臣已成為拉辛第二大雇主,擁有兩千兩百名員工,生產美國家喻戶曉的家用品牌,例如碧麗珠(Pledge,家具清潔劑)、雷達(Raid,殺蟲劑)、歐護(Off!,防蚊液)、滿庭香(Glade,空氣清新劑)和穩潔(Windex,玻璃清潔劑)。出版業也在當地扎根,其中西部出版公司(Western Publishing)以出版《小金書》(注:Little Golden Books,以金色印花書脊為設計的系列童話叢書)而聞名,在同一時期雇用了一千六百名員工。1976 年,拉辛

富士坑 *Foxconned*

郡內共有四十三家製造企業，每家至少雇用一百名員工。當時的就業市場供不應求，卡沃斯基形容：「街上到處都是招募人員，對著路過的行人推銷工作機會。」另一位曾在那段時期從事製造業的員工則回憶：「我剛被解雇，還沒走出停車場，就有人來挖角。我根本不必填什麼應徵申請，直接就有頭路了。」

勞工工會在二十世紀後半葉一直是拉辛市的重要力量。[11] 然而，在凱斯公司長期擔任總裁的Ｌ・Ｒ・克勞森（L. R. Clausen，任期為 1924 年至 1948 年）對工會並不友善。第二次世界大戰末期，他聲稱「工會的權力受到俄羅斯的啟發」，目的是在不承擔責任的情況下侵占管理層的權威。他奴役管理階層，逐步奪取產業。這場對立最終引發一場預料之中的對決，導致美國史上前幾長的罷工。1945 年底，凱斯工會爆發大罷工，持續了四百四十天。當地經濟的韌性在這場罷工中得到了驗證，因為在罷工期間，75％的罷工工人都能找到其他工作，得以在與公司對峙的同時維持生計。[12]

凱斯的總部仍然位於拉辛，但公司於 2002 年關閉了占地 130 萬平方英尺的工廠，將剩餘的製造業務遷至芒特普萊森特的一座 6 萬平方英尺設施，目前只雇約四百名員工。[13] 莊臣仍是拉辛郡的重要雇主，有一千四百名員工。[14] 然而，西部出版公司以及許多曾經的大型企業，包括麥賽福格森（注：Massey Ferguson，主要生產農業機具）、漢美馳，以及附近曾經規模龐大的基諾沙引擎（Kenosha Engine）廠，早已消失無蹤。西部出版公司於 2001 年關閉了拉辛的業務。[15] 麥賽福格森的最後兩百五十名員工是倉儲工人，薪資為

每小時 14.60 美元，倉儲也於 1993 年關閉，公司的農業機械製造業務早已轉移至加拿大和歐洲。[16] 漢美馳如今則完全依賴代工模式（類似富士康），在中國生產所有家電產品。[17]

戰後湧入拉辛的工人和居民對當地勞工工會和居住問題造成了壓力。最初，工會抵制黑人工人，但到了戰爭後期，當地產業開始積極從美國南部和加勒比地區（特別是巴貝多）招募大量黑人勞工。威廉·「藍」·詹金斯（William "Blue" Jenkins）就是其中一位先驅，他的父親於 1917 年從密西西比州的哈蒂斯堡（Hattiesburg）遷至拉辛，當時他尚在襁褓。後來他成了 UAW 的一員，並積極組織工會活動。1946 年，他協助發起了一場鑄造廠的靜坐罷工，因此黑白工人都認可了他的領導能力。後來，詹金斯成了拉辛美國勞工聯合會－產業工會聯合會（American Federation of Labor and Congress of Industrial Organizations，簡稱 AFL-CIO）理事會的首位黑人主席，並擔任 UAW 五五三分會的會長，代表他工作長達三十五年的貝爾城可鍛鐵公司（Belle City Malleable Iron Company）。此外，他還在全國有色人種協進會（National Association for the Advancement of Colored People，簡稱 NAACP）的拉辛分會擔任領導職位。1974 年，六十七歲的詹金斯回憶起戰後一場至關重要的工會會議。

「戰爭結束後……白人希望把黑人趕出去……那天的與會人士

只有三個黑人。有個傢伙在工會會議上站起來說：『如果有必要的話，就用運牛車把他們送回去』……我氣炸了。」[18] 最終，詹金斯和其他黑人領袖協商，成功保住了南方黑人的工作，但從巴貝多來的工人被迫離開美國。然而，種族緊張局勢並未緩解。1946 年，兩名剛從底特律來的黑人犯下搶劫案件，並刺死了一名白人男子。[19] 兇手被捕後，謠言四起，傳言他們將被私刑處決。法院不到十分鐘就判處兩名犯人終身監禁，並迅速將他們轉移到外地監獄，以確保他們的安全。

切斯特・陶德（Chester Todd）是詹金斯種族議題運動的傳承者。1951 年他 9 歲，隨著家人從肯塔基州搬到拉辛。2020 年，回憶起當時的情景，他對我說：「那時的工業發展正如火如荼。」對他的家人而言，「這裡簡直是天堂。」當時拉辛的生活成本相對低廉，工業工人的薪資在美國中西部名列前茅。1959 年，拉辛的人均收入在全美三百八十個城市中排名三十一。[20] 一名勤奮的黑人男性，就算家裡人口眾多，也能賺取足夠的生活費養家。然而，陶德回憶道：「拉辛的種族歧視一直很嚴重。」但他補充：「別忘了，當年可是企業派人來南方招募我們的，他們需要我們。」

陶德高中就輟學，脾氣暴躁，動不動就和別人起衝突。為了擺脫拉辛的種族歧視，他十七歲時加入海軍。然而，他並未料到海軍內部的種族歧視更加嚴重。「當時我從未見過黑人軍官。他們派我到一艘載有六百名水手的軍艦上，其中只有十一名是黑人。我從來沒有接觸過南方的白人。」他回憶道。對他來說，那是一段痛苦的

日子，不僅因為黑人水手總是分到最骯髒、最辛苦的工作，四處還瀰漫著敵意。他熬過了兩年，歷經了幾次軍事法庭的審判，直到有一天，軍艦上的一名少校軍官察覺到他的情緒已瀕臨崩潰，便喊他去談話。陶德記得軍官對他說：「我知道你在這裡經歷了什麼，我要送你回家。」最終，他光榮退役。然而，他暴躁的脾氣並未隨著退伍而改變。他坦承，三十幾歲時，「我曾在北方蹲過一段時間，如果你明白我的意思。」

陶德的繼父是韋伯斯特電氣公司（Webster Electric，液壓泵製造商）深受喜愛的員工，他從未缺勤，也對當時那種將黑人工人限制在低賤工作中的種族制度逆來順受。他上夜班，負責清潔公司的研磨機，還幫陶德在那裡找到第一份穩定的工作。雖然黑人在拉辛的勞動市場已被接受，但職場上仍有明顯的種族規則。陶德語帶諷刺地說：「你永遠看不到白人清潔工。」更好的職位都在機械加工部門，工人可以在那裡完成超額生產目標，藉此獲取獎金。然而，黑人卻沒有這樣的機會。「他們說我們太笨，連鑽床都不會操作。」陶德回憶起自己與繼父一起做夜班地板清掃工的日子：「拜託，這很難嗎？」

他找到了一名願意幫助他的白人工友，偷偷教他操作一台較為專業的機械設備，甚至上夜班時讓陶德頂替他一陣子，好讓自己打個盹。後來，工廠公布招聘這個職位，陶德決定爭取。他回憶道：「一開始，連工會都試圖阻止我得到這份工作。」但最終，他憑藉自己的技術能力說服了工會領導，打破了這家工廠在機械加工領域

的種族壁壘。

在許多美國中西部的工業城市，種族歧視比拉辛還要嚴重。例如，距離拉辛以西六十五英里的詹斯維爾曾是一座「日落城鎮」（sundown town），黑人理論上可以在那裡工作甚至經營小型企業，但日落前最好離開城市。這種歷史影響至今仍然可見，該鎮的非裔美國人口僅占2％，西班牙裔人口也只有5％。[21] 一些有色人種小企業主選擇居住在南方二十英里外、緊鄰伊利諾州邊界的貝洛伊特，但貝洛伊特本身也遠非公平的典範。拉辛的詹金斯回憶，他這輩子第一次遭到餐館拒絕服務，就是1930年代中期在貝洛伊特的一家藥局櫃檯（注：當時美國有些藥局會在午餐時間提供類似小餐館的服務來賺取額外利潤）。1960年代，他以NAACP代表的身分回到當地，調查詹斯維爾的大型通用汽車（General Motors，簡稱GM）工廠為何完全不雇用黑人，但這項調查最終並未有任何後續行動。儘管如此，詹金斯認為，拉辛黑人人口的激增並不是因為南方的黑人家庭有在評估威斯康辛各城市的種族歧視程度，而是因為拉辛有工作機會，而這些機會往往是從已在當地工作的親友那邊打聽到的。

最明顯且最具壓迫性的歧視領域莫過於居住問題。全美各地的城市，包括密爾瓦基和芝加哥，都利用聯邦政府制定的紅線制度（注：redlining，美國境內的歧視現象，指有些金融機構拒絕為非白人的聚居居民提供金融服務）來正當化對非白人租屋與購屋的限制。因此，二十世紀初期至中期，拉辛的大部分黑人居民集中住在

城市南側的「黑人帶」（Black Belt），儘管北側也有一個黑人社區，還有部分黑人家庭散居在市區各處及郊外。[22] 在拉辛、密爾瓦基、芝加哥和底特律等城市，居住壓力在二戰期間及戰後尤為嚴峻。為了解決這個問題，拉辛在戰時及戰後出現了一種特定的應對方式：將黑人安置在由聯邦公共住宅管理局（Public Housing Administration）設立的拖車營地內。這些營地的生活品質極為簡陋，不僅沒有廚房，還得共用衛浴。有些雇主會在節日期間發放火雞作為福利，但多數黑人家庭無法在家裡烹調，只能將火雞帶到黑人經營的餐館，支付費用請人代為料理。1944 年，負責拉辛戰時居住的主管發現，當地約有兩千輛拖車、公寓或房屋，每個住處往往擠著二至五個黑人家庭。[23] 儘管生活品質惡劣，但這些人至少有穩定的工作機會，使他們得以擺脫在美國南部長期面對的極端貧困，儘管當時可供他們支配收入的選擇仍然有限。

陶德也有提到居住問題的嚴峻。許多社區設有明確的居住限制，房東也拒絕將房子租給有色人種，導致黑人家庭不得不擠在管理不善的出租屋內。他回憶道：「我們曾住過一個地方，燈一熄滅，就能聽見蟑螂從天花板掉到地板上的聲音。」如今，陶德住在他繼父和母親當年買的房子裡，證明了即便在種族歧視的陰影下，藍領階級工人也曾經擁有相對穩定的收入，足以購置房產。他們家也是該區第一戶黑人住戶。陶德記得，當時白人鄰居寧願繞道過馬路，也不願走過他家門前的人行道。

儘管有種族歧視的殘酷現實，拉辛仍在許多方面推行了進步的

政策。詹金斯與陶德都對當地學校抱持正面的評價。1960年，拉辛郡的學校整併為同一學區，成為全國自願性廢除種族隔離的典範。1960年至1970年間，學校中的少數族裔學生比例幾乎翻倍，達到20％。為了維持1966年在芒特普萊森特新建的凱斯高中（Case High School）與拉辛其他兩所高中相似的種族比例，學區開始推行校車接送制度。威斯康辛大學帕克賽德分校（位於基諾沙）的史學教授湯瑪斯・C・里維斯（Thomas C. Reeves）在1977年的撰文提及一項近期的學校調查，結果顯示：「受訪的小學家長中，有八成認為廢除種族隔離的措施行之有效，所有小學校長皆表示認同，九成的教職員工也持相同看法。」[24]

但這並不代表種族平等的時刻已然到來。居住、收入與學業成就上的種族差距依然根深柢固，隨著藍領工作機會減少，情況更是每況愈下。歷史的諷刺在於，1960年代中、晚期，《民權法案》（Civil Rights Act）帶來的潛在機會與自由，恰恰發生在優質工作穩步流失的前夕。[25] 而就像繁榮時期存在的職場歧視一樣，當製造業的榮景逐漸走向衰退，一套殘酷的優先順序於焉形成：黑人勞工往往最先被解雇；等到景氣回升，黑人勞工又是最後才被重新雇用的那群人。[26] 這是一個緩慢的過程，因此對於像陶德這樣有親身經歷的人來說，很難精準地指出發生的時間點與成因。雖然工作機會的流失最先衝擊到黑人勞工，但最終整個拉辛乃至整個工業中西部的所有藍領階級都受到波及。有些人遷往郊區，有些轉移至南方各州，更多人乾脆搬到海外。而那些最有能力離開衰敗城市的人，往

往是經濟較為寬裕且較具流動性的族群,導致「白人外移」與「黑人專業階級流失」的雙重效應,進一步摧毀了當地的稅收基礎。

麻薩諸塞大學(University of Massachusetts)的經濟學家羅伯特．波林(Robert Pollin)曾寫道:「充足且體面的工作是建立一個體面社會的基礎。」[27] 然而,這些工作的大量流失導致社會結構出現裂縫,並隨著時間推移而惡化;不僅是拉辛,全美各地皆然。2012 年,美國有兩千四百萬名尋求全職工作的人無法找到職位。[28] 即便過去數十年間,美國的國內生產毛額(GDP)持續成長(除了 2008 年全球金融危機和 2020 年 Covid-19 疫情爆發帶來的衰退),但大多數美國人的生活水準卻不升反降。[29] 自 2000 年以來,拉辛的官方失業率通常高於威斯康辛州的平均水準,但約 8% 的數字看起來尚稱穩定。然而,拉辛的黑人失業率是全市平均的兩倍,高達 16%,而且即便在 Covid-19 疫情之前,真正的就業危機遠比這些數據所反映的更為嚴峻。截至 2020 年初,拉辛 30% 的黑人人口生活在貧困線以下,比例是白人族群的四倍。[30] 達特茅斯學院(Dartmouth College)的經濟學家大衛．布蘭奇弗勞(David Blanchflower)在《不工作:好工作都去哪了?》(*Not Working: Where Have All the Good Jobs Gone?*)中寫道:「當前公布的失業率遠比過去更不可靠……低薪與高薪工作的流失,使得民眾覺得不穩定、沒安全感,甚至無助。自 1999 年以來,美國的自殺率上升了 25%。美國正面臨一場勞動市場危機,而這場危機已經演變成一場絕望的災難。」[31]

這場就業危機遠遠超越了種族界線:即使擁有高中文憑(這也

不是必然的,因為拉辛郡的高中輟學率高達 16%),年輕人的就業前景依然有限。³² 隨著工作機會減少,大學畢業生開始搶占過去由高中畢業生擔任的職位,使得高中畢業生的處境變得更加艱難。³³ 1970 年,大學畢業生的收入比高中畢業生高 40%;到了 2000 年,這一差距擴大到 80%。³⁴ 根據布魯金斯學會(Brookings Institution)的一項研究,若能做到三件事——完成高中學業、全職就業、結婚後才生育——貧困率可降至僅 2%。³⁵ 在製造業的全盛時期,就業曾是這三項中最容易達成的,如今卻成為最困難的項目。

研究顯示,一旦**貧困循環**形成,它會造就一個受損且充滿創傷的世代,光是提供工作已無法阻止這種惡性循環。2014 年,當地企業家傑夫．紐鮑爾(Jeff Neubauer)受聘領導拉辛郡的「更高期望計劃」(Higher Expectations for Racine County),該機構的目標是制定綜合方案來打破貧困循環。儘管富士康的開發案宣傳說要為拉辛郡的失業與半失業勞工提供穩定的藍領高薪工作,彷彿回到 1970 年代,但現實情況遠比想像的還要複雜。富士康的工業區不僅在地理位置上不適合都市勞動力,就算真的有工業職缺出現,經歷兩代貧困的當地居民早已無法立即勝任這類工作。有人問,富士康在鄰近的芒特普萊森特設廠,是否能為拉辛帶來轉機,紐鮑爾不以為然地回應:「那個地方簡直像在百里之外。」³⁶

拉辛長期衰退帶來的壓力已清楚體現在社會層面。經歷數十年的經濟困頓與種族歧視,陶德以沉重的語氣談起毒品交易的興起以及幫派勢力的擴張。他在中年時重返校園,拿到學士與碩士學位,

職涯後期則致力為非裔青少年爭取權益。回顧過往，他直言共和黨根本不在乎像他這樣的人的命運，而民主黨則只是嘴上關心，卻沒有實際作為。

2011年至2016年間，拉辛郡有16.5％的新生兒為非裔美國人，但他們卻占全郡嬰兒死亡率的35.6％。拉辛郡中部央衛生局（Central Racine County Health Department）直接點出殘酷的事實：「換句話說，非裔嬰兒的死亡比例遠遠高於出生比例。」[37] 這一死亡率甚至超過全美嬰兒死亡率平均值的三倍。

在生命週期的另一端，拉辛郡與毒品過量相關的死亡人數在2000年至2019年間上升了超過400％，其中海洛因致死率在2002年至2017年間激增了1,122％。[38] 儘管美國已立法推動民權與公平居住政策，拉辛仍有嚴重的種族隔離存在。過去的住房限制政策與歧視性貸款制度造成郊區房價高昂，主要由白人居住，而拉辛市區的房價則被壓低，特別是少數族裔聚居的地區。各個社區都顯示出強烈的種族和民族集中度，例如根河以南的上城社區，98％的居民為非裔與西班牙裔，而其他一些社區則高達90％是白人，形成明顯的種族隔離現象。[39]

全美的大規模監禁問題已經成為嚴重的社會議題。[40] 2014年，美國的監禁人數是1972年的七倍，監禁率是其他西方民主國家的五到十倍。2013年的一項研究顯示，威斯康辛州的非裔男性監禁率全美最高，達12.8％，是全國平均值的兩倍，且比白人高出二十倍。[41] 在密爾瓦基，每十名非裔男性中就有四人因輕罪入獄，每八人就

有一人服過長期刑期。威斯康辛大學麥迪遜分校的社會學家帕梅拉‧奧利佛（Pamela Oliver）指出，這些監禁率並非種族隔離制度遺留下來的問題，而是自 1970 年代中期以來，政府政策導致監禁人數在 1975 年至 2000 年間指數型增長的結果。這個趨勢並不是犯罪率上升的緣故，而是因為政府對輕罪與毒品犯罪的監禁使用率大幅提高。[42] 短短一代之間，拉辛從一座讓詹金斯能輕易列舉過去二十年間被判刑的少數非裔人士的城市，變成一個連詹金斯的後輩、陶德本人都「曾在北方蹲過一段時間」的城市（而且他還無法點出自己朋友圈內所有服過刑的人），更別說整座城市的監獄人口了。

　　監禁對社會具有極大的破壞性，尤其是對家庭凝聚力的影響，並成為就業的重大障礙。即便某日天降奇蹟，出現大量的工作機會，例如富士康的大型工廠，問題仍然無法迎刃而解。此外，工會的瓦解也使非裔社群失去了一項重要的資源，同時也削弱了促進種族間社會互動的少數管道。擔任州長的 2010 年至 2017 年間，沃克將削弱工會勢力視為自己任內前幾重要的政績。然而，這不僅發生在地方層面，全美私營部門的工會會員比例自 1973 年的 24％下降至 1983 年的 17％，2017 年再進一步縮減至 6.5％。[43]

　　陶德的友人兼倡議夥伴艾爾‧加德納（Al Gardner）小陶德十一歲。加德納首次聽聞政府將投入數十億美元興建富士康的工廠時，他第一個反應、也是他在芒特普萊森特鎮委會會議上重複多次的疑問：「這裡會有適合像我這樣的人的工作嗎？」打從一開始他就對此疑惑不已，他擔心「華人和非裔的關係並不融洽」。他曾多

次要求政府說明富士康的合約中是否有包容性條款,但始終沒有答案。在他看來,政府應該確保至少 20％ 的員工是非裔。然而,這恐怕從來不在計劃之內,正如他指出:「看看他們把工廠蓋在哪裡就知道了。」

富士康開發初期曾討論過大規模的公共運輸計劃,想幫數千名沒有私家車的工人從拉辛的貧困地區通勤。然而,截至 2020 年初,富士康聲稱,它們在威州擁有超過五百名全職員工,主要集中在芒特普萊森特,但從拉辛到富士康廠區的公車路線仍未開通。[44] 更令人不解的是,2018 年秋季,富士康高層胡國輝在芝加哥的一場演講中提到,他期待能有一條從芝加哥通往芒特普萊森特的通勤列車——這與富士康最初的計劃大相逕庭,最初它們預估四分之三的員工會是藍領的時薪工人,但後來的模式卻顯示,這類工人最多只會占 10％。也就是說,對於那些只有高中學歷的拉辛居民來說,他們曾經寄予厚望的一萬三千個工作機會,以及當初政府承諾的平均年薪 5 萬 4 千美元,恐怕早已變得遙不可及。而這筆數十億美元的威州投資當初所強調的最大賣點,也顯得愈來愈站不住腳。

━━━━━

「我一直是個幸運的人。」卡沃斯基談起自己四十八歲便能領取退休金安穩退休時,總是這樣說。即使他選擇繼續工作,退休金依然穩固——而他最後確實又找了一份新工作。不過,他心裡很清楚,他的子女與孫輩再也無法享有這樣的保障,這種讓他過去二十

年能夠專心投入自己興趣的安穩生活：蒐集拉辛的歷史文物。他第二份工作的地點是在當地的垃圾掩埋場。有時，民眾會送來一些有趣的物品，他便將這些珍貴的歷史遺物留了下來。如今，他的收藏已超過十萬件，大多都與拉辛的歷史或產業有關。

2016年，歷史頻道（History Channel）熱門節目《美國拾荒者》（*American Pickers*）的團隊特地來拜訪卡沃斯基。他賣給節目主持人幾件收藏品，包括兩輛老式自行車，但當主持人麥克・沃夫（Mike Wolfe）發現卡沃斯基的收藏幾乎全都與拉辛有關時，他立刻對製作團隊說，他們不必繼續逛了，這批收藏應被完整保存下來。

卡沃斯基表示：「如今，像我父母那樣有五個兒子的家庭（其中一個像我一樣高中輟學，另外四個頂多高中畢業）什麼機會都沒有。根本沒有工作，至少沒有好工作。他們這二十年來唯一在做的，就是拆掉舊工廠。」

那麼，卡沃斯基對於富士康說要進駐當地，還承諾提供年薪5萬4千美元的工作時，他有什麼看法？「聽起來不錯，但你也知道，我一直抱持懷疑態度。尤其是當他們開始砸大錢修路什麼的，我就想到他們當初說要在基諾沙蓋空軍基地的事。[45] 大家都很興奮，土地都整理好了，結果最後連影子都沒見著。現在那個地方變成了公園，也許富士康的計劃最後也會變成一座超級大的公園。」

然而，富士康最初的支持者從未動搖，即使計劃在過程中不斷演變、調整，芒特普萊森特的鎮公所成員也毫不猶豫，批准了洛伊斯2019年提出的薪資調整：月薪提高20%，達到2萬4千美元，

並額外提供每小時 150 美元的加班費。計劃推進三年之後,洛伊斯列舉了富士康為芒特普萊森特帶來的「好處」,讚揚已完成 5％ 的工業建築,以及當地繁忙的口罩生產線。生產線雇用了大約七十名工人,僅為原承諾人數的 0.5％,薪資更是只有原本說好的一半。洛伊斯列舉的「優點」之一是持續不斷有全國媒體關注,但他沒提到的是,這些來訪的媒體大多發表了無情批評的報導。問及他的工作,他答道:「我考慮的是什麼對小鎮最好,確保我們達成的任何協議,不僅對開發案有意義,更重要的是對小鎮有利。」[46]

他不是第一次這麼說。

7 TIF 重鎮謝拉德
Chapter Sherrard, Illinois

謝拉德（Sherrard）是伊利諾州西部的一座寧靜小鎮，人口僅有六百四十人，位於芝加哥與得梅因（Des Moines）之間的中點。若沿著 80 號州際公路橫跨美國，密西西比河與愛荷華州邊界的交叉點，距離此地僅二十分鐘車程。遊客通常會從十五號出口下交流道，轉至諾克斯維爾路（Knoxville Road）向南駛去，沿途盡是遼闊無垠的農田，種滿玉米與大豆等經濟作物。路上車流稀少，若向偶爾經過的皮卡車司機揮手，大多能得到熱情回應。遊客來謝拉德的主要原因是造訪費爾湖國家高爾夫球場（Fyre Lake National Course），這座球場設計精良卻地處偏遠，周圍幾乎沒有任何設施，連餐飲住宿都找不到。不過，要在這裡預約球場時段可謂毫無難度。

自從鎮上的高中遷至郊區後，謝拉德的舊城區便逐漸衰敗，變得破舊不堪。這裡從來不是什麼熱鬧的樞紐，全盛時期（1910 年）的人口也不過九百零六人。最後一家餐廳（一家披薩店）已經歇業，對街那間比便利商店還小的雜貨店也大門緊閉。如今，鎮裡僅存的商業設施是兩間酒吧。一座破舊的民宅多年前改建為公寓，但

房東發現伊利諾州的法規規定要安裝自動灑水系統後，乾脆放棄整個計劃，導致建築至今仍然閒置，無人使用。如果需要日常用品，居民可以前往鎮外新開的美元商店（Dollar Store），就在一座附有 7-Eleven 的加油站對面。不過，大多數人每週還是會開半小時的車到莫林（Moline）或達文波特（Davenport）等地的大型倉儲商店，如山姆俱樂部（Sam's Club）或 Costco，一次購足所需物資。謝拉德看起來完全不像適合大型商業開發的地方，然而，這裡曾發生過一起規模龐大的失敗計劃，導致投資者損失數百萬美元，還引發一連串破產，導致當地最大的銀行被接管，甚至把一位地方領袖送進聯邦監獄。

多年來，謝拉德的人口逐漸向東遷移，來到 1970 年代開始開發的住宅區。這片崎嶇、多樹的土地不適合耕種，僅能作為牧場使用。但當時某位地主有個願景：如果能在這裡築壩攔截溪水，就能形成一座湖泊。他認為，大家總是喜歡住在湖邊的森林裡。於是，他雇來一名農夫，建造了一座 150 英尺寬的土壩，水流回灌後，他便將這片區域命名為「費爾湖」（Fyre Lake）。他的妻子曾說，這裡的夕陽映照在湖面上時宛如烈焰，因此他特意採用瑞典語的拼法，讓這項住宅開發案顯得更具異國風情。此外，他們還打造了一艘「維京船的真・仿製品」，作為地產銷售辦公室。社區的發展雖然緩慢，但最終仍吸引到不少居民搬遷至此。如今，湖東側的蜿蜒小路旁建有數百棟風格各異的房屋，包括傳統平房、雙層住宅，甚至還有一棟綠色小木屋與一座組合式房屋相鄰。這裡沒有豪宅，價

格也相對親民，三房的物件價格不到 20 萬美元，空地則低至 1 萬美元即可入手。除了教師、鎮公所員工，以及可能是酒吧調酒師的少數人外，大部分謝拉德居民都通勤，前往四城區工作（注：Quad Cities，由愛荷華州與伊利諾州交界城市組成的都會區）。

謝拉德的鎮公所位於小鎮中心。過去十年間，鎮公所從所有費用和稅收獲得的年平均收入大約為 20 萬美元。2019 年的某個星期三下午，我特地前往謝拉德鎮公所一趟，卻發現他們已經關門了。

考量到這一切，要想像謝拉德能夠搖身一變，成為一座圍繞頂級、耗資數百萬美元的高爾夫球場而建的社區，確實有點牽強。然而，早在 2000 年代初，費爾湖西側的一名地主就提過這個構想。這位業餘開發商對於大型公私合營計劃的複雜運作了解有限，但他的願景明確：興建一座由傑克‧尼克勞斯（注：Jack Nicklaus，美國職業高爾夫運動員，也是一位球場設計師）的公司「尼克勞斯設計」（Nicklaus Design）打造的度假型高爾夫球場，四周環繞著高價度假住宅，並透過小鎮的「**稅收增額融資**」特區來籌措資金。

───

TIF 特區最早於 1952 年在加州首創，是地方政府發展經濟的常見工具。一般來說，一個有待改善的地區會被列為「窳陋地區」，該區的房地產稅收（原本會分配給學校等公共機構）會凍結在現有的水準，凍結期限通常為二十三年。接著，政府會利用公共資金美化該區，例如拆除貧民窟、改善道路、增設基礎設施等。理論上，

在成功的 TIF 特區中，這些改善措施會帶動開發，進而提高地區的稅基；增長的稅收（即「增額」）則會導入負責管理 TIF 的機構，機構再用這筆收入償還開發 TIF 特區所產生的債務或成本，直到二十三年的期限到期，或是提前償還。在謝拉德的案例中，伊利諾州法律禁止將 TIF 資金直接用於高爾夫球場，但可以支持房屋基礎建設，例如高爾夫球場周遭的住宅開發。然而，後來透過所謂的「創造性會計」，各種費用都被劃入 TIF 資金。例如，球場設計費用的 50 萬美元中，有一半被歸為 TIF 支出，理由是這筆費用實際上是為住宅開發做行銷。但在計劃付諸實行之前，小鎮必須先將計劃中的費爾湖 TIF 特區納入管轄範圍，而這項土地併入程序需要一定的行政手腕與策略性操作。

　　有位雄心勃勃的社區銀行家對這項高爾夫球場開發計劃有興趣，他名叫戴納·弗萊（Dana Frye）。弗萊在鄉村銀行（Country Bank）任職，位於艾利多（Aledo）。該鎮約有三千六百名居民，距離謝拉德東南約二十英里。弗萊為開發商安排了一筆短期貸款，條件是對方必須找到資金更雄厚的投資人，才能延長還款期限。開發商十分樂觀，認為自己能夠取得額外資金，而弗萊則確信對方辦不到。如果額外融資落空，開發商將不得不違約，這筆過渡性貸款的擔保資產將變得唾手可得，而弗萊身邊正好有幾位朋友準備接手這個項目。

　　到了 2006 年，新開發商已經擠走了原本的開發商，並開始加快推動計劃。他們沿用「費爾湖創投」（Fyre Lake Ventures）這個

名稱，但提供了原開發商所缺乏的關鍵要素：經驗豐富的開發商、熟悉 TIF 機制的市政顧問、樂意放貸的銀行家，以及願意投入數百萬美元的潛在投資人網絡。在金融海嘯引爆經濟大衰退之前那股房地產狂熱的氛圍下，這位銀行家和投資夥伴深信這項開發案將大有斬獲。

2006 年 2 月 20 日，有三名開發商出席了謝拉德兩週舉行一次的鎮委會會議，試圖說服鎮委會為這項開發案設立 TIF 特區。他們分別是保羅・范亨克勒姆（Paul VanHenkelum）、凱文・麥基利普（Kevin McKillip），以及一位熟悉的名字：洛伊斯（後來芒特普萊森特土地徵收案的專案主任）。當時，洛伊斯是伯靈頓的市長（人口約一萬人），他曾為當地的一座工業園區建立 TIF 特區，雖然計劃曾引發一些爭議。麥基利普是房地產經紀人，在伯靈頓的 TIF 開發案中發揮了關鍵作用，長期與洛伊斯合作。范亨克勒姆則是威州大彎鎮（Big Bend）RSV 工程公司（RSV Engineering）的總裁，他不僅曾與洛伊斯及伯靈頓市政府合作，還是銀行家弗萊的最初聯繫人。他倆的交情可追溯到 1970 年代，早在伊利諾州皮奧里亞（Peoria）讀布萊德利大學（Bradley University）時就已結識，後來還共同參與了一些房地產交易。麥基利普和范亨克勒姆主導的多個項目都有向鄉村銀行融資，包括一個附近的開發案。2004 年，他們在伊利諾州安達盧西亞（Andalusia）做了一項占地 250 英畝的住宅開發計劃案。安達盧西亞是一座密西西比河畔的小鎮，人口約一千零五十人，位於岩島市（Rock Island）下游約十英里，距離謝拉

德西北約二十六英里。

　　洛伊斯今年四十八歲，個性和善，總是帶著自然的微笑，頭髮灰白並向後梳攏，是這場會議的主要發言人。他的談吐雖然稱不上精緻圓滑，但反而成了他的優勢，讓他顯得更有小鎮氣息、更親切。洛伊斯在伯靈頓出生長大，他自稱來自伯靈頓史上人口最多的家庭，除了四名異父或異母的兄弟姊妹，他還有十七名親兄弟姊妹。他曾經經營家族的汽車零件店多年，後來將店面賣給兄弟。進入市政領域之前，洛伊斯在伯靈頓市議會當了八年的議員，如今已是他擔任市長的第六年。

　　伯靈頓的多方說法顯示（包括一名前市議會成員），洛伊斯算是一位稱職的市長，但他不太注重道德細節。這位熟悉內情的伯靈頓人士表示，洛伊斯將自己的地板塗料公司納入市政府合約當中，而他對此事毫無顧忌，他也樂於將工作交給與自己私交甚篤的承包商。不過，伯靈頓畢竟是個小地方，支持當地企業的同時，難免會照顧到一些朋友。也許洛伊斯在任期最後一年安排自己的女兒接任財政局長有點過分，但沒有人質疑她的敬業精神或能力。卸任市長隔年，他與一名合夥人一起競標一棟廢棄市政大樓（他們是唯一的買家），然而，這筆交易最終被市議會否決，理由是條件過於優厚，近乎私相授受。洛伊斯對 TIF 相當熱衷，伯靈頓的工業園區便是他的代表作。有些特定企業得以用象徵性的 1 美元購買土地，有些企業則得支付遠高於此的價格。不過，TIF 特區的主要目標本來就是吸引企業進駐，因此真正的抱怨只會來自拿不到優惠價格

富士坑　*Foxconned*

的商家。

有些人告訴我，洛伊斯是那種「能把事情搞定」、「懂得體制怎麼運作」的市長。因此，他被延攬為費爾湖開發案的顧問，也就不足為奇。洛伊斯對這項計劃充滿熱情，他興奮地說：「這真是一塊絕美的土地，沿著費爾湖展開，還有起伏的山丘和樹林。」他進一步解釋，每塊地的售價將落在 10 萬到 20 萬美元之間，每棟房屋的最低建造成本則為 30 萬美元。開發商計劃投入 100 萬美元（可以想像他刻意停頓，強調金額）推廣這項開發案，目標客群是富裕階層，特別是芝加哥的買家，畢竟芝加哥距離這裡「只有一百七十八英里」。整個開發案預計包含約兩百塊土地，配有一座高級高爾夫球場。洛伊斯信心滿滿地表示，完工後，這個社區的總價值至少可達 3,500 萬美元。

洛伊斯向鎮長和鎮委會保證，建立一個 TIF 特區「穩賺不賠」。他帶著同樣的說辭來到謝拉德學區委員會，因為這項 TIF 計劃需要該委員會的批准，畢竟，與 TIF 特區相關的部分學區收入即將被凍結。在 2006 年 4 月 19 日的學區委員會會議上，洛伊斯向成員保證，這項 TIF 計劃其實是一種退稅機制：「我們（開發商）會拿到退稅。我們自己在資助這個 TIF……說真的，這對小鎮來說根本沒有任何風險。」

鎮方要做的，只是完成未開發土地的併入程序（這項程序早在前一任地主時期就已啟動）、劃出 TIF 特區，並發行 1,700 萬美元的債券（相當於鎮年度預算的八十五倍），這筆資金將支付給開發

商來啟動計劃。按照洛伊斯的說法，鎮政運作將與TIF特區完全隔離，鎮公所不需為開發案承擔任何責任。除了幾名持懷疑態度的居民和委員會內部的少數反對派，這項計劃幾乎已經進入全面啟動的階段。

開發商延續前任開發團隊的做法，繼續聘請尼克勞斯設計公司來規劃高爾夫球場。他們向委員會表示，計劃每年建造約三十棟住宅，其中包括雙拼屋和四戶聯排屋，最終將會有兩百七十四個住宅單元。這些新住宅將大幅增加謝拉德的房地產稅收。據估計，每個住宅單元的市值將達40萬美元，整個開發案完工後，房地產總估值約為1億1千萬美元。至於高爾夫球場，由於劃為開放空間，不會產生可觀的房地產稅收。以2%的有效稅率（房地產稅評估標準）計算，開發案完工後，每年應可帶來約220萬美元的房地產稅。顧問團隊甚至進一步計算，在TIF特區存續的二十三年內，累計房地產稅收可達6千萬美元。然而，細看條款就會發現，這筆看似豐厚的收益其實沒那麼誘人。在這二十三年內，只有8%（一年約17萬6千美元）會直接進入鎮公所財庫，20%流向謝拉德學區，而72%（一年約158萬美元）將歸開發商所有，開發商再從中撥款給其他房地產稅受益單位，例如社區大學。

又過了一年，所有細節才終於敲定，動工典禮於2007年7月正式舉行。在媒體拍攝的宣傳照中，洛伊斯站在典禮中央、高舉鏟子，如今，他已成為這項開發案的主要代言人。洛伊斯出手也相當大方，2006年，鎮公所原本希望為鎮立公園增設價值1萬4千美

元的遊樂設施，但財政吃緊，難以負擔。洛伊斯承諾，只要社區能籌到 3 千美元，開發商便會支付剩餘的款項。不久之後，工程師建議鎮公所為供水系統添購一台備用發電機，造價約 1 萬 6 千美元，洛伊斯再次出手，直接買下發電機。《岩島阿古斯報》（*Rock Island Argus*）的報導稱：「這台發電機不會讓鎮方花半毛錢。」[1] 但細讀條款會發現，洛伊斯的這筆費用將透過他與鎮方簽訂的 TIF 協議拿回補償。

洛伊斯對於自己頻繁從伯靈頓來回出差的費用則較為謹慎低調，畢竟這些單日行程的成本可不低：每趟高達 1,500 美元，其中 1,300 美元是他的顧問費，另外還有至少 200 美元的車馬費。這些費用後來全數計入 TIF 資金，發票經過核銷存檔，直到熱心公民班尼‧加納（Bennie Garner）堅持審查帳冊時，這筆開支才浮出檯面。若不計車馬費，洛伊斯的實際薪資換算下來，相當於年薪 33 萬 8 千美元。

謝拉德鎮長泰瑞‧艾爾斯（Terry Ayers）是這項開發案最積極的支持者。他的本業是四城區的保險經紀人，平時住在謝拉德某處林地上的牧場小屋裡。開發商進駐後的一段時間內，艾爾斯大舉加碼了自己的房地產持有，同時也開始放縱自己的興趣，他開著 1927 年款的福特雙座敞篷車 Super Comp 跑遍中西部，還去參加直線加速賽。然而，他的賽車生涯最終在 2018 年 6 月畫下句點——他出了一場嚴重的車禍，根據鄰居的說法，事故導致他多處骨折，甚至出現腦部損傷。

然而，這項開發案的時機糟到不能再糟。工程剛啟動不久，2008 至 2009 年的金融危機爆發，房市崩盤，也讓高收益債券發行商的利率飆升，大幅提高了融資成本。此外，危機爆發前的多年間，高爾夫球場過度開發的問題已經浮現，導致新建球場和既有的鄉村俱樂部都遭受重創。

儘管如此，謝拉德的熱情與樂觀依舊持續了好幾年。鎮長艾爾斯與洛伊斯不斷向委員會保證：「我們不會輸！」當地一名建商甚至先行興建了一棟 2,600 平方英尺的住宅，並在廣告中以「傑克‧尼可老斯（還拼錯）設計的高爾夫球場」作為噱頭，開出了高達 120 萬美元的售價，樂觀地期待買家上門。到了 2009 年，隨著高爾夫球場即將啟用，委員會開始聽取居民的意見，討論該怎麼花開發案預期帶來的鉅額稅收。就像那些想中樂透頭獎的人那樣，願望清單愈列愈長。然而，回過頭來看，這些提案顯得既樸實無華又令人唏噓：一座新圖書館、一條自行車道、一家雜貨店。

鎮民還做著財富湧入的美夢時，現實中的資金卻大量流出。2008 年，謝拉德的 TIF 資金花了數百萬美元，主要用於土地收購（支付給開發商）、工程費用（大部分流向開發商擁有的公司）、工地整備（同樣是由開發商旗下的企業負責）以及顧問與專案管理費（沒錯，大多數也進了開發商的口袋）。想當年，光是利息支出就高達 120 萬美元，遠遠超過開發協議預估的總利息 20 萬美元。開

發商向鎮方提交的首批帳單總額就已高達 1,200 萬美元，而鎮公所負責監管的 TIF 資金更是超過 1,600 萬美元。與此同時，不斷累積的額外開銷（例如洛伊斯的出差費與顧問費）更是讓財務負擔雪上加霜。值得一提的是，鎮長艾爾斯於 2009 年宣布辭職，理由是委員會內部嚴重失能，並警告小鎮正走向「財政災難」。其實，這並非謝拉德第一次面臨財務危機，2003 年至 2008 年間，該鎮的資深鎮務人員挪用了至少 25 萬 5 千美元的公款（甚至有傳言稱高達 50 萬美元），這筆金額占鎮年收入的 20％以上，其中大部分都被四城區賭場的吃角子老虎機給吃了。[2] 該職員在 2009 年被定罪，判刑四年。

這項計劃初期，謝拉德內部曾出現過強烈的反對聲音。在某次鎮委會會議上，熱心公民加納帶來一份網路論壇列印出來的資料，內容批評洛伊斯以及他在伯靈頓市長任內的行為，並指控洛伊斯與開發商麥基利普涉及裙帶關係與自肥交易。這份資料在會場裡傳閱了一圈，直到有人遞給洛伊斯，他當場暴跳如雷。2007 年 7 月，洛伊斯與好友麥基利普向加納及基恩‧穆里斯（Gene Mourisse，時任鎮委員會成員、對該計劃持懷疑態度）提出 10 萬美元的誹謗訴訟。此案最終庭外和解，雙方均未承認任何責任。

「我花了 1,500 美元的律師費。」2019 年我採訪加納時他回憶道，語氣依舊充滿不甘，對這場訴訟的真正意圖也記憶猶新。加納下了結論：「這明顯是一種警告，就是要讓大家知道，誰要是敢擋路，就會有這樣的下場。」

穆里斯告訴我，一開始，他和洛伊斯的關係其實還不錯。「我們可是直呼對方名字的交情，直到他讀了那篇網誌的留言。而我當時甚至不知道『網誌』是什麼東西。」穆里斯至今依然對網路世界毫無興趣，樂於保持距離。但這場訴訟仍讓他付出了 1,500 美元的律師費來達成和解。

其他人也感覺到警告的氛圍，停止任何批評。有幾位居民試圖說服鎮方聘請獨立的審計師來審查 TIF 資金的使用情況。他們找到了一名州法規的主要起草者，這位律師做了一場頗受好評的簡報，令許多與會者印象深刻。然而，當時的一名地方官員（要求匿名）告訴我：「會後，幾名開發商跟著這位律師走到他的車旁。從那天起，我們就再也沒見過他了。他後來說是健康問題。你自己判斷吧。」除此之外，謝拉德委員會內部也有成員對此計劃持懷疑態度。當 TIF 特區的地圖公布時，民眾發現，地圖上伸出了一個半島狀的小區域，剛好包圍了該成員的住宅。根據伊利諾州法律，如果 TIF 案涉及公職人員的主要住所，該職員便不得參與投票。然而，支持計劃委員的房產，則被小心翼翼地排除在 TIF 特區之外。

2007 年 6 月，《四城時報》(*Quad City Times*)的報導寫道：「克勞德．洛伊斯負責建立費爾湖開發商、投資人與謝拉德鎮方及現有費爾湖屋主協會之間的合作關係。憑藉伯靈頓市長及小企業經營者的背景，洛伊斯在此開發案設立 TIF 特區的過程中發揮了關鍵作用。」[3] 確實，費爾湖地區的確出現了一些新建住宅，但遠遠不到當初承諾的規模。2010 至 2013 年間，TIF 資金的實際稅收僅有 49

萬9千美元，相當於十五棟新建住宅的房地產稅，但當初的開發計劃承諾，每年應新建三十至三十五棟，落差很明顯。當初謝拉德委員會在表決 TIF 計劃時，成員手上有一份預測報告（由開發商的 TIF 顧問提供），對 2010 至 2013 年的房地產稅增額做出了精確的估算：2010 年：599,297 美元，2011 年：912,496 美元，2012 年：1,235,091 美元，2013 年：1,567,364 美元，四年合計 4,314,248 美元。然而，這個數字最終與實際收入相差 8.6 倍。

債券發行本身也根本不正常。謝拉德從未發行過七位數的債券，甚至沒有任何信用評等可言，因此，無論發行哪一種債券，都必須提供更高的利率才能吸引投資人。在金融危機爆發之前，此類債券的市場利率約為 5％，但謝拉德發行的利率高達 9％至 10％，導致 TIF 計劃在整個債券存續期間，光是利息成本就高達 900 萬美元。每年的債務償還成本高達 160 萬美元，即使這項高爾夫開發案百分之百成功，產生的房地產稅收也只能勉強支撐這筆開支，而這還只是利息支出。二十年後，債券一到期，TIF 資金還必須一次籌措 1,700 萬美元來償還本金。問題在於，這個 TIF 特區本身並不擁有任何有形資產，唯一的收入來源就是房地產稅。這筆帳根本對不起來。

也就是說，這筆帳對任何人來說都對不起來——除了債券的持有者。與典型的 TIF 計劃不同，這些債券從未在市場上公開發行，而是透過私募的方式出售。這雖然不算罕見，但真正的異常之處在買家：這些債券的買家並不是傳統投資機構，而是一群由開發商與

鄉村銀行的客戶組成的投資人，他們各自認購 1 百萬至 2 百萬美元不等的金額。在 1,700 萬美元的債券發行中，費爾湖創投的成員購買了 1,050 萬美元的 TIF 債券；其中 100 萬美元由某位成員的父親購買；200 萬美元落入另一名成員的岳父手中。還有一名投資人購買了 100 萬美元的 TIF 債券，他的身分是鄉村銀行的副董事長。

為什麼謝拉德的開發商會對這些 TIF 債券感興趣？當然，如果開發案成功，這些債券將帶來豐厚的收益。但還有一個更重要的原因：鄉村銀行接受這些債券作為貸款擔保品。銀行以這些債券為抵押，向費爾湖創投發放了 900 萬美元的貸款，並直接貸款 90 萬美元給麥基利普和范亨克勒姆。來自伊利諾州坎卡基（Kankakee）的兩名投資人格雷戈里・葉慈（Gregory Yates）和布萊爾・明頓（Blair Minton）分別購買了 200 萬美元的債券，並因此獲得了 450 萬美元和 700 萬美元的貸款。在隨後一系列的訴訟中，某位債券買家描述了弗萊如何向他推銷這些債券，弗萊承諾投資人可獲得與購買金額相等的低利率貸款，從而透過利率差進行免稅套利。

債券發行前那幾週，開發商展開了一連串頻繁的資產轉移，將高爾夫球場和住宅用地從費爾湖創投名下轉移至個別成員。這些複雜的財務操作對參與者來說似乎都有其合理性，因為弗萊不斷向他們保證，他即將與一位財力雄厚的買家敲定交易，整個計劃將被高價收購。但最終，交易從未發生。

這些貸款交易中最誘人的部分在於，開發商計劃將支付給鄉村銀行的貸款利息，直接從 TIF 資金中支出。也就是說，他們可以持

有免稅的 TIF 債券，獲得 9％或 10％的利息收入，並將這筆貸款利息支出轉嫁給 TIF 資金池，收益則全數據為己有。舉例來說，持有 200 萬美元的 TIF 債券，每年可獲得 20 萬美元的免稅收入，只要 TIF 資金能持續支付利息，這筆收益就能穩定入帳。一開始，這筆資金來自 TIF 特區最初的 1,630 萬美元（1,700 萬美元扣除發行費用後的淨額），但這筆錢燒光後，債券的收益就完全取決於 TIF 特區能收取多少房地產稅。最終，真正在為這些投資人和開發商買單的，其實是鄉村銀行。

當地的木工兼承包商加納告訴我：「要是他們當中有任何一人從自己的口袋掏出一毛錢投入開發案，我對整個計劃都會更有信心。」打從一開始，他就認定開發商「痴心妄想」，並直言沒有人會在一個經濟困頓的鄉村地區砸 50 萬美元買高爾夫球場別墅，因為在那種地方，打完球連出去吃頓飯或買點雜貨都不方便。再精彩的一場球也沒那麼大的吸引力。

在費爾湖開發案之前，銀行監管機構就已對鄉村銀行的資產負債表投以懷疑的目光。對於一家小型農村銀行來說，從傳統的小型企業貸款和農業貸款，突然轉向數百萬美元的開發投資並不尋常。弗萊確實遭到銀行董事會部分成員的質疑，但他在艾利多的地位極其穩固。他的父親是當地備受尊敬的建築承包商，他本人則是艾利多天主教會的領袖。弗萊深信天主有祂的安排，並經常與費爾湖的

投資人透過長篇電子郵件交流，宣稱他們的投資受天主指引。弗萊和鄉村銀行也是當地慈善事業的主要捐助者，選擇特別顯眼的方式行善，在小鎮裡，這種做法格外引人注目。例如，艾利多設立了一座高中體育名人堂（Aledo High School Sports Hall of Fame），而弗萊的兒子陶德‧弗萊（Todd Frye）1994 年畢業時是三項運動的全能選手，被選入第一屆名人堂。陶德‧弗萊大學畢業後進入父親的銀行工作，2010 年被任命為銀行總裁。不過，雖然弗萊父子在社區裡的形象良好，但內部人士告訴我，弗萊在鄉村銀行內部並不以寬厚聞名。他對異議極度敏感，任何反對意見都會被視為個人攻擊，而他更以火爆的脾氣聞名，沒有人敢招惹他。

不過，要是貸款得用像費爾湖這樣勢必要完美執行的高爾夫開發案作為抵押，那還有哪家銀行會願意放貸給這些開發商呢？這充其量也不過是個不可靠的提議。這種決策需要的已經不只是自信，而是近乎、甚至超越狂妄，還有已達貪婪層次的野心。事實上，弗萊與費爾湖創投的開發團隊不只是關係密切，某種程度來說，是他親自組織了這群人來執行這項計劃。他特別欣賞這群開發商的手法，尤其是他們暗中幫他了分一杯羹——弗萊從未向銀行的上級主管提及這點，無庸置疑，此舉明顯違法。

到了 2011 年中，整個費爾湖開發案已經徹底崩盤。TIF 特區幾乎已經耗盡了透過發行債券籌得的所有資金。高爾夫球場仍然試著營運、苦苦掙扎，但它的客源必須來自二、三十英里外的地區，而這些潛在顧客在前往費爾湖的路上，會經過好幾座更成熟、條件更

好的球場。住宅建設幾乎停滯，房產市場遠遠無法支撐當初的預期。2011 年 7 月，來自坎卡基的明頓給出了一個看似天真的解釋，他聲稱投資人在鄉村銀行的批准下「同意違約」，目的是「讓現有的所有權團隊退出，為新投資人鋪路」。[4] 然而，明頓當時持有 200 萬美元的謝拉德 TIF 債券，同時還背負著 700 萬美元的鄉村銀行貸款。但這些債券已經無法支付他超過 10% 的利息。

終止贖回權對鄉村銀行的財務狀況幫助不大，因為抵押品只剩下一個破產的高爾夫開發案和幾乎毫無價值的債券。2011 年 10 月 11 日，聯邦當局關閉了鄉村銀行，而該行對費爾湖開發案的總曝險超過 2 千萬美元。聯邦存款保險公司（FDIC）隨後提起訴訟，試圖追回損失。其中有些費爾湖投資人選擇和解並承擔損失，有些則選擇抗爭。明頓宣告破產。葉慈因無關的詐欺指控入獄。麥基利普和范亨克勒姆遭受重大財務損失，范亨克勒姆最終在 2012 年離開 RSV 工程，結束了長達二十二年的職業生涯。之後他加入卡普合夥工程，這家公司後來成了富士康開發案的主要承包商，負責指派富士康的專案主任到芒特普萊森特。弗萊最終也申請破產，並在 2020 年 2 月 28 日因共謀提供假的銀行報表（與失敗的高爾夫開發案有關）被判五年徒刑，同時得賠償 2,300 萬美元。

2015 年，聯邦法官再次對費爾湖高爾夫球場及相關資產進行法拍。整場拍賣僅有兩名競標者，最終，由兩名四城區的商人以區區 85 萬美元成功得標，成為新的業主。然而，在美國各地，高爾夫球場建築師估計，高級球場的建設成本通常介於 200 萬至 500 萬美

元之間。那麼，這筆鉅額資金究竟流去哪了？

我們且來算算這些錢到底流向何方，從洛伊斯開始。雖然洛伊斯從未出現在聯邦存款保險公司的訴訟名單中，但他其實是費爾湖創投的原始股東，曾協助籌集超過 700 萬美元，個人也投入 25 萬美元的資金。當時，洛伊斯正擔任伯靈頓的市長（2000 年至 2008 年），年薪僅 7,200 美元。[5] 然而，2008 年，他從費爾湖計劃提領了 300,570 美元，其中大部分來自 TIF 資金。到了 2010 年初，他的總收入已累積至 419,124 美元，而其中僅有 25,837 美元不是源自 TIF 資金，換句話說，洛伊斯幾乎所有的收入都來自這筆公共資金。此外，2008 年，伯靈頓的芭芭拉・洛伊斯（Barbara Lois）曾捐贈 250 美元給威州的共和黨眾議員沃斯——而她正是克勞德・洛伊斯的妻子。她在捐款表上填寫的雇主是誰呢？正是費爾湖創投。至於她的職務內容或薪資紀錄，卻沒有任何公開記錄。

2006 年 10 月，洛伊斯曾告訴艾利多當地週報的記者，他可能會在費爾湖置產，因為他「仍然是冠軍高爾夫球場（Championship Golf Course）的股東」。然而，洛伊斯從未投資這樣的房產，而且他究竟在費爾湖創投或球場本身持有股份多久，也不得而知。但可以確定的是，當聯邦存款保險公司開始追討鄉村銀行的債務時，他早已完全抽身。

到了 2010 年初，范亨克勒姆的 RSV 工程已從 TIF 資金收取了 2,324,196 美元，名義上是用於住宅用地的工地整頓。此外，RSV 工程還收取了 129,538 美元的高爾夫球場工程費，但這筆款項無法

從 TIF 資金支付。也就是說，RSV 工程表面上約 94％ 的工作內容與住宅開發有關，實際上只有少數住宅用地有真正開發；而在 140 英畝的高爾夫球場上，RSV 的工程比例僅占 6％，但球場本身已經完成了完整的測量、景觀美化和場地修整，準備投入營運。到了 2013 年，一名潛在的高爾夫球場買家發現，該物業竟掛著多達九十五筆留置權，顯示大量欠款糾紛未決。雖然開發商及其相關企業已經及時拿到錢，但部分承包商，特別是那些直接參與高爾夫球場建設的業者，由於費用無法以 TIF 資金支付，最終被惡意拖欠款項。

洛伊斯的好友麥基利普每個月會從 TIF 資金提領 2 萬美元，到了 2010 年 2 月，他從中累計獲得 59 萬 4 千美元，名義上是額外的「專案管理費」。另一名早期開發團隊成員、芝加哥的房地產開發商麥克‧阿薩德（Mike Assad）也以「專案管理」為由，從中獲得 54 萬美元。此外，開發案還花了 140 萬美元做華而不實的市場行銷，這筆支出最終完全打了水漂。當地木工加納花了好幾個小時翻閱請款單據，發現其中一項是高爾夫球袋的費用（運往艾利多），共 850 美元；另一項則是老虎‧伍茲（Tiger Woods）的高爾夫球裝，價值 3,300 美元。2010 年初，所有帳單結算完畢，費爾湖創投已從 TIF 帳戶中耗盡了 16,349,948 美元，幾乎徹底掏空這筆資金。

與此同時，鎮公所新上任的鎮長和委員會對於這片剛併入的土地顯然憂心忡忡。2012 年，他們發現 TIF 資金中還剩一些資金，於是決定發放一筆零利率貸款，金額為 37 萬 5 千美元，受貸對象

是四城區的房地產開發商陶德‧勞菲森（Todd Raufeisen）。勞菲森承諾他將接手管理並推動費爾湖開發案。他確實讓高爾夫球場重新開放，但到了 2015 年，開發計劃仍然停滯不前，而勞菲森依舊欠謝拉德 37 萬 5 千美元。最終，2017 年 5 月，勞菲森認了與費爾湖無關的電信詐欺和洗錢罪名；2017 年 9 月，他被聯邦法院判處六年徒刑。又有 37 萬 5 千美元打了水漂。[6]

我曾訪談過一名早期、層級較低的投資人，他因這筆交易蒙受了六位數的財務損失，顯然對自己和其他開發商的誤判懊悔不已，特別是自己對開發商的誤判。即便在事態惡化的過程中，他也曾對成本失控提過質疑，尤其是部分核心成員幾乎不做事、卻拿走大筆資金的現象，但這些警告全被忽視。我向他總結這項開發案的整體損失，他長嘆了一口氣，語帶保留地說：「這裡頭顯然有些見不得人的勾當。」如果說，費爾湖開發案的每個相關人員都像是被詛咒了一般，或者更準確地說，雖然未必都被定罪，但至少都受到牽連。這樣的總結對加納來說仍然不夠貼切。他搖著頭說：「我真不敢相信，竟然沒有更多人為了這件事去吃牢飯。」

———

到了 2020 年，費爾湖高爾夫球場換上了一個更浮誇的名字：費爾湖國家球場。高爾夫球手普遍對球場的設計給予好評，但維護狀況卻問題不斷，例如沙坑的沙質狀況就備受詬病。某位評論者指出，球手面對沙坑時，往往只有兩種選擇：要麼把球從布滿碎石的

坑裡撿起來，否則就得冒著「弄壞球桿」的風險強行擊球。至於會館，如今的模樣與當初宏偉的藍圖天差地遠：不過是一棟三寬的移動房屋，就蓋在馬路對面，原本計劃建造的豪華展示中心、寬敞露台和高級餐廳至今仍然只是想像。球場一開幕就聘請了 PGA 的職業高爾夫球教練，但他們都沒待多久就跑了。

就住宅開發而言，這項計劃離完工還差很遠。按照原訂計劃（每年興建三十棟住宅），到 2020 年，兩百四十個住宅用地應該已經全部建滿。然而，實際上整個開發案總共只蓋了約二十棟新房，平均下來，每年僅蓋兩棟。至於當初那間標價 120 萬美元的樣品屋，如今在線上房地產平台查到的估值僅剩 33 萬 5 千美元。2019 年 1 月，我開車穿過這個社區，整個開發案只有一棟房屋正在建設。至於究竟有多少房屋屬於 TIF 計劃，要精確統計並不容易，因為 TIF 特區的邊界就像被操弄過的選區地圖一樣，時進時出，劃過各個地塊，難以釐清界定。

最終，費爾湖開發案成了一場大規模的財富轉移。謝拉德的居民飽受折磨，還不只一次。貪汙醜聞、落空的稅收承諾、發行高達 1,700 萬美元的債券（兩年內幾乎變成廢紙）、還借了一大筆錢給詐欺犯。雖然費爾湖西側仍在緩慢開發，但額外產生的房地產稅收大多會被拿去償還 TIF 債務。這些債務已被聯邦存款保險公司以極低的價格賣給一家專門收購不良債權的機構，而 TIF 特區的影響將一直持續到 2030 年才會終結。2017 年，謝拉德的學區因 TIF 計劃的影響少收了 130,742 美元的稅收。隨著 TIF 區內的住宅數量逐漸

增加，稅收損失將年年攀升，因為大部分的房地產稅都會流向債券持有人，而非當地政府或學區。

如今，謝拉德必須負責管理併入的土地，包括高爾夫球場周圍的人工湖。當地居民指出，這些湖泊可能有潛在風險，例如水土流失或大雨導致堤壩受損甚至潰堤，一旦發生災害，鎮方可能得承擔法律責任。此外，艾利多鄉村銀行倒閉也對當地持有股份的居民造成重大的財務打擊。2010 年，銀行陷入困境，卻以誤導性的資訊出售數百萬美元的股票，許多居民因此上當受騙。

然而，正如許多失敗的公私合營計劃，最大的財務受害者還是美國納稅人。鄉村銀行是這個開發案背後主要的貸款發起機構，而這些貸款最終全數違約。主要的受益人不是進了監獄就是破產，而他們個人實際需要承擔的貸款責任只是九牛一毛。至於那些領走支票的承包商和顧問，他們是否有違法行為，仍是未知數；但開發商的貪婪無庸置疑。最終，這場爛攤子落到聯邦存款保險公司手上，它們最終背負了 7 千萬美元的損失，到頭來還是納稅人買單。

但並非每個人都名譽掃地。對洛伊斯來說，謝拉德不過是場熱身賽。當真正的大案子出現時，他早已準備就緒、躍躍欲試。而這次，他的薪資條件是每個月 2 萬美元。這項新計劃不僅讓他有機會再次出馬，他還能與費爾湖開發案的老搭檔重聚。當洛伊斯被認定為「理想的專案主任」時，他並沒有直接受雇。反之，芒特普萊森特選擇透過承包商卡普合夥工程來聘請洛伊德。卡普合夥工程的創辦人不僅是共和黨的重要金主，也曾大力支持威州長沃克。而且，

富士坑　*Foxconned*

這家公司內部還有一個熟面孔,也就是費爾湖開發案的合作夥伴:洛伊斯在伯靈頓的老同事麥基利普。

2017 年 8 月 22 日,芒特普萊森特的鎮長德格魯特宣布聘任洛伊斯,並表示:「洛伊斯擁有獨特的資格,能領導我們的經濟發展計劃。無論作為民選官員,還是在私人企業領域,他在推動經濟發展方面擁有卓越的成功紀錄。」[7]拉辛郡的行政官員強納森・德拉格雷夫(Jonathan Delagrave,一名茶黨成員)也認同,稱洛伊斯是這份工作的最佳人選。對於這份新職位的挑戰,洛伊斯本人事後如此總結:「我參與過很多開發案,但這個案子,你得把從前的經驗放大一百倍。」由「經驗豐富」的洛伊斯主導的富士康開發案,其基礎分析依賴一群專業的經濟發展顧問,而顧問公司正是當年曾為謝拉德撰寫樂觀 TIF 預測報告的那批人。這一次,會出什麼問題呢?

8 猴猴做代誌
Chapter　Monkey Business in the Middle

2017年5月5日星期五那天如果喬伊・戴－穆勒從她家客廳大窗望出去，她大概不會特別留意到掛著州政府牌照的中大型休旅車駛過，即便車子在她家門前停了一下。車上那些人可不是來欣賞她整潔的房子、看她先生的工具棚，或是觀賞修剪得宜的庭院與精心維護的池塘。他們所關心的是這片土地的未來，在他們規劃的藍圖裡，整個地區最終將會被推土機剷得乾乾淨淨，就像猶他州的邦納維爾鹽灘（Bonneville Salt Flats）那樣光禿無物。在他們最具野心的預測中，戴－穆勒家門前這條鄉間小路，將會變成熙來攘往的六線道高速公路。[1]

那天坐在車裡的是富士康美國戰略計劃的主管楊兆倫（Alan Yeung），以及一名來自芝加哥、大約四十幾歲的顧問，這名顧問始終刻意保持低調，但他其實是幕後最關鍵的角色。他是富士康的選址與投資激勵談判專家布萊恩・史密斯，名字與隱形角色完美契合（注：知名童書《隱形男孩》中的主角名就叫布萊恩）。史密斯1995年畢業於賓州州立大學（Pennsylvania State University），1998年拿到俄亥俄州貝克斯利（Bexley）首府大學（Capital University）

的法學學位,之後整整二十年的職業生涯都在安永會計師事務所度過。這場實地考察發生的當下,他的職稱是「美國地點投資服務與中部區域稅務激勵負責人」。到了 2020 年初,他的 LinkedIn 興趣標籤還包括「泰德‧克魯茲 2020 年選總統」(Ted Cruz for President 2020)與「潔西卡‧艾芭」(Jessica Alba)。

企業與選址顧問及投資激勵談判專家建立合作關係的方式五花八門,這兩種職能通常會合併進行。公司可能透過網路搜尋、業界聲譽、特定專業領域或人脈推薦來聘請這類專家。因此,像富士康這樣的全球企業會與安永這類全球最大型的會計與諮詢公司合作,並不令人意外。若從人脈推薦的角度來看,當時安永正擔任 Apple 的審計公司,而 Apple 多年來一直是富士康最大的客戶。事實上,富士康指派負責美國首個重大投資計劃的主管正是胡國輝。胡國輝擁有史丹佛大學(Stanford University)的博士學位,曾在 Apple 任職長達十二年。

打從一開始,安永就在富士康的美國製造計劃中扮演了關鍵的角色。2017 年初,富士康開始與安永芝加哥辦公室合作。如同典型的經濟開發計劃,安永先整理出一份初步需求清單,並開始聯絡各地可能符合條件的經濟發展機構。地方政府官員通常會極力發展與選址顧問的私人關係,藉此增加吸引企業落腳的機會。

選址顧問這門生意幾乎毫無監管可言,完美展現了當大企業與政府利益交織,無拘無束的資本主義將如何運作。[2] 各州的經濟發展機構對選址顧問的拉攏方式,就像遊說者對待國會議員的手段,

不同的是，這個行業不受任何報告義務或法規約束。喬治亞州經濟發展局（Georgia Development of Economic Development）每年都會邀請選址顧問到奧古斯塔（Augusta）觀賞美國名人賽（注：The Masters Tournament，高爾夫球界四大賽事之一），提供豪華款待。肯塔基州的官員則會在肯塔基德比賽馬會（Kentucky Derby）上招待這些顧問。少數特別幸運的顧問甚至能夠與密西西比州州長一同狩獵鵪鶉。這個行業甚至成立了一個名為「選址顧問協會」的組織，而組織主要的存在目的似乎就是每年舉辦豪華派對，讓各州官員與顧問建立關係。2018年，選址顧問協會在辛辛那提（Cincinnati）舉辦了一場年度盛會，吸引了三百五十五名州政府官員與其他參與者，每人支付2千美元的門票。活動包括在辛辛那提孟加拉虎隊（注：Cincinnati Bengals，職業美式足球隊）的主場保羅・布朗體育場（Paul Brown Stadium）舉辦派對，選址顧問不僅獲得客製化的球衣，甚至還在啦啦隊的熱烈歡迎下踏上球場。

在《知識就是力量：與選址顧問有效合作》（*Knowledge Is Power: Working Effectively with Site Selectors*）一書中，這個行業的運作模式寫得清清楚楚。這本刊物由國際經濟發展委員會（International Economic Development Council，簡稱 IEDC）出版，專門提供給經濟發展專業人士參考。書中直言不諱說明了選址過程的真相。一旦選址範圍縮小，「決策將取決於哪個地區能為企業打造最有利的條件，不只是激勵措施，還包括其他關鍵的地點因素。」這本小冊子更是毫不掩飾地補充：「有時候，某個社區已經

是明顯的首選，但選址顧問仍然會讓其他入圍地區保持競爭，好為客戶爭取到最有利的激勵方案。」[3] 然而，這份報告沒有提醒各地政府官員最關鍵的一句話：「買家自慎」（注：Caveat Emptor，此為拉丁語）。

在某一集產業 Podcast 中，來自南卡羅來納州哥倫比亞市（Columbia）的策略發展集團（Strategic Development Group）創辦人、知名選址顧問馬克・威廉斯（Mark Williams）談起報酬機制，講得比我訪談過的業界人士更加直率。[4] 在一場名為「選址十大敗筆」的討論中，他直接點出了選址顧問的偏見問題：「客戶可能會聘請某家顧問公司，而顧問公司提供的建議，可能並非完全基於信託義務。」他舉例說明：「選址顧問可能在某個地點能拿到佣金，另一個地點不行，因此，他們可能會傾向推薦那些能帶來更高財務回報的選址。」另一名不接受佣金制的選址顧問則透露，他曾失去一個大客戶，因為那家公司堅持與願意接受佣金制的顧問合作。這類佣金制的運作方式如下：遷址企業會支付選址顧問一部分的激勵金，由政府提供（即市政府或州政府提供的稅收優惠或補貼）。如果交易沒有談成，企業不用支付任何費用。如果談成了好條件，企業等於用別人的錢來支付選址顧問（也就是市政當局或州政府徵收的稅款）。

雖然選址顧問普遍偏愛按服務收費的模式，但這並非業界的通行標準。佣金制選址服務確實存在，但這個話題令人不自在，畢竟有可能涉及利益衝突。例如，富士康與安永之間的合作細節屬於機

密,外界無從得知具體報酬模式。但至少有一名業界專家推測：「安永的報酬似乎不太可能與交易規模無關。」這種模式顯然對雙方都有極大的利益誘惑。畢竟,即使僅抽取 0.5％的佣金,30 億美元的交易仍可帶來 1,500 萬美元的報酬。在安永的前十九年,史密斯促成的投資激勵總額高達 60 億美元。而當威斯康辛州議會通過富士康 30 億美元激勵方案後的隔年,史密斯升官了,新職位為「合夥人／負責人：美洲間接稅務與美國投資選址服務主任」。

各州曾試圖立法,要求經濟激勵計劃的報酬機制更透明,甚至禁止佣金制,但這類法案最強烈的反對者往往是各州自己的經濟發展部門。這些部門的官員費盡唇舌阻止相關法案通過,因為他們擔心自己會在爭取重大企業投資時失去競爭力。

因此,當 WEDC 官員派弗向同事與州長辦公室介紹史密斯時,他說史密斯不僅是自己的朋友,更是「威斯康辛州的好朋友」,這一點也不令人意外。當時是 2017 年 4 月,WEDC 正積極遊說州長沃克,希望他前往華盛頓與川普政府的經濟發展官員會面,並見見當時對威州官員而言仍然相當陌生的商人——富士康董事長郭台銘。

要說服州長沃克參與這次會面並不容易。一開始,他只願透過電話會議參與,但 WEDC 官員向他解釋,如果郭台銘特地從台灣飛來,而他只願意打個電話,將會十分失禮。派弗打從一開始就態度樂觀,並向州長保證：「我們在這個計劃的五州名單中排名第一,他們也在考慮俄亥俄州、印第安納州、密西根州和伊利諾州。」[5] 最終,一萬個就業機會的承諾,再加上能與白宮官員會面

的機會，讓沃克決定重新安排行程。2017年4月28日，他與幕僚長搭機前往華盛頓。

當天稍晚，沃克州長在白宮與郭台銘、胡國輝及另外四位富士康高層會面。會談主持人是時任白宮幕僚長蒲博思，他本人正是威斯康辛州人。與會的還有川普政府內部事務與科技倡議小組（Intragovernmental and Technology Initiatives）的成員，由庫許納執掌。會議桌旁還坐著一位熟面孔：來自安永的史密斯。

這場白宮會議召開之前，一份在WEDC的備忘錄已在威州官員之間流傳，預示著未來與富士康打交道會有多困難，上頭寫道：「富士康幾乎沒有透露任何會議議程的細節。」但顯而易見，整場談判的賭注正逐步升高。會議期間，史密斯透露，賓夕法尼亞州和北卡羅來納州也在爭取富士康設廠，都是威州的競爭對手。同時，WEDC內部對LCD面板產業一竅不通的蛛絲馬跡也一一浮現。派弗當天在一封電子郵件中，將富士康計劃生產的產品描述為「AK技術」，這其實是帶有中文口音的英語發音「8K」，也就是超高解析度顯示器規格，是繼4K之後的下一代螢幕標準。

這場白宮會議顯然相當成功。沒過幾天，WEDC就火速為富士康的代表團安排了一趟走訪威斯康辛的行程。帶頭的是富士康美國戰略計劃主管楊兆倫，同時也是威斯康辛大學校友。與他同行的還有另一位WEDC主席霍根描述為「同樣代表富士康」的人物：史密斯。安永也告訴威州官員，這支富士康團隊前一天剛參觀過密西根州的數個選址地點，且與州長瑞克・斯奈德（Rick Snyder）談了

不只一次，而是兩次。在那之前，他們也走訪過俄亥俄州的幾個場址，分別位於辛辛那提、哥倫布（Columbus）與克里夫蘭（Cleveland）三市約三十至五十英里外的地點，但史密斯指出，這些地點距離所需的勞動力太遠，恐怕不切實際。這也讓美國中西部的威斯康辛東南地區取得一項關鍵優勢：此處離芝加哥郊區的勞工人口可能只有十五到二十英里，就近取用人力資源相對容易。然而，這項關鍵選址標準從未對外公布，也直接打臉了富士康一再宣稱的承諾「富士康的工作崗位將優先提供給威斯康辛居民」。

5月5日，威州州長沃克為史密斯與楊兆倫舉辦了一場早餐會。這次會面富士康提出了兩種工廠建設方案：一座較小型的6.0代面板廠和一座最先進的10.5代面板廠（能製造超大尺寸電視的面板）。他們並未明確表示是否會興建其中一座，還是兩座同時蓋。依《資訊自由法》（Freedom of Information Act，簡稱FOIA）調閱的數千頁WEDC內部電子郵件中，我發現6.0代工廠的相關資料幾乎全被刪了，很可能是因為就業機會太少，會動搖整個激勵案的正當性。而10.5代工廠的規模則類似富士康在大阪10.0代面板廠的配置，看起來更加宏大誘人。這場會議的簡報資料中，富士康明言：「我們對於地方政府提供土地作為在地激勵有高度期待。」[6] 就這樣輕描淡寫，提供免費土地給富士康成了「理所當然」的條件，即使這樣最終可能會讓被選中的地方政府損失數千萬美元，甚至讓數百位居民失去家園。

另一個值得注意的議題是極具挑戰性的時程表：富士康預計

2018 年動工，2020 年開始生產。也許這樣的規劃不僅反映了中國建設流程的高度效率文化，也展現了其動員能力，例如 2020 年 2 月 Covid-19 爆發初期，中國曾在一週之內蓋好兩座醫院，分別可容納一千與一千五百張病床。然而，郭台銘很快就會發現，就算有一位積極推動的州長與一個共和黨主導、高度配合的州議會助陣，美國的行政與建設流程依然繁瑣得多。

早餐會後，來訪的富士康代表團參觀了詹斯維爾、拉辛與基諾沙等地的潛在場址。會後，史密斯轉達了富士康董事長郭台銘的幾項疑問，包括對當地勞動力的充足性與工會可能介入的疑慮。2019 年有部紀錄片《美國工廠》（American Factory）鮮明刻劃了中國管理階層對工會的排斥，片中講述中國企業福耀玻璃在俄亥俄州代頓市（Dayton）一座前通用汽車工廠開設玻璃廠的過程。紀錄片指出，福耀砸了 100 萬美元聘請反工會顧問，成功阻止工人組織工會的投票，事後還積極解僱工會發起人與支持者。郭台銘對工會的疑慮正好說到州長沃克的心坎裡。沃克之所以能在全國政壇打響知名度，正是因為他在威斯康辛大幅削弱公務員工會的權力，並藉由所謂的「工作權法案」（Right-to-Work Legislation）進一步打擊私部門組織勞工運動。他後來甚至公開吹噓，正是這一連串的反工會政策，為威州成功爭取到富士康投資案奠定了基礎。

2017 年 5 月 28 日，WEDC 主席霍根寫了一封阿諛奉承的信給史密斯，他明顯意識到史密斯在整件案子中扮演的關鍵角色。信中，霍根詳細說明了初步提案的內容，也就是金額高達 12 億 5 千

萬美元的州與地方政府激勵措施,最後他寫道:「感謝您促成這個獨特的機會,這將對我們之間的友誼與關係帶來世世代代正面的影響。能與您合作將是我們莫大的榮幸。」

到了6月下旬,至少還有兩個州在競標,而史密斯正放手讓威斯康辛州與密西根州相互競爭。6月25日,密西根州向史密斯提出一項包含38億美元稅務減免的方案,看似頗具吸引力。[7] 但威斯康辛的提案有一項決定性的優勢:州長沃克早已全面豁免製造業的企業稅。因此,他提出的「可退稅額減免」(refundable tax credits)實際上就等於現金補助。

6月26日,霍根發了一份試算表,內容顯示針對富士康激勵方案的回本時程。這份提案包括富士康在威斯康辛支付薪資的15%,由州政府以補貼的形式支付,建廠與設備支出(資本支出)的10%,同樣由州政府補貼。換句話說,在一段特定期間內,州政府將直接發放大量現金補助,相當於為富士康承擔薪資與資本支出的雙重成本。試算表進一步推算,要靠對這些員工課徵的州所得稅來回收成本,需要三十八到四十四年,而且還沒考慮到通貨膨脹。換句話說,這就像在試算一筆三十年期的房貸,卻完全沒算利息,最後發現,房子還是太貴了。霍根在文件中寫道:「很明顯,我們必須縮短回本期、提升投資報酬率,才能合理化這麼高額的激勵方案。」[8]

接下來霍根寫的一句話,幾乎揭示了日後整場風波的核心問題。他寫道:「經濟影響分析至關重要。」[9] 這份經濟影響研究試圖

描繪富士康工廠及其勞動力所帶來的連鎖效應，包括供應鏈所衍生的就業機會。舉例來說，到了 2017 年 7 月，富士康的支持者已經自信滿滿宣稱將有一座造價高達 10 億美元的玻璃廠落腳當地，預計會雇用大約四百名技術人員與工程師。密爾瓦基都會商會主席希伊更是把這一切講得像是塵埃落定：「康寧玻璃**勢必**會在富士康工廠旁邊設廠，生產顯示器玻璃。」

除了間接創造的就業機會之外，這份經濟影響研究還計算了新進員工將會購屋買車、去超市採買、外出用餐、剪頭髮等日常消費支出所帶來的衍生影響。根據所選的經濟模型，這些數字可以讓整筆帳看起來合情合理，足以支撐 12 億 5 千萬美元的激勵方案，甚至更高，也許是 20 億、30 億，甚至 40 億美元。而如果激勵金額達到這個範圍的頂端，那麼這將成為美國史上規模前幾名的經濟發展案，毫無疑問也是史上規模最大的外資計劃。同時，史密斯也不斷提醒沃克州長團隊：其他州還沒退出戰局。

7 月初，經濟影響評估報告一出爐，整個局勢瞬間改變。沃克州長的團隊隨即告訴史密斯，他們願意加碼，而且願意大幅加碼。郭台銘對此非常滿意，並向州政府表示，他準備好親自敲定最終協議。7 月 12 日，他與沃克在威斯康辛州會面，兩人甚至在一張州長信箋上手寫協議寫道，郭台銘承諾將就業人數提高至一萬三千人，而州政府則將薪資補貼比例提高至 17%。整體來說，州政府的激勵金總額可能高達 30 億美元，其中 28 億 5 千萬美元是現金補貼，其餘則為營業稅減免。至於地方政府的承諾，當時雖未明文寫

富士坑 *Foxconned*

入協議,但先前所提出的 1 億至 1 億 2,500 萬美元仍在談判桌上。不過,這個數字在接下來的一年內迅速膨脹到原先的七到八倍。若將州與聯邦的高速公路建設支出、電力基礎設施建設等計入,整體激勵方案的總成本最終逼近 45 億美元。

隨著激勵方案的規模節節上升,受益者可不只有富士康。如果,正如業界人士懷疑的那樣,這裡頭確實有抽佣結構,那麼激勵金額愈高,安永分到的也就愈多。換句話說,提高補助不只是為了吸引富士康落腳,對顧問公司而言,也可能是筆極具誘因的「意外之財」。

那麼,到底是誰負責計算這些數字、產出這份關鍵的經濟影響報告呢?這篇報告採用一套名為 IMPLAN 的經濟模型軟體而生,而選用這套模型模擬推估的,正是安永自己。

9 瓦西里・列昂惕夫與投入產出經濟影響分析

Wassily Leontief and input-output economic impact

　　1854 年，英國下議院某位議員在議會中宣布，科學的進步或許很快就能提前一天預測倫敦的天氣。[1] 這番話引來一片嘲諷，哄堂大笑。當時民眾普遍認為，天氣是混亂無序的，預測未來這種事是神祕學或江湖術士的領域。

　　自此，天氣預報技術日新月異，如今我們對十天的預報已有一定程度的信心。舉例來說，2015 年六天天氣預報的準確度已經接近 1975 年三天預報的水準；到了 2025 年，颶風這類的天氣事件或許可提前二十五天模擬預測。[2] 這些預報的背後是高速運轉的超級電腦與複雜的數學模型，但本質上，天氣預報就是大量數據的產物，輸入全球各地的即時氣象觀測數據，加上歷史天氣事件，建構出來模擬真實世界的模型。當然，預報時間愈長，準確度就愈低。真正長期的預報通常只能提出較為概括性的推測，例如該年的颶風是否會比較活躍，或是否會出現比往年更嚴峻的寒冬。

天氣預報或許是我們最熟悉的一種「**投入產出分析**」（Input-Output Analysis）應用。但既然人類已經能夠模擬如自然界般複雜的系統，那麼回過頭來看，模擬、預測人為建構的計劃，理論上應該要更準確才對，不是嗎？

在二十世紀初的聖彼得堡，一位主修經濟、才華出眾的年輕學生肯定也有過這樣的想法。瓦西里・列昂惕夫（Wassily Leontief）1905 年出生，他後來將自己的家庭形容為「典型的知識分子家庭」，但實際上，他的童年生活可謂過得極其優渥。[3] 他的父親是一名學者型經濟學家，來自擁有紡織工廠的家庭；母親出身富裕的猶太人家，有藝術史碩士學位。俄國革命後，列昂惕夫的母親曾協助隱士廬博物館（注：Hermitage Museum，又稱冬宮）編目並保存遭遺棄的沙皇藝術收藏。[4] 某次由於水管爆裂，展廳的木地板上結了一層厚冰，她甚至坐著雪橇，在地板上滑行工作。如同比他年長七歲、住在莫斯科的文學家弗拉基米爾・納博科夫（Vladimir Nabokov）一樣，家裡也為年幼的列昂惕夫聘了多語家庭教師（德語與法語）以及各領域的私人家教。他們家在芬蘭擁有一座避暑別墅，他的父親曾在那裡教他終身熱愛的活動：飛蠅釣。

十六歲時，列昂惕夫進入家鄉的彼得格勒大學（Petrograd University，聖彼得堡在 1914 年至 1924 年間的名稱）就學，一開始在社會學與哲學之間徘徊，幾經嘗試才確定主修經濟。他廣泛閱讀，涉獵的內容不但遠遠超越課堂講述的範圍，還能直接閱讀英文、法文與德文的原典與論文。他對經濟學中的統計與實證分析特

富士坑 *Foxconned*

別感興趣,甚至在青少年時期就初露頭角,他將法國經濟學家瓦爾拉斯(Léon Walras)提出的價格與供需均衡理論加以量化推導,讓這套抽象的數學理論變得可以實際計算應用。[5] 列昂惕夫認為,當時的經濟學界過度沉迷華麗的數學公式,而忽略了統計資料與事實本身,後來他將這種態度稱為「應該掀開引擎蓋看看裡面到底怎麼運作」。[6] 十九歲那年他拿到了學位,相當於今日的碩士學歷。

列昂惕夫原本想在俄羅斯走上學術之路,然而,他早期的一篇論文因政治因素遭到封殺,於是他打消了念頭。在當時的俄羅斯,直言不諱的知識分子處境極其危險,而他正是這樣的人。早在十五歲時,他就因公開反對共產黨而被關押數月。某種程度來說,他後來的轉折帶有些許「幸運」的成分,他的下顎長出腫塊,被誤診為癌症,因此獲得罕見的出境許可,得以前往柏林接受進一步治療。就這樣,1925年,列昂惕夫進入柏林大學(University of Berlin),展開了他在西歐的學術旅程。

列昂惕夫後來回憶,自己在柏林最初的幾年是「美好的時光」,儘管他當時一貧如洗,生活全靠酸乳、馬鈴薯煎餅,偶爾奢侈一下才吃根德國香腸。[7] 此時,他原本的家族財產幾乎都以革命之名充公。幾年後,他的父母也來柏林會合。他的父親在蘇聯駐德大使館工作,這份職位十分危險,原因並不是德國局勢不穩定,而是在史達林統治下的蘇聯,公務員的壽命猶如雀鳥一般短暫。到了1933年,史達林將目光轉向列昂惕夫的父親,傳喚他返回莫斯科,而在那裡等他的,是早已內定結局的「袋鼠法庭」(注:指違反法

律原則、濫用法庭程序、用不當的程序來審訊嫌犯的法庭）。他父親選擇拒絕這個「邀請」，於是一家人成了柏林日漸壯大的俄羅斯流亡知識分子圈成員。這個圈子有小說家納博科夫，以及畫家瓦西里・康丁斯基（Wassily Kandinsky）與列昂尼德・帕斯捷爾納克（Leonid Pasternak），也就是《齊瓦哥醫生》（*Doctor Zhivago*）作者鮑里斯・帕斯捷爾納克（Boris Pasternak）的父親。

1928 年，列昂惕夫拿到博士學位，當時他已在德國東北波羅的海沿岸基爾（Kiel）的一間經濟研究所任職。他在那裡繼續致力需求量化的研究，希望能拓展先前主要侷限於農業與消費品領域的理論框架。1929 年，他發表了一套將數學模型應用於工業經濟的架構，這篇論文引起廣泛的討論，也被多方引用，讓他年僅二十四歲就受國際學術界關注，也有一定的學術地位。

1930 年，美國農業經濟學家摩迪凱・以西結（Mordecai Ezekiel）造訪基爾研究所，他很欣賞列昂惕夫，於是提供他四個美國職位的申請管道。列昂惕夫立刻提出申請。1931 年秋天，列昂惕夫抵達美國艾利斯島（注：Ellis Island，當時移民管理局的所在地），迎接他的是早年同樣來自蘇聯的經濟學者史丹利・庫茲涅茨（Stanley Kuznets，日後也在 1971 年獲得諾貝爾經濟學獎）。不久之後，列昂惕夫便進入紐約的國家經濟研究局（National Bureau of Economic Research，簡稱 NBER）任職，這份工作也成為他進入哈佛大學的橋梁，他在哈佛待了長達四十年，展開他學術生涯的黃金時期。

列昂惕夫認為，理想的經濟學家應當在理論架構的指引下，處

理真實世界的數據。1937年他曾寫道：「最詳盡的統計調查不過是堆無形無序的原料，若未嵌入堅實的理論框架，就完全派不上用場。」[8] 他認為，經濟學不應該模仿物理學的模式，因為在物理學領域，理論物理學家可以寫出優美的公式，然後讓實驗物理學家花上幾十年去驗證。但對列昂惕夫而言，經濟學的任務更緊迫也更務實，必須以現實為本，結合理論與數據來回應當下的問題。

列昂惕夫心中構想的藍圖既大膽又宏觀：他想打造一個涵蓋全美工業體系的模型。實際上，這會是一個龐大的矩陣，其中每一項經濟活動、每一種產業之間的投入產出關係都會被具體列出。這個矩陣的數學設計方式如下：只要其中一格數值有變，所有與之相關的欄位也會依照既定關係發生連鎖變動，而這些變動又會影響到其他欄位，最終形成全系統的連動回應。這些交互關係的共通語言是「美元」。舉例來說，如果你將汽車產量提高10%，那麼投入的鋼鐵、橡膠、電子零件等消耗量也會依比例增加，而這個變化是可以預測的。這套模型最迷人的地方，是它假設各項關係都是線性的，也就是說多生產一輛車會拉動一定數量的鋼鐵，那麼多生產十輛，就會拉動十倍的鋼鐵。麻省理工學院教授凱倫・波倫斯克（Karen Polenske）這麼形容列昂惕夫：「他想要打開這台機器（指經濟體系）的引擎蓋，不僅如此，還要把整顆引擎拆開，針對裡頭每一個零件進行測試與測量。」雖然列昂惕夫堅持他的概念是理論與數據的結合，但某種程度來說，他就像一位理論物理學家在等待粒子加速器的發明。模型雖好，但要靠人力手算所有運算（想像一間工廠

裡全是拿著抽拉式計算尺的人工計算員）實在難以執行，而當時的數據蒐集工作既緩慢又繁瑣，以至於列昂惕夫和他的同事可能到了 1930 年代還在為十年前的模型努力。不過，好消息是電腦時代即將來臨。

在哈佛期間，列昂惕夫於 1936 年發表了他第一篇重要的投入產出分析論文，他也因此受華府邀請，參與編制美國 1939 年的投入產出表。不久後，他便為美國空軍的戰時生產計劃建構出第一套大型可操作的投入產出矩陣模型，協助軍方規劃各項物資需求與產業調度。列昂惕夫許多早期提出的理論解法在當時仍缺乏實際測試的技術工具，不過他很早就洞察到電腦技術解決此問題的潛力。戰爭期間，他正式的任務單位是戰略情報局（Office of Strategic Services），也就是後來中央情報局（Central Intelligence Agency，簡稱 CIA）的前身。

戰後，隨著電腦運算能力提升，列昂惕夫的投入產出模型開始廣泛應用於各種經濟分析與政策規劃，影響力與實用性日益擴大。他也因此於 1973 年獲得諾貝爾經濟學獎，表彰他在這一領域的開創性貢獻。有趣的是，戰後他開始關注自動化對就業市場的影響。他最初的看法是，自動化將導致大規模失業。[9] 但到了 1985 年，他修正了觀點，認為新興產業將創造足夠的就業機會，抵消自動化造成的工作流失。

打從一開始，列昂惕夫和他的同事就非常清楚投入產出模型的限制。舉例來說，1955 年，列昂惕夫就曾談過量化「投入」本身

的複雜性。[10] 即便是像零售價格這樣看似精確可測的變數，他也坦言，這種測量其實需要大量解釋。他進一步補充：「甚至有充分理由懷疑，這種解釋是否有可能做到完全明確無歧義。」但這些限制與不確定性，並沒有阻止蘇聯及其他計劃經濟體大量採用列昂惕夫的模型。在某些領域，比方說開採煤礦，這些模型確實達成一定成效；但在預測需求、維持糧食與消費品生產方面，效果就顯得力有未逮。而在1950年代美國紅色恐慌（注：Red Scare，此處指冷戰時期，出於反共與對恐懼共產黨的社會氛圍，美國學術界、文藝界和政府部門之間互相揭發，指控對方為間諜，許多著名人士遭迫害）最盛之時，美國政府甚至一度暫停使用投入產出模型，理由是這種方法「看起來太共產主義」。

但情況很快就改變了。在近代政治中，保守派共和黨人雖然熱衷削減教育、基礎建設與社會福利預算，同時大力宣傳減稅與放寬管制能帶來「經濟奇蹟」，他們還特別愛用經濟激勵手段來刺激工業發展。儘管對特定公司激勵措施的熱情跨越了政治界限，但沒有哪個群體比共和黨的州長更熱衷於砸錢挹注企業。其中的諷刺在於，像是威州州長沃克支持的富士康案，或是前路易斯安那州州長鮑比·金達爾（Bobby Jindal）大力扶植的石化產業，這些由政府「挑選產業勝利者」的決策背後，依賴的正是以列昂惕夫發展的投入產出模型為本的經濟影響報告，而這種模型是過去蘇聯等共產國家計劃經濟的支柱工具，最終也成了它們低效與自我毀滅的象徵。這樣的情境令人難以理解，畢竟自上而下的產業管理邏輯原本是共

產主義經濟的特徵，如今竟然成了美國政界愛不釋手的策略，即便那些推行者（如威州州長沃克）的政治血統可直追堅定反共的自由市場偶像隆納・雷根（Ronald Reagan）。更荒謬的是，沃克曾將蘇聯解體的原因歸功於雷根打壓美國空中交通管制員工會（National Air Traffic Controllers Association）的行動，他聲稱此事動搖了蘇聯對勞工的信心。[11] 這樣的說法在經濟上與歷史上都站不住腳，卻恰好符合他打造自己為反工會鬥士的自我敘事。

計劃經濟體系所暴露出的問題，也凸顯出投入產出分析本身的侷限性。早在投入產出模型廣泛應用之初，1976 年諾貝爾經濟學獎得主米爾頓・傅利曼（Milton Friedman）就曾提出尖銳的批評，尤其是針對其數學假設的基礎：「作為預測工具，投入產出分析最核心的假設，如同大家一再強調的，是把所有生產係數視作固定不變……但很顯然，生產係數根本不是嚴格固定的，實際上有各種變化的可能存在，而且確實會發生。」換句話說，這類模型的問題在於它們過於靜態，無法反映經濟系統中真實存在的彈性、創新與適應能力。正因如此，當模型試圖模擬一個像現實社會那樣充滿動態變數與結構轉變的經濟體系時，往往高估了穩定性、低估了不確定性，而這正是它們在某些情境中失準的根源。

使用當前的趨勢和數據來預測未來多年十分困難，舉個現實世界的例子來說，1976 年，聯合國有項計劃想透過一套穩健的投入產出模型，預測直到二十世紀末的全球經濟趨勢。這項模擬雖然成功預測了一些重要且後來確實發生的現象，例如拉丁美洲與東南亞

某些國家會出現大幅貿易逆差，但事後來看，這項計劃也和當時許多類似的預測一樣，無法避免幾個關鍵性的錯誤：無法預測國際原物料價格的劇烈波動，例如 1979 年伊朗革命之後爆發的石油危機所帶來的劇烈商品價格變化；也無法掌握科技發展的突變路徑，畢竟科技進步往往在預料不到的領域、以出人意料的方式發生，打亂既有模型的假設基礎。[12] 更近代的例子則是 Covid-19 全球大流行，疫情突如其來癱瘓了經濟活動、供應鏈與就業市場，也再次證明任何長期的經濟預測，面對極端事件時都顯得脆弱不堪。

另一項值得注意的批評由馬德里自治大學（Universidad Autónoma de Madrid）教授埃米利奧・豐特拉（Emilio Fontela）所提出，2004 年他如此總結：「利用投入產出模型來探索未來，永遠不應等同於預測未來。」[13] 也就是說，這類模型更適合用來構思「可能的未來」情境，而不是試圖精準預測即將發生的事件。這個觀點也呼應了列昂惕夫本人在 1985 年研究自動化影響時的做法，他並未得出單一結論，而是設計了四種不同的模擬情境，來觀察四種潛在未來的經濟樣貌。正如豐特拉所言：「建構長期模型是有意義的──即便只是為了讓我們事後能更理解變化發生的原因。」這樣的模型不只是預測工具，更是理解複雜經濟動態、激發政策思維的認知架構。

簡而言之，投入產出模型的創建者，以及最了解這些模型的經濟學家始終小心謹慎地解釋這些模型的固有侷限性，同時也充分利用它們的優勢。設計良好的模型確實可以準確模擬某些特定變動所

產生的結果，比方說若在汽車工廠新增第三班輪班，模型可以預測輪班對當地供應鏈與就業的影響。又或者說，已知球場容量、本地與外地觀眾的比例、平均停留天數等變數，模型也可以推估出大學橄欖球季後賽對地方經濟的帶動效應。另一方面，隨便跑個數字的結果也可以拿來解釋為什麼進場觀眾與滿場人數差一大截。如果你基於「也許打得進季後賽」、「也許能吸引職業隊」的想像就蓋了球場，這樣的模型推算是否還可靠？投入端的假設成分愈高，產出結果的可信度就愈低。這就是典型的「投入垃圾，產出的也會是垃圾」（Garbage in, Garbage out）。正如豐特拉所言，將「可能的未來」與「真正的預測」混為一談是不對的。就像天氣預報一樣：你預測得愈遠，結果愈模糊不清。

美國經濟分析局（Bureau of Economic Analysis，簡稱 BEA）對投入產出模型的使用提出了警示：「區域性投入產出模型可作為估算某項經濟活動初始變化對地方經濟總體影響的有用工具。然而，這些模型並不是所有情境都適用，使用時應格外謹慎……這類模型的關鍵假設通常包括固定的生產模式與無供給限制……忽視這些假設將可能導致錯誤的影響評估結果。」換句話說，如果你問這個模型：「新增一萬三千個工作機會會帶來什麼經濟效應？」它會直接假設這一萬三千名勞工完全可得，且原物料與產能皆可無限制供應，而這些前提在現實中往往根本不存在。因此，若未謹慎對待內建的假設，產出的分析結果可能會嚴重高估實際經濟效益。

來自北卡羅來納州羅利市（Raleigh）、保守派自由市場智庫洛

克基金會（John Locke Foundation）的資深經濟學家羅伊・柯達托（Roy Cordato）對此提出了更加直白的批評。他告訴我：「經濟影響研究最大的缺陷，在於它們從不考慮資源的替代用途，也無法提供真正的成本效益分析。事實上，最常見的模型，像是安永在富士康案中使用的 IMPLAN 模型，甚至無法產生負數。所以問題從來就不是『這個項目會不會帶來正面影響』，而是『這個影響會有多大』。這些模型建立在一連串錯誤的假設上：所有資源都是免費的、每一位被雇用的勞工原本都是失業的、每一根鋼材與木材如果不是用在這個案子，就會被閒置。這個前提本身就荒謬透頂。」這類經濟模型最根本的問題，在於它們無法衡量機會成本與資源稀缺性，而這恰恰是自由市場經濟學的核心關注要點。

這類經濟影響分析的標準說法，可以從大型業者的網站上看出一二。例如畢馬威（KPMG，一家未參與富士康研究的會計師事務所）在官網上這麼描述：「經濟影響分析衡量的是某個企業、組織或活動對地方、區域、州或國家經濟的直接與間接效應。一項特定計劃或企業的存在與貢獻會產生的總體經濟影響，通常遠大於它本身的商業活動。」這段話的關鍵在於，它預設的前提是這個項目不僅會帶來正面影響，而且效益會「遠遠超過」自身範圍的商業活動。然而，實際經驗往往否定了這種樂觀預設。不妨想像一座核能發電廠會帶來什麼經濟影響，想想建廠及營運過程雇用的大量人力，加上廉價、乾淨的電力來源可能會帶來多少附帶經濟效益。現在，假設這座核電廠的名字叫車諾比（Chernobyl）。

對於那些不考慮實際情況、只會機械運算的模型來說,合格或專業勞動力的限制是個特別棘手的問題。正如柯達托所言:「工人從哪裡來?得從現有的雇主手中搶。所以實際上這是一場財富轉移,把資源從沒拿到補助的企業轉至拿到補助的新企業手上。」

如今從事這門「憂鬱的科學」(注:指經濟學)黑魔法的商業實務者,往往沒那麼坦白,甚至非常不坦白,安永便是其一。

當投入產出分析成了生意

1976 年,美國國會要求美國林務局(US Forest Service)制定一項五年期管理計劃,並算出各種伐木策略對當地社區所造成的影響。這項要求促成了「規劃影響分析」(Impact Analysis for Planning,簡稱 IMPLAN)模型的誕生。林務局自 1978 年起開始常規使用 IMPLAN 模型,但隨著各地政府機關對此類工具的需求增加,全國範圍資料的蒐集工作變得愈來愈繁重。於是到了 1985 年,這項任務移交給明尼蘇達大學(University of Minnesota)的研究團隊處理,並透過一家名為明尼蘇達 IMPLAN 集團(Minnesota IMPLAN Group)的私人公司來營運。出了政府體系,IMPLAN 一直到 1988 年才首次被運用,而到了 1991 年,IMPLAN 集團才迎來第一位商業客戶。2013 年,IMPLAN 集團正式搬到北卡羅來納州,邁向更成熟的商業化階段。

如今 IMPLAN 集團在官方網站上描述,這套模型的理想用途是

「估算經濟體受『衝擊』時的影響，以及衝擊所引發的連鎖效應」。我特別在意的是，這套軟體如何被用來為富士康這類超大型的開發案背書，並將「連鎖效應」外推至數十年後。與佛羅里達州立大學（Florida State University）經濟預測與分析中心主任茱莉・哈林頓博士（Dr. Julie Harrington）等經驗豐富的實務專家交談後，這點變得格外重要。他們鉅細靡遺地向我解釋，我們應該把 IMPLAN 想成「某一時間點的快照」，而不是試圖涵蓋未來所有可能變化的工具。

我有幸在 2020 年 4 月的最後一天，透過一場電話訪談親自釐清這些問題。受訪對象是 IMPLAN 集團的首席經濟學家珍妮・索瓦德森博士（Dr. Jenny Thorvaldson）與客戶營運副總裁戴文・斯溫德爾（Devin Swindall）。IMPLAN 模型（以及其現代的競爭對手，例如美國經濟分析局開發的區域投入產出模型系統 Regional Input-Output Modeling System，簡稱 RIMS II）確實是功能相當強大的工具，它的理論基礎與運作邏輯仍保有列昂惕夫早期模型的核心概念。但這就像波音 767 還在沿用萊特兄弟飛機的空氣動力學原理。資料的規模與即時性早就不可同日而語：IMPLAN 設計的原意是為全美各郡市層級提供模型，如今其背後的運算引擎以軟體編寫而成，並由當代的高速電腦驅動，這在二十世紀上半葉根本無從想像。

我們通話的那天，美國經濟正因 Covid-19 的封鎖而陷入停擺。也正因如此，親自聽到「時間快照」的實際運作方式，格外具啟發性。早期的投入產出模型所依據的數據往往已有十年歷史，但 IMPLAN 系統一直有在更新，能使用僅一兩年前的資料來沙盤推

演。索瓦德森博士向我解釋:「我們在 2020 年用的是 2018 年的資料。你得假設,當某個衝擊發生的當下,經濟的基本結構仍然成立。這個假設通常不算太差,老實說,你要麼用這個,否則就得自己憑空編造。至少這是真實世界的數據,是你能做出最穩當的假設了。」

我很好奇,像安永這樣的公司使用 IMPLAN 軟體製作的報告,IMPLAN 集團本身是否會去審查?對那些預測結果是否有任何責任?答案都是「沒有」。「任何人都可以購買這套軟體」斯溫德爾這麼說。索瓦德森博士補充,有時確實會有客戶回頭來要求在報告上加蓋「認可章」,但她坦白表示:「我們不太願意做這種事。」「我們沒有花時間去蒐集資料,也沒有足夠的背景知識來為那些報告背書。」

接著我們談到經濟模型當中,「就業影響」的複雜性。索瓦德森與斯溫德爾解釋,如果沒有特別調整,IMPLAN 模型會預設所有新增的工作機會都是「全新創造」的職位,如果單純依賴軟體分析,往往會產生誤導。斯溫德爾舉了一個他在北卡羅來納州當地的例子,某家新開的超市創造了六十五個工作機會,看似一件正面的經濟成長事件,但幾個月後,這家新超市卻把原本的老超市擠出市場,導致相同數量的職位流失。結果是,新店家的「淨」經濟效益幾乎為零。然而,如果只針對新開的超市做 IMPLAN 分析,模型不會自動把舊店倒閉的損失算進去,如此一來,產出的報告就會過度樂觀,甚至誤導決策者與公眾。

富士坑　*Foxconned*

那麼,富士康聲稱將在幾年內迅速進駐芒特普萊森特園區的一萬三千個工作崗位,安永是怎麼想的呢?事實上,我們無從得知,因為商業用途的經濟影響報告並不會公開模型內部的運作與假設細節。但考量到所涉的鉅額激勵金,我們可以合理推測,安永在使用 IMPLAN 時,曾假設這一萬三千個職位全都是新增就業,且不會與既有的工作機會產生排擠效應。

2019 年 12 月,我與美國經濟分析局負責 RIMS II 模型的統計學家湯姆・麥康(Tom McComb)進行了電話訪談,他對這套模型的能力可謂毫不粉飾。他透露,他與潛在用戶最常出現的對話情境,就是他得親口告訴對方一句話:「你其實不能這樣用。」這番話與我先前訪問斯溫德爾時聽到的內容如出一轍。斯溫德爾也坦言,他們的團隊「幾乎每天都會有這樣的對話」。

正如我們從短期天氣預報的可靠性中所見,投入產出模型確實是現代科學的一項奇蹟。但這類模型的使用對於前提假設必須極為謹慎,畢竟你不能用十二月的氣象資料去預測七月的天氣。

深入檢視富士康案如何被合理化,不僅能揭露這起個案背後的邏輯,也宛如一扇窗,讓我們一窺全美數以千計類似開發案的標準正當化模式。此案揭示出企業開發推動者與其關係密切的顧問公司,如何聯手製作出一份份看似科學、實則暗藏操作的分析報告,內容幾乎無一不證明某項計劃「好得讓人無法拒絕」。而就像謝拉德發生的情況一樣,總會有一整排急不可耐的擁護者與承包商在一旁虎視眈眈,準備分食最新出爐的一塊大餅。

10 Chapter 「飛鷹」盤旋下的經濟幻象
Flying Eagle Economic Impact

那份促使威斯康辛州將數十億納稅人的錢投入一家高獲利亞洲科技公司的報告，是在2017年7月初由安永會計師事務所提出的，整份報告簡潔扼要，只有十三頁，名為〈量化「飛鷹計劃」在威斯康辛州的潛在經濟影響〉，同一個月，該報告被獨立立法新聞服務機構「惠勒報導」（The Wheeler Report）公諸於世。對顧問公司來說，這類報告多半是一種制式作業，數字雖然會變，但報告內容約有一半是在解釋方法論與術語，從這個客戶到那個客戶，讀起來幾乎大同小異。

幾乎所有經濟影響報告都有一個共同前提，也正是富士康報告的基石：所有經濟開發支出都會產生超越開發本身的附加價值。這個原理叫做**乘數效應**（multiplier effect），是經濟影響報告的「祕密武器」。其中，乘數永遠為正，且建立在看似具體的資料上（比方說區域特性或產業數據），但實際上仍受主觀判斷左右，也有很大的彈性操作空間。富士康工業園區那樣的新企業不會單獨存在，

它會在地方與區域層面產生連鎖效應。這種現象四處可見，比方說軍事基地或大學附近發展出來的商圈，或新開主題樂園帶動周邊餐廳設立等等。而將這些附帶發展量化為新增工作機會的方式，就是使用乘數來表達。舉例來說，乘數 2.7 代表每創造 1 份正職工作，將會額外帶來 1.7 份由連鎖效應所產生的間接或誘發性工作機會。乘數的總效益通常來自兩部分的加總：間接效應（為支持像富士康這樣的工廠所產生的經濟活動與相關職缺），以及誘發效應（來自富士康直接與間接員工所花費的薪資，例如食物、居住與日常消費所帶動的就業）。安永在報告中使用既有的產業與地區指標，預測每新增 10 個富士康職位，將額外帶來 17 個工作機會。

安永的這份報告所描繪的經濟影響若真能實現，會相當驚人。對於推動者而言，這份報告就像一劑強心針，但對那些願意深入檢視數字的人來說，內容則顯得大膽到近乎浮誇。報告預估，該計劃將吸收 100 億美元的資本支出，並在四年間每年雇用多達 10,100 名建築工人。回顧十年前大阪類似工廠的建設照片，可以見到密密麻麻的起重機，宛如碼頭上排得整整齊齊的帆船桅杆。報告指出，這 100 億美元當中，有超過一半將支付給威斯康辛本地的供應商——儘管大部分的資本支出會用於大型製造設備，由亞洲的供應商獨家製造。2020 年 1 月，我訪問了產業專家兼供應鏈顧問鮑伯·歐布萊恩（Bob O'Brien），他表示，對於平面顯示器工廠來說，製造設備的成本「至少占總成本的三分之二」。這麼簡單、只需一通電話就能得知的產業事實，在所有的經濟影響報告與投資報酬分析

中竟從未提起,也沒有人質疑模型結果的合理性。

根據安永的報告,這 10,100 個建築職位將帶動威斯康辛額外創造 6,000 個間接與誘發性的就業機會。一旦工廠開始運作,富士康承諾的 13,000 名員工平均年薪將近 5 萬 4 千美元。屆時,整個富士康園區將「支撐超過 35,245 個威斯康辛州的就業機會」──不是「大約 35,000 萬個」,也不是「30,000 到 40,000 個」,而是精準到個位數的 35,245 個。這種精確數字在經濟影響報告中非常常見,往往也是刻意安排的,為的就是營造一種公式背後極度嚴謹的數學神祕感,讓人相信這是一套能精算至「每一位員工、每一塊錢」的系統。報告最後下了結論:這些新增的就業每年將為州政府帶來 1 億 8,100 萬美元的額外稅收。

然而,儘管這份報告的預測數字看起來精準無比,內容卻充斥著但書與前提。細看就會發現,投入報告的數據由委託方提供,未經審核;使用的建模軟體則是由 IMPLAN 授權,安永不為其準確性負責。威斯康辛的供應鏈效應,是根據當地產業之間既有的關係推算出來的,但問題是,富士康工廠將會是西半球第一座超大型面板工廠,也就是說,這些推估所仰賴的產業關聯其實來自不同型態工業體系的經驗。另一個重大問題在於,富士康的龐大園區設計得比一般工廠更為封閉,這不僅是地理位置使然,也與功能配置有關。舉例來說,一般工廠很少會包含員工居住設施,然而富士康的許多員工(例如持有 H1-B 簽證的亞洲工程師,或住在宿舍的移民勞工)並不會在周邊社區找地方住,也不太可能像當地電子產業的

技術員或工程師一樣,在社區內自由消費。區域性的公司通常歸當地人所有,並在當地設立總部,利潤會留在社區內,而不是像富士康那樣輸出到遠方的執行高層和股東手中。

2018年9月,我訪問了愛荷華州立大學(Iowa State University)的經濟學家大衛・史文森(David Swenson),他跟我說:「若未精確掌握投入的資料,就不可能產出可信的結果;而我可以肯定,富士康當時不願公開商業計劃的所有細節。你還得掌握供應鏈的具體資訊,這些企業真的在威斯康辛嗎?我懷疑沒有。如果沒有這些資料,只能依賴預設模型,而預設值未必符合計劃的實際情況。」我向 IMPLAN 集團的首席經濟學家索瓦德森描述,這份報告把威斯康辛視作供應鏈效應中唯一的供應來源時,電話那頭陷入了長長的沉默。我問:「妳是不是覺得有點尬,不太好說?」她又停頓了一下,才回答說:「你居然透過電話都感覺得出來!」[1]

這份報告僅以威斯康辛州作為富士康新廠原料與人力來源的做法,直接影響了州內就業效益的預測數字。而這個缺陷的諷刺之處在於:正是**安永**的選址團隊遵循富士康的指示,選擇了靠近芝加哥的地點。美國經濟分析局的麥康告訴我,如果模型的影響範圍只涵蓋威斯康辛州,而當地有玻璃工廠,軟體就會預設這些工廠將為新公司供應玻璃。但如果這些工廠其實無法生產所需規格的玻璃,你就得額外把這類的資訊輸進模型。問題來了,安永的分析師真的了解玻璃基板的技術門檻嗎?即便他們知道,他們會願意花時間調整模型、冒著拉低報告預測效果的風險嗎?由於報告資料屬於業務機

密,我們永遠得不到答案。但就報告的製作時程、可用的產業專業知識量,以及安永可能獲得的財務誘因來看,我個人非常懷疑。

儘管富士康在這段期間的內部溝通一直都有提到兩種潛在的產業規模方案(較小的 6.0 代 LCD 面板廠與最先進的 10.5 代 LCD 面板廠),但安永受委託的報告只計算了大型廠房可能帶來的經濟影響。這並不是一個可以輕忽的決策。因為較小型的 6.0 代 LCD 面板廠所需的資本投資將減少約 60 億美元,員工人數也僅有四分之一。此外,6.0 代 LCD 面板廠也不需要共址的工廠設施(例如能生產超大尺寸玻璃基板的玻璃廠),較小尺寸的玻璃可以直接進口,不需在地生產。然而,安永的影響報告卻將一座價值 10 億美元、可雇用四百人的玻璃廠也納入整體經濟效益,輕描淡寫地把它算進模型當中,即便當時最有可能承接該廠的康寧公司早已公開表示,LCD 面板生產是一門糟糕的生意。更早之前,康寧已在亞洲多次表態,若要設廠,當地政府得負擔至少三分之二的資本成本,約 7 億美元以上。但無論是推案方還是安永的報告,這些表態都被刻意忽略。威州州議會預算局(Wisconsin's Legislative Fiscal Bureau,對應於國會預算局的州級機構)的主管羅伯・蘭(Rob Lang)後來告訴我,他們並不負責做產業技術層面的研究。只要安永的基本假設看起來「合理」,他們的工作就是專心推估法案條文中的財務影響。不過,這不代表他們完全沒有查證。蘭的團隊確實聯繫了密西根州卡拉馬祖(Kalamazoo)普強就業研究所(W. E. Upjohn Institute)的經濟激勵專家提姆・巴提克(Tim Bartik),請他評估如果富士康

投入100億美元，可能會引發多少就業外溢效益。巴提克的結論是：若接受「富士康將投入100億美元建廠」這個前提，那麼乘數效應的估算還算合理。但沒有人要求他評估州政府的補助規模（事後他對此提出強烈批評），他也無從評斷富士康在威州設立LCD廠的可行性，因為這些產業技術問題根本不是他的專業範疇。

在後續的立法辯論或一般討論中，富士康兩種工業場景之間的規模差異從未攤開來談，儘管兩者之間的差異相當於購買一輛廂式休旅車與一輛四十英尺長的訂製豪華露營車。對外，富士康始終只談論那座大型工廠，這也成了富士康與州政府及地方政府（芒特普萊森特與拉辛郡）簽訂契約的基礎。

按照大型開發案的慣例，報告會送交給關鍵決策者，而在這個案例，做決定的是威州議會，州議員將決定是否要核准州政府30億美元的激勵補貼。接下來，報告會轉交至州議會預算局，並根據法案內容與安永所預測的效益，計算補貼的回收期。

如果說，這份經濟影響報告是一篇急就章，那也不過是與整個富士康計劃的節奏一致罷了。州長沃克與州政府團隊明顯感到其他州帶來的競爭壓力。截至報告完成的2017年6月初，這場「招商競標」仍在進行，雖然富士康已大幅傾向選擇威斯康辛，但協議仍遲遲未定。特別是當時富士康曾向威州官員表示，若不能在2017年9月30日前簽下合約，他們將重新考慮是否退出此案。在這個談判階段，富士康高層甚至宣稱，他們計劃在2018年開始營運，時程緊湊到近乎不可能，卻沒有證據顯示有人質疑過此事。若不是

州政府當時全力以赴搶下這筆交易，這種高度急迫感本應是種警訊。畢竟如果這座工廠真如富士康所言，是其長期營運藍圖中的關鍵環節，政府也對工廠未來幾十年的產量寄與厚望，那麼幾週、甚至幾個月的延遲，又怎麼會威脅到整體計劃？

這份安永報告的重要性，似乎再怎麼強調都不為過。它成了整起富士康計劃中，為龐大州政府補貼提供正當性的基礎文件，也成了後續所有研究報告的參考依據。這份報告讓芒特普萊森特與拉辛郡有信心開始舉債，投入數億美元建設基礎設施。WEDC與沃克的團隊感受到各方的阻力（不只民主黨，部分主張小政府的共和黨人也反對），於是決定尋求更多佐證。2017年8月，總部位於芝加哥的會計師事務所Baker Tilly完成了一份由WEDC委託的後續研究，內容直接引用安永的報告。威斯康辛大學麥迪遜分校教授諾亞‧威廉斯（Noah Williams）也在同月受託撰寫了一份經濟影響分析，同樣高度依賴安永的數據。安永提供的預測數字也被威斯康辛行政部（Wisconsin Department of Administration）與無黨派的州議會預算局拿去計算整座富士康工業園區二十五年內的投資回收期，而這份分析報告成了推動通過富士康補貼相關法案不可或缺的依據。

這些報告有一個共通的缺陷：它們都是由具利益關係的一方委託撰寫的。就連看似學術中立、威廉斯教授寫的報告，其實也並非完全中立。威廉斯所擔任的講座職位由保守派金主資助，其中包括支持沃克的科赫兄弟；而他本人也曾主動爭取在沃克的總統競選團隊中擔任經濟顧問。這些背景或許可以解釋他為何在報告中大方地

將安永原先提出的「2.7倍乘數效應」進一步放大為「3.2倍」，從而提出更加樂觀的預測，並聲稱該計劃將額外創造出一萬兩千個工作機會。[2]

你或許會以為，這筆州政府補貼高達30億美元，安永報告中的重大假設理當會在後續報告中被好好檢視，甚至質疑，那你就錯了。正如全美各地眾多大型開發案一樣，這些顧問報告往往受到近乎腫瘤科醫師的診斷或教宗發言等級的尊崇。當威斯康辛州的富士康談判小組成員首度看到提出的補貼金額時，他們曾一度退縮，畢竟即便是最樂觀的預測，建廠期間與富士康營運期間的所得稅收入，也遠遠不足以回收激勵措施的成本。然而，他們最終還是被「乘數效應」中所謂的間接與誘發效益價值說服了。

倒不是說這些研究完全沒受任何質疑。針對安永報告最早期的異議，就是它沒考慮到伊利諾州的通勤族。這些人在富士康工作的薪資，多半會回流至伊利諾州的居住與消費支出，也就是說，經濟效益將大量外洩至他州。為此Baker Tilly會計師事務所又寫了一篇報告，但或許是時程倉促、溝通失誤，Baker Tilly的初版報告竟估計有40％至50％的建築工人與富士康正式員工來自他州，這個結果幾乎讓整個威斯康辛投資案的經濟依據瓦解。據推測，與WEDC開了一場火藥味十足的「澄清會議」後，Baker Tilly隨即修正數據，並將相關人員改為「100％為威斯康辛州居民」。但那份「尚未修正」的初版報告一被公諸於世，WEDC的官員連忙滅火，強調那只是草稿，而且有誤。

威廉斯教授的報告顯然是為了回應「外州勞工」的疑慮而生。他費了一番功夫調整數字，試圖證明從伊利諾州來的通勤者不會削弱威斯康辛州的投資回收效益。他的論點是，通勤到伊利諾州工作的威州居民，多於反向通勤的人數，因此，富士康的設廠只不過是阻止人才外流罷了。但無論是威廉斯的報告還是 Baker Tilly 的修正版，都迴避了一個非常具體、也很難忽視的事實：從富士康的選址地點開車到伊利諾州邊界只需九分鐘，但開往當地失業與貧窮率最高的拉辛市中心卻要二十五分鐘。除了通勤距離，更關鍵的還有人口與地理因素。穿越富士康廠區的州際公路可直接通往伊利諾州的萊克郡（Lake County），當地人口達七十萬四千人，而拉辛郡的人口僅有十九萬五千萬人。目前，萊克郡西部的居民承擔著大芝加哥平均最長的通勤時間。再隔壁的麥亨利郡（McHenry County）也有 21％ 的工作人口每天通勤超過一小時，主要進入芝加哥都會區。對這些人來說，走反方向到富士康上班反而輕鬆不少。至於那些需要高等教育背景的高薪職缺，拉辛郡與鄰近基諾沙郡的大學畢業人口比例為 24％，萊克郡則高達 44％。以學歷結構與地理條件來看，真正適合富士康的人才顯然來自伊利諾州，而非當地。

一連串的研究報告陸續出爐之後，威斯康辛州無黨派的州議會預算局也為州議員準備了一份重要的分析報告。最終版本於 2017 年 8 月 8 日發布，以安永提供的數據為基礎，算出富士康投資案的預期收益與投資回收期。正是這份報告提出了「二十五年回本」的結論，這個數字很快便從議會攻防和媒體廣泛報導散播開來。

州議會預算局確實表露出某種程度的懷疑。他們假設富士康員工中有 10% 來自其他州，但他們並未充分意識到廠區與伊利諾州邊界的實際距離這麼近。此外，州議會預算局直接採納安永預測的平均年薪 53,875 美元，完全忽略了貨幣的時間價值，也就是經濟學公認的原則：今天花掉的 1 美元與十年或二十年後收到的 1 美元，意義與價值是不同的。但最嚴重的問題在於，這些報告所仰賴的模型與軟體本身的設計者一再強調，這些數字「不適合做長期預測或未來推估」，甚至經常親自打電話提醒客戶不要這麼用。

　　最終，在 2017 年 12 月 1 日簽訂的 TIF 協議中，拉辛郡與芒特普萊森特承諾舉債投入數億美元的基礎建設來支持富士康計劃。這份協議所依據的正當性與回本預測，同樣也以安永的數據為本，尤其是對於土地價值上升的假設，更是直接仰賴富士康對自身資本支出的估計。美國貿易產業權威雜誌《供應鏈文摘》（*Supply Chain Digest*）的特約編輯、來自德州的自動化生產專家馬克・弗雷利克（Mark Fralick），在 2017 年 8 月項目剛啟動時就曾對我說：「富士康之前就有承諾過高、交付過少的紀錄。我只希望這次參與的政府機關與地方政府別被坑了。」我訪問 IMPLAN 集團高層時曾向他們說明，富士康案的經濟效益按年計算後，回收期拉長到至少二十五年，並成了議會辯論與媒體報導中的核心依據。IMPLAN 集團的高層聽完後沉默了一會，才悠悠回應這類做法其實是 IMPLAN 分析結果中最常見、也最嚴重的誤用，畢竟連「五年期」的推估都已經非常勉強了。IMPLAN 以及其他同類軟體固然是功能強大、日趨成

熟的工具,但只要使用方式不當,結果可能會天差地遠,一發不可收拾。IMPLAN 最適合的應用情境是用來評估「特定地理區域中、特定計劃的初始效益」。他們舉的理想案例是,在一個從未有飯店的郡蓋一間新的飯店,這種情境就是分析模型最適合發揮效能的時候。對於這類模型的時間限制,其實早有定論。早在 1963 年,美國智庫公司蘭德(RAND)的一份解密報告就曾指出,即使蘇聯政治局廣泛使用投入產出模型來做經濟規劃,但從命令工業化到實際生產之間的時間落差太大,導致模型無法有效應用。[3] 報告寫道:「若要用於長期規劃,應使用某種形式的程式設計,而非投入產出模型。」簡而言之,早在 1960 年代,連間諜都知道投入產出模型不能拿來預測未來。愛荷華州立大學的經濟學家、愛荷華政策計劃研究所(Iowa Policy Project)研究主任彼得・費雪(Peter Fisher)長年研究經濟發展政策,對這類動輒計算幾十年回本期的方案持高度懷疑。他告訴我:「新企業的平均壽命不到十年。」[4]

儘管專家意見一致、經濟學界也提出諸多同儕審查的批評聲音,政治人物仍舊很愛委託相關單位撰寫這類報告,各類開發案也持續核准通過。正如我們接下來將看到的,潛在的政治紅利與酬庸金主的機會,往往足以壓倒一切經濟理據。在富士康這類大型企業補貼案中,政黨立場似乎界線分明,共和黨人多半組成了主要支持聯盟。但即便是像芝加哥這樣長期由民主黨主導的大城市,對於大規模的激勵投資案也同樣趨之若鶩,樂此不疲。諷刺的是,對於富士康這類鉅額招商案,最尖銳的批評往往來自保守派右翼。其中最

響亮的聲音,就是洛克基金會的資深經濟學家柯達托,而洛克基金會是一家主張自由市場導向的保守派非營利智庫。

「經濟影響研究裡最缺的成分就是『經濟學』本身。」[5]柯達托對我這麼說。他猛烈抨擊顧問所使用的軟體分析深度不足,而且這些顧問普遍缺乏足夠的經濟學學術背景,無法理解或說明這類模型的根本缺陷。他直言:「這些研究完全忽視經濟學的基本原理,因此最終根本無法真正衡量它們自稱要評估的東西,也就是『經濟影響』本身。」

2019年末,喬治梅森大學(George Mason University)旗下梅卡圖斯中心(Mercatus Center)的經濟學家發表了對富士康計劃最全面的量化經濟學批判。該中心隸屬科赫兄弟資助的保守派智庫體系,但這些學者不像一般政治人物,他們不關心政治利益,純粹從經濟理論出發。他們與支持富士康的共和黨建制派不同,更與威廉斯這類政治抱負強烈、卻同樣接受科赫資助的經濟學者風格天差地遠。他們對「補貼特定企業」的總結評價是「對當地社區福祉幾乎沒有任何正面效益」。[6]在研究中,他們以威州的富士康計劃為核心個案,分析了多種可能情境與資金的替代使用方式,結論是這項補貼不僅無法帶來顧問所承諾的經濟收益,反而將成為州政府與納稅人長期的財政負擔。

柯達托尖銳的批評,加上梅卡圖斯中心較為溫和的理性分析,對不少意識形態上的保守派來說,無疑都刺中了神經。眼見威斯康辛那些與茶黨立場一致的保守派政客,爭先恐後跳上富士康這台政

治列車，很多原本堅守小政府、自由市場、抱有「美國優先」信念的保守派不禁開始質疑：「我們怎麼能一邊主張縮減政府規模、捍衛自由市場、強調本土優先，一邊親自挑選一家外國企業、為其特定的技術路線背書，並將數十億納稅人的錢砸下去？」就算全盤接受顧問報告中那些站不住腳的假設，這筆鉅額投資真正產生回報的前提，是富士康得在競爭激烈、技術快速演進的面板產業中長期勝出——這可是連業界最頂尖的專家都不敢隨便下的判斷。對柯達托而言，這樣的情況與背叛原則無異。他直言：「很多共和黨人嘴上說支持自由企業，實際上完全不是這麼做。就對抗企業補貼這件事上，我們竟然與平常在其他議題上南轅北轍的左派並肩作戰。」

11 富士康的瘋狂「茶會」
Chapter A Tea Party for Foxconn

2017 年 7 月 26 日,共和黨的領袖興高采烈地站在白宮東廳,宣布富士康將在威斯康辛州投資 100 億美元設廠時,這場面頗有茶黨慶祝的味道。威州州長沃克自稱是茶黨的支持者,時任聯邦眾議院議長萊恩也是,而富士康的預定廠址就在他的選區之內。至於要替川普貼上某種意識形態的標籤,恐怕就像唐吉訶德揮著長矛找「風車」單挑(其實是風力渦輪機,還被他說成殺鳥致癌的怪東西)那樣異想天開又徒勞無功。[1] 但有一點倒是可以確定:茶黨運動正是奠定川普當選總統的關鍵力量。

在威斯康辛,為了找到適合蓋那座超大工業園區的地點,保守派共和黨人在州議會裡可是乖乖配合,更關鍵的是,地方層級也有不少積極響應。在人口稀少、政治上一向支持共和黨的芒特普萊森特,老居民普遍認同,真正發號施令的是鎮委會那位獨斷專行的主席德格魯特。雖然地方公職選舉採無黨籍登記,但稍微關心地方政治的人都知道,德格魯特早年曾領導過一群保守派共和黨人,目的就是從較中立的溫和派手中奪取小鎮的控制權。在參選之前,德格魯特曾在由「美國多數」(American Majority,一個受黑金資助的

組織）舉辦的保守派政治訓練營受訓。他首次參選鎮委會時，就公開宣示自己效忠茶黨。2017 年，連任兩屆鎮委會成員後，他同時競選鎮委會主席與一席鎮委員職位，目的是如果順利當選主席，就能提名理念相近的人選來遞補自己的空缺席次。最終，他順利當選主席，但鎮委會內卻形成三比三的勢力僵局（鎮委會主席同時也是具有投票權的委員），而讓德格魯特不滿情緒攀升的是，他提出的所有遞補人選都在三比三的投票中遭到否決。他堅決拒絕妥協，導致該席次長期懸缺，日後才透過選舉，由一名支持德格魯特的人士當選補上，這位新成員也成了他在鎮委會裡的決勝關鍵。儘管在那段所謂的「僵局」時期，鎮內大多數的決策其實仍是一致通過，但德格魯特自己回顧起那段時光，始終帶著強烈的不滿與挫折情緒。

「我們的小鎮正處於十字路口。」德格魯特競選連任鎮委會主席時這樣寫道。「有一小群人想把我們帶回兩年前那種功能失調、爭執不斷的僵局……我們得團結起來，拋開政治，成為一個真正的社群。讓我們停止負面對立，把心力放在有建設性的想法上。我的領導風格重視的是成果……我們得讓政府運作得更有效率，繼續削減稅收、降低負債。」

2018 年，年營運預算僅約 2 千萬美元的芒特普萊森特為了支應富士康相關基礎建設，公開徵求債券發行提案。小鎮計劃發行 1 億 4,250 萬美元的 TIF 債券，以及 5,630 萬美元的汙水系統收益債券，總債務相當於每戶家庭負擔 2 萬美元。為了償還這筆債務，芒特普萊森特每年必須撥出約 800 萬美元支付給債券持有人，金額約占富

士康計劃之前鎮年度預算的四成,而這筆支出將持續數十年。儘管財政壓力空前龐大,德格魯特仍在 2019 年順利連任鎮委會主席,因為根本沒人與他競爭。

從更高層次來看整起富士康案的政治推手不難發現,事情並不單只是地方層級的問題,整體氣氛似乎哪裡不對勁。畢竟,茶黨運動的核心主張不正是「小政府」、「自由企業」以及「美國優先」嗎?那又要如何解釋,這些自詡為茶黨信徒的政治人物,竟願意砸下高達 45 億美元的威州納稅人資源,大舉補貼一家內定好的贏家——一家總部位於台灣、資產大多集中在中國的大型企業?

茶黨人士與外國企業結盟的奇怪之處,可追溯至「進出口銀行」(Export-Import Bank)的爭議風波。這家由美國聯邦政府 1934 年根據行政命令設立、1945 年根據國會授權成為行政部門下的獨立機構,長期以來都低調運作,即便是對政府機構再怎麼敏感的觀察者或批評者,也很少注意到它的存在。1934 年,進出口銀行迎來第一筆交易:貸款給古巴 380 萬美元(換算成 2020 年的幣值約為 7 千萬美元),讓古巴購買美國政府持有的白銀。[2] 乍看之下,這種做法就像你借錢給別人來買走你自己的房子,最終落得人財兩失。但政治經濟運作的邏輯,往往與直覺常識背道而馳。

簡而言之,進出口銀行的功能,是透過提供民間市場無法取得的貸款,來協助推動美國的對外貿易。根據某些激進派的估算,如果沒有這家銀行,美國每年將會損失約 500 億美元的出口收入,並流失多達二十五萬個就業機會。[3] 不過,這家政府機構的大量資源

其實集中在少數幾家美國企業身上，波音（Boeing）就是其中的受益者，曾經吃下該行約三分之一的資金支持。由科赫兄弟資助的自由意志主義智庫梅卡圖斯中心曾將進出口銀行戲稱為「波音銀行」，這個說法後來也廣為人知。[4] 與其他理念相近的團體一樣，它們也投入大量心力，主張應該解散這家政府機構。不論具體理由為何，這樣的立場與科赫兄弟一貫提倡的理念完全一致：小政府就是好政府，愈少干預愈好。

若不是後來成為茶黨運動的重點攻擊對象，進出口銀行這個政府機構大概會一直待在政策邊陲，繼續默默運作、不受關注。但自從茶黨在2010年期中選舉大獲全勝、隔年卻無力撼動死敵歐巴馬總統之後，他們的怒氣與挫敗逐漸轉化為對進出口銀行的全面圍剿，這個過去沒什麼人關注的機構，瞬間變成他們的眼中釘。2015年7月24日，當時正準備參選總統的德州參議員克魯茲在參議院發表了激烈的演說，他痛批進出口銀行是「企業福利的惡劣範例」，並指出美國納稅人正在為「幾家大企業拿到的數億美元貸款擔保買單」。[5] 他說這家銀行是「裙帶資本主義與企業福利的典型案例……靠著掠奪納稅人的錢，兩黨的政客得以繼續把持權力，好處全給了有錢有勢的大公司」。這番火力全開的抨擊，讓不少人相當困惑。隔天《華盛頓郵報》（*Washington Post*）的報導還特別把進出口銀行形容成「一個看似無關痛癢的政府機構」。[6] 演說的結尾更是引人側目，克魯茲罕見地當場公開指控同黨的參議院多數黨領袖米奇‧麥康奈（Mitch McConnell）說謊，說他表面反對進出

富士坑 *Foxconned*

口銀行，背地裡卻支持續存，徹底撕破臉。[7] 對許多民主黨參議員來說，茶黨對此議題咬牙切齒根本難以理解，這就像你在街上被人用槍指著，結果對方卻只想搶你的鞋帶那樣荒謬。[8] 但共和黨內的核心保守派卻紛紛響應，像是佛州參議員馬可・盧比歐（Marco Rubio）2015 年 4 月就曾表示反對進出口銀行，理由是：「政府不應該挑選誰該在市場勝出⋯⋯這違背了自由市場原則。」[9]

所以，重點其實並不是進出口銀行本身，而是茶黨運動在反對這個機構時所展現出的價值共識：強烈反對政府援助企業，那是貪腐與裙帶資本主義的象徵；認為市場應該自由運作、不受干預；以及堅信政府最大的錯誤就是「挑選勝利者」。然而，在這樣的意識形態背景下，為什麼一群與茶黨結盟的共和黨人會熱烈擁抱富士康這項交易？畢竟，這個案子是美國史上給予外國企業規模數一數二的政府補貼案，無論是本國還是外國企業都極其少見。從政府的角度來看，每創造一個就業機會的補貼成本甚至高出一般水準的十倍。這不只是選擇哪家企業合作，政府甚至精挑細選出具體的製造產品：適合生產大型電視的 LCD 面板。

名義上標榜「民粹主義」的茶黨運動打從一開始就對這筆交易愛不釋手，立刻推動落實，卻完全不給人民任何直接參與這筆鉅額承諾的機會。在威斯康辛州議會，這項計劃在共和黨多數派的配合下火速通過，幾乎沒有經過任何實質辯論，最後也幾乎是沿著政黨路線強行表決通過。至於地方層級，廠址的選定過程完全在密室進行，所有關鍵人物都保持沉默，一副簽了保密協議的樣子；而那些

生活即將被徹底顛覆的在地居民事前卻毫不知情,更別說被請來表達意見了。這種封閉、黑箱又傾向特定企業的操作模式,與茶黨自詡「小政府、開放透明、反菁英」的精神可謂南轅北轍。

要理解這個矛盾,就得正視茶黨運動與川普式共和主義之間根深柢固的矛盾,其實也可以說,這就是當代共和黨的樣貌。富士康這個案子就像一扇又大又清晰的窗戶,尺寸甚至超過一台 65 吋的 4K 液晶電視,讓我們得以一窺現代共和黨從小鎮到州議會、再一路掌控到白宮時,實際上會怎麼治理社會,以及言辭背後,我們所能期待的真實情景。

2009 年 2 月 19 日,不動產抵押貸款證券引爆金融危機,全球動盪不安,CNBC 的轉播畫面切到了芝加哥期貨交易所(Chicago Board of Trade)。當時在現場報導的是瑞克・桑特利(Rick Santelli),一位曾任芝加哥期貨交易所職員與避險基金交易員的資深記者。他已經五十二歲,臉上經常掛著介於微笑與扭曲怒容之間的表情,並在嘈雜的交易大廳中,以近乎吶喊的語氣播報債券市場的動態。

桑特利那天特別激動,原因是歐巴馬總統剛簽署了一項法案,為的是援助因房貸飆升而瀕臨喪失住所的屋主。這場發言後來被稱為「響徹全球的咆哮」。[10] 他當時情緒激昂、語帶譏諷地喊道:「這裡曾經是美國啊!你們當中有多少人想要替你那個多了一間浴室、卻還不起帳單的鄰居付房貸?舉手啊!」(背景傳來交易員的歡呼聲)「歐巴馬總統,你有在聽嗎?我們正考慮 7 月在芝加哥搞一場

茶黨聚會。想挺資本主義的人都來密西根湖集合,我要來幹大事!」

這股由下而上的政治激流最終在 2010 年的美國期中選舉爆發,為共和黨帶來衝擊性的勝利。而在威斯康辛,這場轉變可謂同樣劇烈。[11] 州眾議院從原本的民主黨五十席、共和黨四十五席,一舉翻轉為共和黨六十席、民主黨三十八席;州參議會也從民主黨的十八席比十五席,變成共和黨十九席、民主黨十四席的局面;州長這個開放席次則由沃克奪下。[12] 自 2008 年起,保守派便已在愈來愈政治化的威斯康辛最高法院握有四比三的優勢,到了 2014 年甚至擴大為五比二。更重要的是,早在沃克於 2011 年 1 月上任之前,共和黨人就已在幕後密謀一套精密的選區重劃計劃,結合大數據操作,目標是在接下來的選舉周期中抓穩並延續執政優勢,直到 2021 年重新劃分選區,甚至更久。

2008 年,歐巴馬取得壓倒性的勝利之後,政治風向又轉回到保守派、認為「政府正是問題所在」的本土主義候選人這邊,許多人百思不得其解。茶黨運動自此成了社會學者與歷史學家眼中的「實驗青蛙」,被不斷解剖與分析。雖然茶黨已成了一個逐漸消散的政治實體,卻也轉化為**川普主義**(Trumpism)的根基。

川普時代證明了一件事:茶黨從來不是一個有一致意識形態的聯盟,而是各路不滿勢力的集合體,它們的共通點不是理念,而是對歐巴馬以及他所象徵的「後種族時代」的強烈敵意。茶黨同時也是「人造草根運動」(astroturfing)的經典案例,詞源與「草根運動」(grassroots movement)相對,用來形容那些表面上看似民間自

發,實際上卻是由財力雄厚、組織嚴密的保守派團體操控的動員行動。例如科赫兄弟資助的「繁榮美國人協會」(Americans for Prosperity),就是整合各地怨氣的主要推手之一。

儘管學界與政治評論者對茶黨運動進行過層層剖析,卻未深入了解茶黨當選領袖在企業與企業補貼政策上的立場。不過,舊金山州立大學(San Francisco State University)教授查爾斯・波斯特爾(Charles Postel)2012年發表的一篇論文是個例外。[13]他指出:「茶黨只反對某些類型的政府干預勞動市場。」例如,在「工作權法案」及其他反工會性質的法令上,保守派運動其實一向支持州政府介入。波斯特爾進一步指出:「雖然茶黨信奉自由市場,但這並不代表他們希望企業完全脫離政府支撐。除了一些持自由意志立場的邊緣人之外,大多數的保守派其實樂意接納那套由聯邦與州政府簽約、補助與監管所構成的體系,也正是這個體系讓許多大型企業獲利豐厚,從軍工企業到製藥公司皆然。」

我與波斯特爾教授在辦公室見面時,他進一步說明了這個觀點,並拿自己曾在密西根州的經歷來做對比:「這就跟底特律一樣。一旦有人試圖推動協助貧窮或無家者的政策,蘭辛(Lansing,密西根州的首府)那邊就會群起反對:『這是社會主義!根本就是亂花錢、太離譜了!』」接著他話鋒一轉:「但如果是郊區的高科技開發案就沒問題,大家還會拍手叫好,只要黑人進不去就行。」

雖然沃克在任期內把威斯康辛打造成「企業友善」的招牌州,

富士坑 *Foxconned*

但要說最能代表茶黨式親商政策實驗的例子，恐怕還是山姆‧布朗貝克（Sam Brownback）在堪薩斯州的「堪薩斯實驗」。這段由柯赫兄弟支持、從 2011 年延續到 2018 年的州長任期，可說是這類政策思維的極致體現。1991 年至 1997 年間我曾住在堪薩斯州，那時布朗貝克還沒上任。就像多數在密蘇里州堪薩斯市工作的白領家庭一樣，我們家選擇住在州界的另一邊，也就是堪薩斯州（注：密蘇里州與堪薩斯州各有一座堪薩斯市，兩市比鄰），其中一大誘因就是當地優異的公立學校系統。1992 年，我兒子開始就讀奧弗蘭帕克（Overland Park）的湯瑪霍克嶺國小（Tomahawk Ridge Elementary School），隸屬藍谷（Blue Valley）學區，一直唸到三年級後我們才搬到威斯康辛。

多年後，我聯絡上該校已退休的校長麥可‧史波茲曼（Michael Sportsman），他竟然還記得我兒子，還說出當年三年級老師伊蓮‧尼爾森（Elaine Nelson）與他討論過的細節。史波茲曼和尼爾森以及資優課程的老師，都是我們遇過最敬業又傑出的公校教育工作者。而我才發現，我們一家正好趕上了「堪薩斯實驗」之前，藍谷學區教育資源充足、公校表現卓越的黃金時期。

史波茲曼校長非常能理解我對布朗貝克執政時期的關注。布朗貝克當年推行親商緊縮政策，得到廣泛支持，部分原因就是他成功激起富裕地區選民的不滿，指出他們的稅金正被挪用到威奇托（Wichita）等城市的學校，用來教育以少數族裔為主的學生群體。但當這些大範圍的教育經費刪減開始影響到堪薩斯市郊區和其他城

市,家長開始意識到自己孩子就讀的學校資源一年不如一年,教學品質也逐漸下滑,這種政策就變得不那麼受歡迎了。

史波茲曼告訴我:「布朗貝克執政那幾年真是慘不忍睹,而且影響還沒結束。」他回憶自己在布朗貝克任內晚期在藍谷學區擔任另一所學校校長的經驗,那所學校的學生族群比較多元,家庭經濟狀況也不如之前的學校。隨著砍預算撕裂教育體系,學校愈來愈仰賴募款和家長教師協會的支援。他談到自己曾試圖仿效另一所學校成功舉辦跳蚤市場來募款的經驗,但結果非常慘澹:「我們的家長連彼此的二手物品都負擔不起。」

高中校護和輔導老師都裁掉了;在較富裕的學校,這些職位得靠家長自發募款才能保住,而那些原本就最需要這類資源的低收入學校學生,卻只能勉強撐下去。最終,連共和黨主導的州議會都對布朗巴克發起反擊,他們通過了增稅措施來阻止公共服務和基礎建設持續惡化。布朗貝克原先承諾要透過取消企業稅及放寬管制來打造的經濟榮景,從頭到尾根本沒有實現。2018 年,他任期未滿就離職,轉任川普政府官員,離去時還反過來批評堪薩斯州編列給醫院、監獄和其他公共設施的經費不足,然而這些機構正是他本人掏空的。

政客追逐的閃亮魔法粉末就是「就業機會」。布朗貝克以及像沃克這類的茶黨州長相信,只要大砍州政府預算和公共服務,就會帶來就業繁榮──這根本大錯特錯。儘管事實證明,這種想法行不通,他們和金主依然自詡「就業創造者」。這個稱號討喜到令人無

富士坑 *Foxconned*

從挑剔,以至於這些人一輩子都在把工作外包給中國和印度,同時在國內大量導入自動化設備,而他們竟真心以為這個稱號名副其實。他們一致認為,自己推動商業引擎方面的「英勇奉獻」理當換來無盡的報酬、減稅,還有政府補貼。

德州大學(University of Texas)的奈森・詹森(Nathan Jensen)與杜克大學(Duke University)的艾德蒙・馬勒斯基(Edmund Malesky)曾做過一項研究,發現支持大型政府補貼企業計劃的政治人物確實能獲得選票上的好處。[14] 政客一旦參與爭取工廠或企業總部的補貼競賽,無論最後是否成功,或是否真的為地方帶來就業,他們身上似乎都會沾上一層「光環」。[15] 這正是說服沃克義無反顧投入富士康案的核心信念。他相信,如果爭取到產業大案的政治人物能獲得選民的回報,那麼案子的規模愈大,政治回報就該愈豐厚——而富士康就是那個「超級大案」。富士康的投資提案書送達時,對於身為牧師之子的沃克而言,那一刻簡直就像天意降臨。

喬・布里特(Joe Britt)曾是威州共和黨內部人士,他認為,富士康案體現了現代保守主義的關鍵特質,這也正是他遠離共和黨、特別是川普主義的原因。他曾在威州共和黨幕僚團隊工作近二十年,包括在美國參議院和州議會任職。他告訴我:「富士康案所反映的是當今共和黨的黨紀才是王道,意識形態的角色極度弱化。」自從茶黨運動興起以來,溫和派共和黨人不是被逼退場,就是因為遭到黨內挑戰(俗稱「被初選掉」)而不得不屈服,甚至必須靠黨部與政治行動委員會的資金挹注才能繼續參選。到了 2016

年,川普勝選後,富士康這種大型案子能在毫無「自由市場」或「財政保守主義」原則辯護的情況下獲得支持,已經不令人意外。布里特說:「你會以為,威州北部或西部的某些共和黨州議員,會對花數十億美元補貼一個只蓋在東南角的開發案有點遲疑。結果根本沒人吭聲。」

他還指出,共和黨人之所以對富士康案趨之若鶩,主要有兩個因素,一是能服務金主,二是即將到來的選舉。他的觀察也呼應了一個常見的說法:從茶黨到川普主義其實只是一條短而直接的路。布里特進一步解釋,這句話同樣也適用於川普的白宮團隊:「在長達八年的任期中,沃克手中的州政府幾乎不會花心思處理那些對下一場選舉無關緊要的議題。」

這種現代共和黨特有的特質,也成了另一位威州前政府官員筆下的主軸。艾德‧沃爾(Ed Wall)在加入州長沃克的團隊、擔任矯正署署長之前,已在執法領域服務了三十二年。就職四年後,他突然遭到免職,事後也坦言自己一度走到自殺邊緣。2018年州長大選前,他出版了一本回憶錄《不道德:我在沃克州政府裡的人生與骯髒的政治真相》(*Unethical: Life in Scott Walker's Cabinet and the Dirty Side of Politics*)。沃爾寫道,從初次當選州長以來,沃克就立志要做出「大膽創舉」來打響自己的全國名號。[16] 隨著在政府任職的時間愈來愈長,沃克逐漸意識到自己對於「是非對錯的觀點與良知」根本無足輕重。[17] 他自己與同僚的角色只不過是「為那些政治口號與拉票承諾搖旗吶喊的啦啦隊」。他說,有些時候看著這

些拍馬屁的表演,簡直令人羞愧不已!這番話,對熟悉川普內閣的人而言應該不陌生。他認為,沃克在 2016 年總統初選中慘敗後的模樣,就像個「害怕丟掉工作的人」。他寫道:「我最擔心的是,他與他的政黨會為了保住州長與州議會的權力,急著再搞一個什麼『大膽創舉』,讓威斯康辛再度陷入混亂。」[18]

沃克在第一次的任期內承諾要創造二十五萬個就業機會卻沒有兌現,儘管設立了 WEDC,但他認為,政治責任比個人忠誠來得更加重要。2012 年,他召見 WEDC 主席保羅‧賈丁(Paul Jadin),據賈丁回憶,沃克對他說:「我希望你能理解,我無法對就業數字負責。」賈丁因此被迫下臺。[19]

如果正如美國眾議院前議長提普‧奧尼爾(Tip O'Neill)所言,「所有政治最終都是地方政治」,那麼從白宮到眾議院議長萊恩,再到州長沃克,共和黨的政治就像放大鏡聚焦的焦點,灼燒著芒特普萊森特這座小鎮。結果就是,威斯康辛這片原本有如田園詩般的 3,900 英畝土地,成了某種政治驅動的焦土政策犧牲品。

12 閃閃發光的海市蜃樓
A Bright, Shining Object

　　川普聲稱，威州的富士康開發案若少了他本人根本不可能成真，還真讓人難以反駁。富士康董事長郭台銘顯然非常重視自己與美國總統的關係，而庫許納領導的白宮創新辦公室，也確實參與了富士康美國投資計劃的早期階段。

　　但對川普來說，炫耀的資本顯然更重要：他要兌現「讓製造業重返美國」的承諾。我在威州政府的內部通信中發現一個有趣的現象：他們反覆使用「回流」這個詞來形容富士康的就業機會，即便這些工作若真的實現，也只不過是建立一個「平面顯示器產業」，而這項產業根本從未踏上西半球。[1]

　　川普那句「讓美國再次偉大」背後的懷舊情懷，很大一部分來自對過往高薪製造業工作的嚮往，這些工作曾在二戰後的三十年間，讓大量僅受過高中教育的藍領工人躍升為中產階級的底層。在法國，1950 到 1980 年間這段相對收入平等的時期，被稱為「輝煌三十年」（Les Trente Glorieuses）。

　　我自己就是在這段被理想化的「輝煌三十年」裡長大的，我家住在愛荷華州迪比克南邊的一個小型住宅區，我們那條死巷裡頭盡

是簡樸的平房。1960 年代初期的房子幾乎都只有一間車庫（給家中那唯一的車）、一台電視，而且屋內的人口數量（小孩不算）常常多於臥房數。1950 年代是美國全球工業產出占比的高峰期，當時歐洲與亞洲還深陷戰後重建，美國獨占全球產能的 40％。[2] 我父親當時正成立自己的驗光所，我們的鄰居有餐廳主廚、超市經理、地毯推銷員、肉品加工廠的去骨工人，以及迪比克大學的退休校長。那是一個與今日社區封閉、貧富分化嚴重的社會截然不同的世界。川普式懷舊的最大諷刺，就是當年將藍領工人拉入中產階級的關鍵角色其實是工會，而像沃克這類誓言打擊工會的人，卻又是這種懷舊情懷的忠實擁護者。

就像艾美・高德斯坦（Amy Goldstein）的《詹斯維爾》（*Janesville*）與馬修・戴斯蒙（Matthew Desmond）的《下一個家在何方？驅離，臥底社會學家的居住直擊報告》（*Evicted: Poverty and Profit in the American City*）等屢獲殊榮的報導著作所記錄的那樣，殘酷的現實取代了那些薪資優渥、經常還附帶工會保障的製造業工作。那些失業後幸運找到新工作的人，往往得拉長工時、領著微薄的薪資，仍不足以維持基本生活；更多人只能靠多份兼職過活，收入不到過去的一半，而且通常沒有健保。失業所帶來的社會問題既深且重：家庭破碎、藥物濫用與鴉片類藥物成癮問題加劇、自殺率節節攀升。這類崩解最早發生在少數族裔占多數的城市地區，這些地方首當其衝受到去工業化的打擊，卻也最難適應變局。但如今，這種社會亂象已經蔓延開來，特別明顯出現在原本仰賴單一產業或

企業、曾享有相對繁榮的白人農村社區。在美國好幾個這類受創嚴重的郡縣裡，如今的平均壽命甚至比柬埔寨或孟加拉還低。[3]

正如普林斯頓大學經濟學家安・凱思（Anne Case）與諾貝爾經濟學獎得主安格斯・迪頓（Angus Deaton）的研究，這波社會崩解的衝擊特別集中在非白人，以及中年、不具大學學歷的白人男女身上。[4] 他們發現，美國平均壽命下降這個令人不安的趨勢與地區就業百分比密切相關。在「輝煌三十年」中段期間，全美年齡介於二十五到五十五歲的男性失業率為5％。但到了2010年，全球金融危機與隨後的經濟衰退來襲，這個數字飆升到20％，而後來的經濟復甦，基本上與這個族群擦身而過。凱斯與迪頓指出，截至2018年，這些失業男性中，仍在積極找工作的只剩五分之一，也就是說，其餘大多數人根本未被納入官方的失業統計。

那些在二十一世紀前期將官方失業率當作國內經濟繁榮指標的政治人物，不是對統計方法一知半解，就是刻意誤導。首先，他們有意無意忽略了「在職貧窮」對生活的侵蝕與破壞。許多人以為速食店櫃檯的工作是給青少年打工的，但實際上，有40％的從業者年齡超過二十五歲，將近三分之一受過某種程度的大學教育。[5] 此外，失業率的計算方式本身也帶有誤導性，只要某人一週有工作滿一小時，就會被列為「有工作」。[6] 這個數字忽略了那些因絕望而退出勞動市場的百萬人潮，也不會揭示工時不足或薪資過低的「就業不足」情況。隨著就業機會從製造業轉向服務業，特別是零售與觀光餐飲等領域，對於工時不滿的勞工比例也持續攀升。[7] 被迫從

事部分工時工作,是年輕人、低教育程度者以及少數族裔的共同難題。[8] 製造業優質職缺的流失,是造成美國貧富差距惡化的關鍵因素之一。沒有任何一項統計數據能比這項研究來得更刺眼:2019年,加州大學柏克萊分校(University of California, Berkeley)的經濟學家加柏列・祖克曼(Gabriel Zucman)與伊曼紐爾・賽斯(Emmanuel Saez)算出,美國經濟底層有一半的家庭「淨資產總值」竟然是負數。[9]

另一項令人擔憂的就業問題是地理位置。隨著製造業工作機會轉移至郊區,許多原本在城市工作的勞工即使願意,也無法跟著搬遷。因為「反向通勤」得要有車,但對許多人來說,這根本是奢侈。另一方面,他們在市區的房產往往只能以低價出售,而郊區的房價節節攀升,讓他們望塵莫及。又例如北達科他州在壓裂開採頁岩油氣的熱潮期間曾是熱門的就業地點,但要把握這類機會,得具備高度的地理流動性。然而,美國人如今的遷徙能力日益下降。2005 年,在北達科他州油田任職的工作者只有三名是黑人;到 2015 年,這個數字增加到六百人。雖然這是一個巨大的百分比變化,但對於整個美國上中西部地區的就業狀況而言,幾乎沒掀起任何波瀾。[10]

在製造業城市如拉辛,那些為了擁有一間房屋而奮鬥數十年的家庭,往往被自己的房產困住,因為這些房屋在市場上乏人問津,即便找得到買家,價格也過低,無法支應搬遷所需。許多上班的母親需要倚靠大家庭來協助照顧孩子,才能勉強維持收入,於是核心

家庭瓦解，社會結構也變得更加複雜。

究竟是什麼造就了美國工人階級長達數十年的相對繁榮，又是什麼導致了後來他們那有據可查的衰落，這點在學術界與大眾出版品中都有深入探討。專研經濟不平等問題的法國經濟學權威托瑪‧皮凱提（Thomas Piketty）在學術論述中指出，雖然經濟大蕭條以及兩次世界大戰確實發揮了某種平等化作用，但他認為，戰後黃金年代最主要的功臣是「刻意設計的政治政策」。同樣地，今日所得不均急速擴大的現象，他也歸咎於政治政策的改變。皮凱提與其他學者普遍認為，當今美國勞動市場的最大特徵，就是最低工資與高階主管薪資之間的巨大差距，他甚至形容，這種落差「很可能比歷史上任何一個社會、任何一個時期都還要嚴重」。[11]

通俗文學方面，傑德‧凡斯（J. D. Vance）的回憶錄《絕望者之歌》（*Hillbilly Elegy*）除了描述一位底層出身者如何憑藉自身的堅韌與才華走出困境，也呼應保守派的一種觀點：收入不平等的底層境遇至少有部分是自作自受。與此形成對比的是莎拉‧斯馬什（Sarah Smarsh）的回憶錄《中心地帶：在地球上最富有的國家努力工作和破產的回憶錄》（*Heartland: A Memoir of Working Hard and Being Broke in the Richest Country on Earth*）。該書入圍 2018 年美國國家圖書獎，她以自己在堪薩斯州成長的經驗，詳述制度性的障礙與社會力量如何強化貧窮的惡性循環。無論立場為何，世人最常提及導致高薪、高福利製造業工作流失的原因，不外乎移民、全球化與自動化。

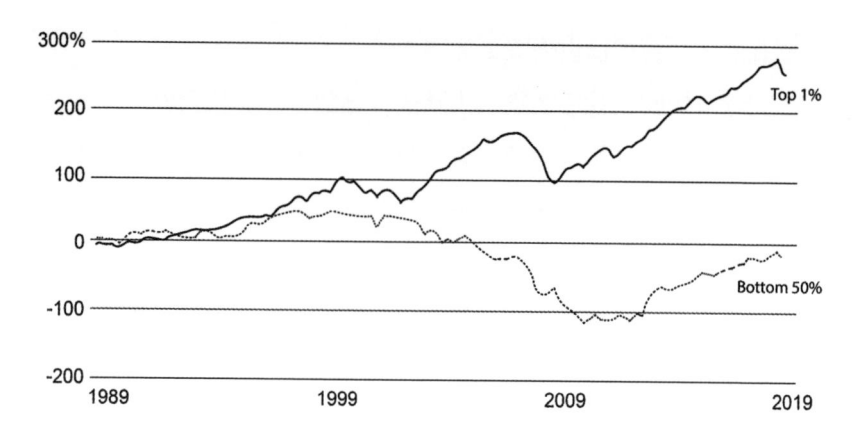

自 1989 年以來，前 1％富人的財富爆增了近 300％

這是 1986 年至 2018 年間美國累計財富增長的數據，使用 GDP 價格指數調整至 2019 年的美元價值。
來源：聯邦儲備銀行。

移民

在川普 2019 年的國情咨文演說中，他抨擊道：「美國工人階級不得不為大規模的非法移民付出代價：工作減少、工資降低、學校負擔過重、醫院人滿為患、犯罪率上升，以及社會安全網資源枯竭。」[12] 這並不是什麼新主題[13]；早在 2015 年 7 月，他競選總統之初，就在鳳凰城（Phoenix）對聽眾說：「他們搶走了我們的工作，他們搶走了我們的製造業工作，他們搶走了我們的錢，他們正在殺害我們。」[14]

除了民粹式的宣傳和大眾的主觀想像，從任何實質指標來看，

移民對美國的工作流失或薪資下滑的影響都微乎其微。事實上，整體而言，移民勞動力對經濟有正面的作用，包括擴大就業市場並促進美國創新。[15] 移工多半集中在低薪、勞力密集的產業，例如農業或服務業（如清潔工與餐廳員工）。至於他們進入的工業職位，往往是偏遠地區給最低薪資的肉品加工廠，這類工作既不受都市居民青睞，他們也不便前去工作。雖然少數美國企業濫用 H-1B 簽證的高調案例可能助長了這種觀念，但整體而言，將移民視為問題來源，其實是一種本土主義的政治工具，目的是挑動那些其實是因為其他因素而受苦的群體情緒。

全球化

《紐約時報》2017 年曾有一則報導，講述一份穩定的製造業工作如何成為一位印第安納波利斯鋼鐵女工的救命索。[16] 1999 年她二十五歲，在萊克斯諾（Rexnord）鋼鐵廠找到工作，成為她擺脫混亂人生與貧困命運的重要轉振點。雖然身為女性與母親，在這種高強度的勞力環境中工作並不容易，但這份工作也是她支撐家計的關鍵，幫助她支持女兒的大學教育，也用來負擔她那位學齡前、患有身心障礙的兒子所需的照護與服務。

2016 年 10 月，這位鋼鐵女工與她在工廠負責製造軸承的同事收到消息，他們的工作將被移往墨西哥蒙特雷。接下來的十二個月裡，工廠逐漸關閉。員工面臨兩難，要麼選擇接受額外獎金、幫忙

訓練墨西哥的接替者，要麼為了抗議而放棄這筆錢、直接走人。多數人選擇繼續工作到最後一刻，因為他們明白，自己要再找到一份待遇相近的工作，機會微乎其微。

川普 2016 年 4 月在印第安納波利斯的造勢演說，正是緊抓住了美國勞工心中最難以吞下的苦果：這類工作移往外國低薪市場的現實。把低技術勞力轉移到低薪國家的壓力幾乎無法抗拒。英美歷史學家東尼・賈德（Tony Judt）曾直白地指出：「全球化的勞動市場對最壓迫、最低薪的經濟體有利……而不是對西方那些先進、講求平等的社會有利。」[17] 那些試圖對抗這股趨勢的公司（例如在伊利諾州設廠的天頂電子）發現自家的產品很難與低成本競爭者抗衡。像 iPhone 這類現代消費性電子產品的製造商，則想都沒想，直接選擇將生產外包海外。多年來，富士康最大的客戶就是 Apple。作為回應，富士康在中國打造了一座又一座龐大的工廠，簡直就像一座座城市，數十萬名的年輕勞工每天在那裡組裝出多達五十萬台 iPhone。[18]

只要工資成本仍然比運輸等物流成本更具影響力，生產線外移或維持在海外的壓力就無可避免。然而這幾年，中國的薪資水準已大幅上升，是過去的五到九倍，導致部分製造業開始轉移到勞力成本更低的國家，例如墨西哥、越南和印尼。[19]

彌補勞力成本差異的一種方式是提供補貼，而這正是威斯康辛州採取的方法。在專案初期，威州的經濟發展團隊估算，若富士康在當地設立最新一代的大型工廠，其勞動成本每年將比亞洲高出 2

億 3 千萬美元。[20] 當時工廠預估的員工人數為六千到一萬人，也就是說，富士康在威州每雇用一名員工，每年得多付出 23,000 到 38,333 美元的薪資，這是一個令人望而卻步的障礙，也是威斯康辛州同意補貼富士康 17% 薪資成本的原因。

然而，這些鉅額補貼與中國及其各省願意為支持此類設施支付的金額相比仍然相形見絀。顯示器供應鏈顧問公司的液晶面板專家歐布萊恩告訴我，中國將這項技術視為戰略資產，對某些最先進的平面顯示器工廠提供高達 90％的資本支出補助，大約是威斯康辛最高補貼額度的兩倍。難怪像日本夏普與日本顯示器公司這樣的廠商無法與之競爭。

自 1979 年美國製造業就業達到高峰以來，已有約七百萬個製造業職位消失。但這並不是一個緩慢發生的過程。2008 年爆發的金融海嘯重創製造業，即便之後經濟逐步復甦，在 2000 年至 2018 年間，製造業職缺仍銳減了四分之一，從一千七百五十萬降至一千三百萬。[21] 麻省理工學院的經濟學家戴倫・艾塞默魯（Daron Acemoglu）與大衛・奧托（David Autor）估計，2000 年代因全球化而流失的美國製造業工作在兩百萬到兩百四十萬之間。這是個驚人的數字，也造成了巨大的損害。[22] 但顯然，這只是故事的一部分。

自動化

　　2017 年 7 月,《彭博商業周刊》(*Bloomberg Businessweek*)報導了一座位於奧地利的新鋼鐵廠,點出了更加殘酷的現實。[23] 這座工廠每年可生產五十萬噸的鋼線。1960 年代,一座這樣的工廠需要約一千名工人,如今工廠只需由一群工程師與技術人員操作,坐在一整面監控螢幕後面的人數只有十四位。在美國,鋼鐵業從 1962 年到 2005 年間流失了四分之三的工作機會,約四十萬個職位,但同期的鋼鐵出貨量卻始終維持穩定。[24] 許多美國的藍領工作曾是生產機械化浪潮的一環,工人在生產線、機械工場與鑄造廠中操作各式各樣的工業與動力設備,造就了大量的優質就業機會。然而,當自動化技術進一步發展,人類的角色便完全被排除在生產流程之外。經濟學家詹姆斯・高伯瑞(James K. Galbraith)對這種結果提出警訊:「許多被取代的人不只是失業而已,更是徹底被時代淘汰。」[25]

　　悲哀的事實是,即便美國製造業真的出現復甦,也只會是「產能」的回流,而不是「工作機會」。當工資差距減少,或當人工成本在生產中的占比被有效壓低,把製造業遷回靠近市場的地點就會變得更具經濟效益——而美國至今仍是全球最大的消費市場。工業機器人與自動化系統的應用早已不限於製造業領域。我們已經看到人工智慧與自動化逐步侵蝕電話客服、收銀員等工作。再過不久,這股趨勢也會延伸至卡車司機與 Uber 駕駛。

富士坑　*Foxconned*

在這樣的世界裡,一座聘僱一萬三千名員工的新工業園區,或一個擁有五萬名高薪職位的新亞馬遜總部,對於飢渴難耐的勞工而言,就如同沙漠中的海市蜃樓。市長與州長望見那閃閃發光的幻象,便甘願把競標開價一路推向天際,只為奪得這些大案。

但那些在過去十年中失去相對高薪製造業工作的數百萬勤勞美國人呢?他們真的有辦法從生產線轉行到亞馬遜總部的辦公桌前,或者搖身一變成為站在自動化富士康廠區裡、操作電腦螢幕穿著白袍的技術人員嗎?

2009 年,通用汽車關閉了位於威州詹斯維爾、也是全美營運時間最長的汽車工廠,當地社區隨即展開一場集體、有時甚至近乎英雄式的再培訓行動。[26] 對負責教學的社區大學講師而言,最震驚的莫過於他們發現許多原本在通用汽車工作的員工連電腦怎麼開機都不會。要讓一位年過中年的汽車技師經過訓練,具備從事哪怕只是辦公室基層職務的資格,任務之艱鉅難以想像。他們又怎麼可能跟那些從小就坐在螢幕前、敲打鍵盤長大的年輕人競爭?沒多久,老師和學生都認清了現實:他們根本做不到。

誤解導致誤判

當富士康案首次浮出水面時,聲稱將創造能夠「養家糊口」的藍領工作,為在全球化與自動化時代中積極進取的高中畢業生提供機會,似乎是一項值得肯定的使命。然而,若要達成這樣的目標,

卻選擇砸下數十億納稅人資金來補貼一座自動化程度極高、幾乎不需要藍領勞工的現代化工廠，實在顯得荒謬。當威斯康辛州議員正在審議那筆高達 30 億美元的補貼方案時，承諾與現實之間的落差其實早就擺在眼前，任何願意花時間去審視的人都看得出來。或許，立法匆忙通過的瘋狂節奏以及富士康持續的期限壓力，正是因為他們心知肚明。

威斯康辛問題的關鍵，在於那些大力推動交易的政客與經濟發展官員。他們不是講究精準的技術官僚，連願意花時間了解產業基本狀況的好奇心都沒有。川普、沃克、芒特普萊森特所屬的州參議員沃斯，以及鎮委會主席德格魯特，這些共和黨人都對科學與事實嗤之以鼻。沃克甚至曾禁止他所管轄的機關使用「全球暖化」或「氣候變遷」等詞語。2015 年，他更進一步下達禁令，禁止自然資源部的員工在工作時談論氣候變遷。[27] 過去如此，現在也是。一群憑信念治國的政治人物，只看見自己想看的東西，相信一切終將水到渠成，至少對他們自己而言是如此。

威州眾議院議長沃斯始終堅信，富士康交易案是「威斯康辛史上最重大的成就」。[28] 2020 年 4 月，他因為堅持要求威州選民在 Covid-19 疫情期間親自前往初選投票所投票而聲名大噪。他從頭到腳穿著防護裝備，站在投票所前說出「投票非常安全」的畫面，成了網路迷因（他原以為強迫民眾現身投票會抑制投票率，將對共和黨有利，結果證實這個如意算盤打錯了）。

沃斯在威斯康辛州的角色，幾乎可比擬為「地方版的麥康

奈」，他一貫推動自身狹隘的議程，一遇到民主黨行政部門之事便反射性反對，對妥協不屑一顧。2018年的威州選舉中，儘管54％的選民投給民主黨的候選人，州議會中卻有64％的席次落入共和黨手中，明顯的傾斜引起各界質疑。[29] 面對這樣的問題，沃斯不但不避諱，還辯稱：「如果把麥迪遜和密爾瓦基從選舉計算中拿掉，我們就占絕對多數了。」換句話說，在他眼中，麥迪遜這座擁有威斯康辛大學的知識分子城市，以及密爾瓦基這個有大量非白人的都市，其選票價值遠不如鄉村地區那些以白人為主的選票。前州長沃克在2019年7月5日的一場Podcast中也表達了類似的觀點，他說：「認為麥迪遜的一票跟某個鄉村社區或郊區的一票具有同等效力，是個有缺陷的論點。」[30] 而沃克在2018年競選失利後，正是沃斯領頭推動召開「緊急」跛腳鴨立法會議，由共和黨掌控的州議會迅速通過法案，削弱新任州長的權力，成為沃克任內簽署的最後一項法案。

沃斯打從一開始就是富士康計劃的主要擁護者，其中一個原因是這座工廠正好設在他的選區內（舉例來說，他推動了當地5億4,200萬美元的州道路建設支出）。[31] 即便到了2019年8月26日，多數原本承諾的計劃目標早已一片混亂，沃斯仍對富士康抱有美好願景。他面對鏡頭，以那招牌式的優越與自鳴得意的笑容，將這家尚未證明自身價值的富士康與莊臣相提並論（莊臣自1886年以來一直是拉辛地區的經濟與社會發展支柱）：「對於認識拉辛的人來說，最知名的雇主大概就是莊臣家族的企業了。莊臣保險、莊臣蠟

業、莊臣銀行。如果把這些公司在我們社區的員工人數加起來，大概是四千五百人。所以你可以想見，即便富士康『只有』五千人（我們都知道其實會更多），那將會帶來多大的衝擊。」他進一步闡述，這些高薪富士康員工將會如何帶動拉辛地區的不動產與其他商業活動。[32]

要充滿信心，甚至需要點膽量，才能預言富士康這間總部位於臺灣、工廠大多設在中國的公司會迅速轉型，搖身一變成為像莊臣這樣的企業公民。畢竟富士康早已因其企業歷程顯得寡情世故，管理層與主要股東又遠在海外，不像莊臣這家一百三十幾年來為拉辛地區注入了巨大經濟效益的公司。我與舊金山州立大學的波斯特爾談到茶黨運動時，他對我在威斯康辛計劃之前沒聽過富士康感到驚訝。他問我：「真的假的？在我們這裡，『富士康』根本就是苛刻勞動條件的代名詞。」

富士康的「養家糊口」工作

富士康計劃中最令人困惑的一點，不外乎富士康承諾要創造的工作數量與性質。在最初的徵案文件中，富士康（案名為「飛鷹計劃」）提出將創造兩千個職位，這樣的數字已足以吸引各州經濟發展機構的高度關注。但這個數字後來一路膨脹，先是變成六千，接著八千，最後來到一萬三千個職位。2017 年夏天，富士康主管要安永做經濟影響研究時，還表示這一萬三千名員工中有四分之三將

是領時薪的藍領工人。

當時，運作最成熟的 10.5 代液晶面板工廠的參考範例，是 2009 年啟用、位於日本堺市的夏普 10.0 代工廠。該廠在營運初期僅雇用了一千名員工，另有一千人則在共同設置的周邊工廠工作。不過，這些員工大多是坐在電腦前操作的工程師與技術人員。然而，威斯康辛的支持者卻大力鼓吹藍領勞工的回歸，反覆宣稱這將帶來「一萬三千個能養家的工作」，他們心中想像的畫面，似乎是往昔汽車工廠裡頭，數千名工人在生產線上鎖螺絲、安裝座椅、裝配擋風玻璃的情景。但這種錯置的想像與現實之間的落差，始終沒有人正面處理。

在原先承諾的一萬三千個職缺中，唯一稍具可行性的替代選項，就是組裝工作，這正是富士康一貫的核心業務。然而，就算政府補貼 17% 的薪資，要在美國支付組裝工人每年約 5 萬 4 千美元的薪資，依然不切實際。2020 年，富士康在墨西哥邊境城市華雷斯城（Ciudad Juárez）的組裝工人，執行的正是類似的勞務，年薪卻不到 2 千美元，甚至比中國工人還要便宜。[33]

但到了 2019 年初，富士康高層開始釋出訊息，顯示計劃已經轉彎。是的，他們承認，一年半前富士康確實曾表示，一萬三千名員工中有四分之三將是按時薪計酬的工人。但世界已經變了，公司的願景也「演化」了，如今的規劃是四分之三的員工將是工程師與「知識型工作者」，這個比例後來甚至進一步修正為九成。

2019 年 1 月 30 日，富士康董事長郭台銘的特別助理胡國輝發

表了令人震驚的聲明，他表示，即便是規模較小的工廠，設在美國也不切實際。他說：「就電視而言，我們在美國沒有立足之地，我們無法競爭。」[34] 胡國輝進一步解釋說，富士康的重心將不再放在 LCD 製造，而是希望在威斯康辛打造一座「科技中心」，以研發設施為主，輔以封裝與組裝業務。也許是過於誠實、過於直白的緣故，同年 9 月底，胡國輝便不再受雇於富士康。

到了 2019 年，納稅人資助的基礎建設工程，已依據富士康最初規劃的 10.5 代面板廠如火如荼展開，但那座龐大工廠本身的建設進度卻幾乎停滯不前。富士康當初提供給安永的計劃書中，預計現場將有超過一萬名建築工人，建設超過 2 千萬平方英尺的生產空間，持續多年。然而，在建起一座簡樸的 12 萬平方英尺倉庫後，富士康開始建造另一個略小於 100 萬平方英尺的空間，規模雖然比一般的 Costco 賣場大上九倍，但也僅占原先承諾設施面積的 5%。

在那段期間，現場頂多只有幾百名建築工人，而且大多數的工資都由州政府和地方政府支付。為了爭取最多的州政府補助，富士康的員工人數必須在 2019 年底前達到兩千零八十人，2020 年底前則要達到五千兩百人。隨著 2019 年接近尾聲，富士康急著湊足員工人數，包括臨時工與實習生，只為了達到最低門檻五百二十人，這樣就能觸發第一級的州政府補助：480 萬美元的薪資回扣，以及富士康能報上來的所有資本支出的 10%，最高可達 1 億 9,100 萬美元。對富士康來說，更有利的是這筆資本支出補助。截至 2020 年初，富士康宣稱已投入 5 億 2,200 萬美元的資本支出，涵蓋兩棟倉

儲建築、五座警衛亭及一間吸菸亭[35]（這個金額遠高於該產業在芝加哥一帶的建造平均成本，實際上每平方英尺的造價不到一半[36]）。若按此計算，富士康可從州政府領取約 5,200 萬美元的補助。雖然這筆錢名義上是稅務退還，實際上則會以現金發放，因為富士康根本沒有適用的營業稅可退。如此一來，威斯康辛不但沒有得到原先承諾的大型工廠或龐大的製造業園區，卻仍得為這些補助款買單。

簡而言之，即便富士康真的蓋出了那座耗資 100 億美元的顯示器工廠，也無法真正幫助到最需要工作的那群人。這座工廠或許會成為美國製造業復興的一部分，但永遠都不是用來補上傳統製造業工作流失的萬靈丹。就算是全面運作的超級工廠，也永遠無法讓威州老百姓回本。2019 年 8 月，經濟發展計劃的首席分析師、普強就業研究所的巴提克發表了一份成本分析。他估算每創造一個工作機會所需的成本介於 17 萬 2 千至 29 萬美元之間，而且隨著計劃規模縮水，單位成本還會持續攀升。[37] 他指出，這筆花費大約是一般標準的六到十倍，不論與美國的常規補助、威斯康辛過去的做法，或是紐約與維吉尼亞給亞馬遜的補助相比，都顯得過於離譜。喬治亞大學（University of Georgia）的經濟學教授傑佛瑞・多夫曼（Jeffrey Dorfman）就曾寫道：「就現實面來說，每個工作成本 10 萬美元的交易，其回報本期不是二十年，也不是四十二年，而是介於幾百年到永遠不會回本之間。」[38]

想知道那些鼓吹者的言論到底是出於憤世嫉俗、自我欺騙，還

是精明的政治操作,確實是個合理的問題。事後回顧,答案似乎是:既憤世嫉俗,也自欺欺人,更有政治算計,但並不特別精明。

13 點石成空術：
當政府自封經濟預言家
The Problem with Picking Winners

　　大型開發案往往在提案、辯論與規劃階段就不了了之。少數情況下，即使真的進入動工階段，事後相關的市政領導人往往也會將之視為令人尷尬到想挖個洞跳進去的失誤。

　　然而，當我向哈佛商學院教授史兆威（Willy Shih）提起富士康的破土儀式時，這位對東亞事務頗有研究、也在中國有豐富商業經驗的專家，似乎整個人都亮了起來。他說：「在中國，這種事常常發生！他們甚至還有個專門的形容叫『面子工程』。他們會先宣布一個超大型計劃，讓所有人都在活動當天沾沾光，但接下來會不會真的蓋出什麼，就得視經濟現實怎麼樣而定了。」

　　這為 2018 年 6 月 28 日在芒特普萊森特舉行的富士康動土大典帶來了截然不同的視角。當天，川普總統高舉著象徵性的金鏟子，其餘幾把則在威州州長沃克、富士康董事長郭台銘與眾議院議長萊恩手中。四人沐浴在鎂光燈下欣然自喜，此刻何等榮耀！但真正擁有中文詞彙能為這個宣傳噱頭命名，並看清這塊基地未來實際發展

為何的,恐怕只有一人。

　　富士康最初的投標需求其實相當保守,期間也始終提出兩種不同規模的工廠方案,宣稱的就業人數也似乎一直變動,但這些事實從未在威州那些促成此案的政商人物腦中占有一席之地。或許他們早已被富士康的行銷話術迷得神魂顛倒。

　　要搞清楚富士康的動機和意圖真是件讓人頭痛的事,因為這家公司太不透明了,加上它們的目標似乎也在不斷變動。乍看之下,富士康高層最初可能是因為關稅問題而開始有動作,加上想跟川普總統拉近私人關係才動了心。這種策略在中國可是幫了他們不少忙。2017 年初,LCD 產業的經濟前景看起來遠比一兩年後要吸引人許多,也許富士康當時真的看見了商機,想在高解析度面板的新興市場中搶得主導權,在中國與美國同步建立生產基地。但我聽過最貼切的解釋,還是出自哈佛大學的史兆威。他說,美國企業領導人像是會為度假行程規劃到每分每秒的旅客;中國企業領導人則像是隨性上路的旅人,開車就走,沿途看到有趣的機會就順道看看。富士康的團隊或許根本不拘泥 LCD 面板的細節,而是樂於掌握幾十億美元的補貼、免費土地,還有幾乎取之不盡的淡水資源。這種企業策略上的差異,可能也只是威州談判團隊對文化差異認識貧乏的一個縮影。談判團隊由幾乎毫無私人企業經驗的州長沃克主導,更不用說國際或亞洲市場的實務知識了。在他身後的兩位主要行政主管,分別是來自 WEDC、背景是國內銀行業的霍根,以及州行政部門大半職涯都在公共事業與公用事業監管領域的史考特・奈澤爾

（Scott Neitzel）。整個團隊裡，沒有半個人有和亞洲大型企業或中國商場文化打交道的經驗，談判的當下，他們也沒找任何有相關經驗的人來幫忙。

其實，不用念哈佛也可以理解這一點。[1] 哈佛法學院的「談判計劃」（Program on Negotiation）就曾建議：「請一位來自對方文化的顧問加入談判團隊。」這句話點出了一個關鍵問題：坐在談判桌這一側的，是幾乎毫無國際經驗的威州政府官員；而對面坐著的，則是一群老謀深算的富士康高階主管——不但熟悉國際市場，還與主要美國業務夥伴 Apple 保持十年以上的合作與往來。這些富士康高層多數在美國受過教育，也都能講流利的英語。

相較之下，沃克的談判團隊幾乎沒有考慮到文化差異這個問題，更不可能理解中國對「契約」的看法與美國截然不同。舉例來說，在中國，如果簽約後，經濟情勢發生了變化，雙方將預期會重新談判合約條款。對此有豐富亞洲經驗的美國商人德布‧魏登哈默爾（Deb Weidenhamer）也表示，在中國，合約通常只是談判的起點。她還指出，對於典型的中國商人來說，「雙贏」根本不可能。他們相信，「談判只能有一個贏家與一個輸家，而外國人不夠聰明，也不夠能幹，是很容易下手的目標。」[2]

這種文化差異的影響或許是雙向的。郭台銘對美國變幻莫測的政治環境也沒什麼經驗。沃克和萊恩在 2018 年 6 月開工典禮時還在場，但到了 2019 年 1 月，他倆就雙雙退出政壇，這可能讓郭台銘和企業高層感到不安，也很可能是富士康縮減資本承諾的原因之

一。與此同時，郭台銘顯然非常看重他跟川普總統的關係。他的公司直接受到川普關稅政策的影響，而美國這個案子成了爭取關鍵產品（如智慧型手機）豁免關稅的籌碼，在美國組裝產品也可能是規避關稅的手段。因此，從 2019 年開始，富士康對美國投資的態度愈來愈搖擺不定，也有可能是他們還在觀望川普是否能連任。

從一開始，熟悉亞洲製造業與面板產業的業界專家就對富士康在美國從事 LCD 製造的可行性抱持懷疑。他們預見的問題包括：缺乏所需的在地供應鏈、相對高的建廠成本以及較高的工資水準。此外，他們也迅速提出警告，指出富士康一向有「雷聲大雨點小」的歷史。然而，威斯康辛州的談判團隊從未諮詢過具備這類觀點的專家。WEDC 的霍根事後解釋，團隊並不認為有必要對富士康的過往做盡職調查，反而選擇相信自己對對方「人格特質」的主觀判斷——又一個以信仰取代事實的例子。[3]

沃克的團隊同樣似乎也未意識到，爭取大型開發案所涉及的競標機制潛藏著哪些風險。這種風險在「拍賣官同時也是賣家」的情況下更是嚴重，就如同富士康案發生的那樣。參與競標的各州雖然迫切想知道競爭對手的出價細節，但對於富士康與安永而言，保密才符合自身利益，因此各州只能仰賴賣方提供資訊。這不僅讓整個競標變成資訊極度不對等的賭局，連專案本身的關鍵資訊也是相當模糊：富士康是否真的打算興建一座 10.5 代面板廠？還是從頭到尾它們其實只打算蓋一座 6.0 代面板廠，甚至規模更小的廠？這些問題的答案，我們或許永遠不會知道，而當初各州投標時，也根本

無從得知。

在競標階段,威斯康辛本來可以從一些額外的談判支援中受益,比如找個研究過拍賣心理學的顧問,整件事或許會有不同的走向。有這樣背景的人能指出,拍賣往往由最嚴重高估標的價值的投標者得標,這種狀況甚至有個學術名稱叫「贏家的詛咒」,在研究中屢屢驗證。史丹佛大學教授保羅・米格羅姆(Paul Milgrom)就曾指出:「就算是在熟悉領域工作的估價師,如果不懂競爭性出價的細微之處,也可能會賠錢。」[4] 那麼,一群對製造業一知半解的門外漢競標一間他們只略知皮毛的面板廠,甚至做出承諾時,又會怎麼樣呢?

如果威斯康辛州的專業團隊有自我精進、了解情況,或熟悉亞洲商業文化、拍賣心理學,有平面液晶面板產業競爭現實方面的專家支援,那麼當富士康開始「搬走他們的乳酪」時,他們本應有所準備,但他們沒有。

富士康計劃以及其他高成本開發案的背後,潛藏著一個根本問題:地方政府該如何挑對產業與企業,才能為在地的社會、經濟帶來長遠的效益?但與風險分散的創投策略不同,各州與各地方政府往往把賭注壓在少數幾個大型經濟開發案上。舉例來說,許多城市會砸下鉅額資源蓋一座龐大的會議中心或體育場,期待它不僅能帶來經濟成長,更能重振那些被去工業化摧殘、後來又因白領人口外移至新興「邊緣城市」而日漸蕭條的市中心。但要是預期的效果沒出現,他們往往只會再加碼,投資更多商務飯店──這類飯店之所

以無法吸引私人資金興建,是因為市場很清楚,那是「把錢丟到水裡」。這樣的劇本並不陌生:當地的職業球隊老闆通常是城裡最富有的一群人,他們會跳出來威脅說要是不蓋新球場,他們就要把隊伍撤離。這種威脅背後的動力其實是害怕政治上的反彈,因為如果球隊真的走了,選民可能會怪罪當地政府沒留住球隊,導致選票流失。但表面上,他們不會直接說這是政治考量,而是用經濟理由來包裝這筆花費,並宣稱這是城市復興不可或缺的一環。即便一座城市財政窘困,學校、道路、社會福利服務的資金短缺,政府還是會設法籌出蓋球場的經費。密爾瓦基就是一例。1996 年,這座城市無視本身深層的社會問題,開始向居民課稅,替 MLB 密爾瓦基釀酒人隊(Milwaukee Brewers)新球場籌措建設資金。到了 2020 年,當地透過極具累退性的區域營業稅收集了高達 6 億 5 千萬美元的球場補貼,連拉辛這樣困頓的地區也被迫分攤。[5]

NBA 職業球隊密爾瓦基公鹿隊(Milwaukee Bucks)市值超過 15 億美元,卻樂於接受由州政府提供的 2 億 5 千萬美元公帑補助,來興建新球場,這筆錢來自沃克州長 2015 年簽署的一項法案。[6] 巧的是,同年沃克大砍威斯康辛大學麥迪遜分校 25 億美元的預算,引發該校陷入危機、師資大量出走,而這所大學一直是全美相當受推崇的公立學府。[7] 這並不是單一事件,其他共和黨籍州長與州議會也在北卡羅來納州、路易斯安那州、密西西比州與愛荷華州刪過類似的高等教育預算。[8] 至於獲得這筆鉅額補助的公鹿隊,其實是由一群對沖基金經理人所有,包括身價估計達 20 億美元的傑米.

迪南（Jamie Dinan）。⁹

許多像威州富士康案這樣的企業補貼常被包裝為「投資」或「實支實付」的模式，但實際上，那是場龐大的豪賭。如果富士康當初真能達成開發目標，那麼威州納稅人每年將會先預付數億美元的現金補貼給這家亞洲公司，寄望日後能透過對富士康數千名新聘員工課徵的所得稅回本。問題是，這筆帳從一開始就兜不起來，但支持者絲毫不為所動，某種程度上，這不只是富士康的事，而是關乎「威谷」的願景，一個嶄新時代的黎明。然而，這樣的想像也顯得老套至極。曾擔任國務卿希拉蕊·柯林頓（Hillary Clinton）創新資深顧問的亞歷克·羅斯（Alec Ross）是位忙碌的「空中飛人」，擁有豐富的全球經驗，他表示：「如果要我說一句我在每個國家都聽過的話，那就是：『我們想打造自己的矽谷。』」¹⁰

電腦服務公司網景通訊（Netscape）創辦人暨創投家馬克·安德里森（Marc Andreesen）見過太多次這樣的場景，某座城市或州政府蓋了一座又大又美的產業園區，基礎建設一應俱全，還搭配大學資源來促進研發，甚至設法引進一家「龍頭企業」，就像購物中心拉攏主力零售商一樣。然而，他說：「這種打造創新聚落的方式，其實從來沒有真正奏效過。」¹¹ 有些人甚至把政府主導的這類努力斥為「現代版蛇油」（注：十九世紀，美國常有人兜售聲稱能治百病的靈藥，實際上根本沒有效用，也沒有科學依據。後來衍生為虛假、詐欺的產品或療法），看似靈丹妙藥，實則徒勞無功。儘管如此，政策制定者仍不斷尋找下一座「矽谷」，因為科技創新與經濟成長、

第 13 章　點石成空術：當政府自封經濟預言家

社會機會確實習習相關。過去這些模仿聚落之所以失敗，原因雖多，但最關鍵的因素在於：光靠政府的力量，根本無法吸引人潮。

卡內基美隆大學（Carnegie Mellon University）矽谷分校的工程教授維克・華德瓦（Vivek Wadhwa）也有同樣的看法：「這些創新聚落的打造公式總是一個樣，美國乃至全球大多數自上而下推動的聚落發展計劃，最後都默默消亡。」[12] 他指出，當初召開記者會、宣稱自己推動了科學與科技進步的政治人物早已離場，顧問公司收了高額報酬，地產大亨賺得盆滿缽滿，只有納稅人留下來買單。

經濟學家提摩西・布雷斯納罕（Timothy Bresnahan，史丹佛大學）、阿方索・剛巴德拉（Alfonso Gambardella，義大利米蘭博科尼大學）與安娜莉・薩克瑟尼安（AnnaLee Saxenian，加州大學柏克萊分校）花了兩年研究科技聚落的起源。[13] 他們寫道：「案例研究清楚顯示，政府試圖透過強勢的公共政策來快速啟動科技聚落，或者用自上而下、硬性規定的方式去組織聚落，是很不明智的做法。直接從上頭下達的政策十之八九都會搞砸。那些針對層層細節，像是挑選特定的產業或技術來補貼的政策，更是令人憂心。」

最終，威斯康辛的政治人物完全符合那種對企業需求俯首稱臣的典型，因為他們相信，唯有如此才能贏得足以改變整個州的大案子。也就是說，提供免費土地、補貼電力基礎建設、讓企業能無限制使用密西根湖的水資源，甚至連那些環保人士視若珍寶、但既繁瑣又耗時的環境影響評估也一併剔除。政客對政治利益的期待以及對商業榮景的夢想，不只讓他們願意在特定產業或企業上押下過大

的賭注,還讓他們甘願承擔遠超過財務範疇的風險。而這些決策最終將影響我們呼吸的空氣,以及我們飲用的水。

14 風兒似乎把
不祥之物帶進城了
An ill Wind Blows

　　蘋果谷（Apple Holler）是一座占地 80 英畝的自助採摘果園，位於威州斯特爾特文特（Sturtevant）的 94 號州際公路旁。這個地區大致上還是鄉村地貌，與芒特普萊森特比鄰而居。雖然離拉辛和基諾沙只有短短的車程，但每到秋天，大多數的遊客卻是從芝加哥一帶專程前來一日遊的民眾。我在 2017 年秋天造訪時，校車沿著碎石子車道一字排開，六、七歲的小朋友排著隊，手裡抓著裝滿新鮮蘋果的塑膠袋。幾個看起來有點恐怖的萬聖節稻草人倚在廢棄的紅色皮卡車上；白色尖樁籬笆和一排排南瓜讓這片農場理想化的形象更加強烈。付費入園的遊客還可以參觀小型動物園。主要建築物的入口旁，有一間翻新紅色穀倉改建而成的餐廳與烘焙坊，門口立著一塊標語，寫著「請放心深呼吸。這片果園裡的樹正吸收充滿二氧化碳的空氣，並釋放出新鮮氧氣」。

　　從停車場放眼望去，我可以直接看到公路對面，也就是蘋果谷的新鄰居：富士康開發案「第一期」的最西側。

我和蘋果谷售票櫃檯的員工聊了幾句。蓋兒‧納普（Gail Knapp）已經在這裡工作九年了，住在拉辛一帶。她對富士康開發案的看法，是我在當地一再聽到的版本：「我們都討厭這個案子，尤其是這附近的居民。所有原本雙線的鄉間小路都要拓寬成四線道。稅金會漲，可是我們至少二十年看不到任何好處。而二十年後，科技可能早就完全不一樣了。她們搞不好早就走人了。這對蘋果谷來說會是一場災難，而對我這種人更是一點幫助也沒有。」

蘋果谷的經營者戴夫‧弗蘭納里（Dave Flannery）經營這片果園已有三十年，顯然深愛這份事業。他走向我時，一手伸出來握手，另一手則遞來一杯新鮮現榨、上層還泛著泡沫的蘋果酒。就像多數威斯康辛的農夫一樣，他年紀大到可以當祖父，臉上的風霜刻痕顯示他大半輩子都在戶外勞動。他跟我說，富士康計劃就像「一列火車衝著鐵道開過來」。我感受到弗蘭納里在自身政治立場與當選官員可能帶來的損害之間的矛盾。他表示：「我支持企業發展，長遠來看，這對威斯康辛和北伊利諾應該是件好事。當然，建設期間會有陣痛期。但人變多、工作變多，對我們總是有好處的。」

我問弗蘭納里，如果農場被籠罩在一座巨大工業區的陰影底下，民眾是否還會從芝加哥開車來體驗農村樂？他彷彿被擊中似的，似乎第一次被迫去想像這樣的未來。「這是個好問題。」他說：「這真是個好問題。」

我喝了一口杯中仍泛著泡沫的蘋果酒。弗蘭納里問我喜不喜歡，會不會太苦。我告訴他，這酒甜得像汽水，滑順得像奶昔。他

聽了笑容滿面，流露出自豪的神色。

他指向富士康開發案的方向，說道：「我有個鄰居被迫賣地，他家都傳到第三代了。這就是最糟的部分，對他來說，這不只是錢的問題。對我而言也是，我一點也不想賣掉這塊地。我很喜歡我現在做的事。我喜歡和我家的狗一起在果園裡走來走去，春天看蘋果花盛開，夏天去查看果實的生長狀況。」我問他會不會擔心工業設施離那麼近，會對環境造成影響。他只回道：「我相信州政府的相關單位都有盡責審查。」

2019年，非營利、無黨派的環保組織「環境正義計劃」（Environmental Integrity Project）針對美國各州的汙染防治預算做了十年回顧，結果顯示全國的預算中，威斯康辛州削減的幅度最大，2008年至2018年間減少了36％，而大砍預算正好是在2017與2018年發生，也就是富士康動工之際。[1] 這與保守派共和黨一貫主張「減少繁文縟節」的政策一致，也是沃克自2010年當選以來推動的「歡迎企業往來」議程。更雪上加霜的是，當時在川普的主政下，美國環保署的預算與人力也被砍，並宣稱責任將交由各州接手處理。與此形成鮮明對比的是，同一時期，加州的環保預算不但沒有刪減，反而還增加了74％。威斯康辛政府卻以聯邦政府會監督為由，取消了原本針對富士康開發案所需的環境影響評估報告。

當時的環保署署長是以扶植產業著稱的史考特・普魯特（Scott Pruitt），在他的主政下，環保署也準備介入富士康計劃，協助削減更多「繁文縟節」。這一次，焦點是空氣汙染問題。環保署特別頒

布了一項豁免令,富士康不必投入數百萬美元興建煙囪汙染控制設施,就能順利啟動營運,儘管該區的空氣品質本就堪慮。普魯特推翻了環保署內部科學家的建議,這在川普政府下並不罕見。一位環保署的科學家曾寫信給同事,表示自己完全無法看出這個決定哪裡有「可靠的技術依據」,甚至不知該如何撰寫此裁定的正當性說明,她說:「我至今仍無法相信這是真的。」[2] 2019年5月,在環保團體施壓與受影響城市的行動下,環保署暫緩決定,表示需要更多時間釐清裁定內容。到了年底,環保署乾脆重新認定當地的空氣品質為「合格」,解決了這項爭議,等於正式確認富士康不必設置昂貴的汙染控制設備。[3]

威斯康辛州與富士康簽訂的協議中,最具爭議的一項內容,莫過於拉辛水務局批准調度大量密西根湖的水資源到富士康廠區。密西根湖屬於北美五大湖水系,擁有全球最大的優質淡水儲量,其價值隨著全球河流與湖泊持續退化而不斷攀升。五大湖水資源的管理權屬於由美國多個州與加拿大部分省分共同簽署的《五大湖協定》(*Great Lakes Compact*),當中的核心原則,就是限制水資源離開五大湖流域的流動。然而,富士康園區所在土地僅有部分位於五大湖流域之內,橫跨五大湖流域與密西西比河流域的分水嶺。因此,無論用途為何,依照協定,水資源調度本應特別嚴格規範。

《五大湖協定》為湖邊的社區制定了取水額度。過去幾十年,拉辛的配額一直沒能充分利用,因為當地最大的工業客戶逐漸萎縮或搬離,使得拉辛有餘力每天向富士康輸送數百萬加侖的水。拉辛

態度頗為輕率地向自然資源部申請擴大供水範圍，把富士康廠區納入其中，而自然資源部幾乎不加審查、隨隨便便就蓋章批准了請求，理由是富士康將會處理使用過的水，並將其中約一半的水量回流至密西根湖水系。環保人士擔心，威斯康辛州這種魯莽的做法實際上會打破協議，讓五大湖面臨激進且毫無節制的開發壓力。

即使富士康對超級工廠計劃開始猶豫不決，當地政府依然繼續建造價值數百萬美元、直徑四十二英寸的巨型水管，這條水管能輸送的水量遠遠超過富士康曾經預估的需求。當地人似乎是這麼想的：如果富士康用不上這些水，芒特普萊森特和拉辛郡肯定能吸引其他企業入駐，這些企業看中的是免費或廉價的土地，以及頂級的淡水資源。

那天下午，拜訪完佛蘭納里，我的後車廂放著半袋蘋果谷的蘋果，接到了一通羅恩・多奇（Ron Doetch）打來的電話。他是伊利諾州農業環境影響顧問公司「土地解決方案」（Solutions in the Land）的創始人。他對拉辛地區非常熟悉，因為他曾在威州擔任非營利組織「麥可・菲爾茲農業研究所」（Michael Fields Agricultural Institute）的負責人多年，致力推廣永續農業。我提到自己剛參觀了蘋果谷果園，並談到這可能對弗蘭納里經營的農場造成的影響，包括果園內部自設的灌溉水井。

多奇表示：「問題不是富士康的運作會不會影響蘋果谷，而是什麼時候會影響。」他的評估基於富士康當時所承諾的規模龐大工業開發計劃。「一旦它們開始生產，就會把重金屬排放到流域

中。」⁴ 雖然多奇的悲觀預測後來因為富士康逐步縮減商業計劃而有所緩解，但這些預測依然有兩大重要意義。首先，它揭露了州政府和地方政府官員為了創造就業機會和相關政治利益，願意犧牲什麼。其次，只要這片廣闊區域在積極的環境豁免保護傘下被劃為工業開發區，環境威脅就依然存在。

初步估計顯示，富士康的用水量大約等於整個拉辛市每天從密西根湖取水的總量，約一千七百萬加侖。「很多人不明白為什麼這個計劃需要這麼多水。」多奇繼續說道：「這不單是為了清洗玻璃，而是要把重金屬汙染物稀釋到目前法規允許的 ppm 限度內。」但這種做法對減輕汙染物的影響毫無幫助。⁵ 這種汙染「解決方案」需要兩個條件：幾乎無限量的高品質水源，以及一個毫不在乎道德、願意用這種方式稀釋危險汙染物的企業。

密西根大學的重金屬專家彼得・艾德瑞安斯（Peter Adriaens）列舉了 LCD 製程中會用到的重金屬，包括銅、汞、鎘和鉻。他在 2017 年受訪時曾表示：「在製造過程中，外洩其實相當常見。」他指出，要從大量的水中移除重金屬相當困難，「一旦進入環境，重金屬就會生物累積，根本除不掉。」他也批評美國當局為富士康放寬環保法規的舉措「非常極端」，遠遠超出美國工業標準的寬容程度。⁶ 早在 2013 年，《華爾街日報》（*Wall Street Journal*）就曾報導，中國監管單位正在調查富士康涉嫌大量排放重金屬汙染物至中國水道一事。⁷ 艾德瑞安斯也提到中國富士康廠房附近河川的嚴重汙染情況。雖然由於種種因素，難以直接證明汙染源頭，「但兩者

的關聯性極高」。[8]

「蘋果谷會在工廠開始運轉後幾個月內,著手把重金屬灌進自家土地。」多奇繼續說,並描繪出一幅富士康支持者早已甘願接受的未來藍圖。「首先會出現的,就是作物的健康問題。工廠排放的重金屬會滲入地下水,蘋果谷抽水灌溉,把水灑在自家果園上,而土壤就會變成過濾汙染物的最後一道防線。接著就是產量下降,因為果樹會開始受損。第三階段則是更嚴重的後果:吃進這些蘋果的人,將面臨健康風險。」

如果富士康真的建了一座大型 LCD 製造廠,蘋果谷會怎麼樣呢?多奇認為,它的命運會和其他毗鄰的土地差不多:「他最後將不得不把土地賣掉,拿來蓋低收入住宅,也就是那塊地唯一合適的用途。這種情況的發展方式就是,富士康會吸引大量領最低工資的工人,其中很可能包括不少無證移工,而這些工人最終會把家人也帶過來。」這些家庭買不起郊區的住宅,市場需求會導入適合他們經濟能力的住家。

多奇預見的不是一群帶動地方繁榮的中產階級製造業工人,而是一大票領著低薪的富士康組裝工人,他們的生活將因符合資格而由州政府補貼國宅和糧食,這對富士康來說,無疑是另一種形式的企業福利。

多奇說:「最讓我難過的是,州政府完全無視威斯康辛農業的未來。威州擁有潔淨的土壤與水源,本有機會成為全美有機農業的領頭羊,這是一個獲利可觀又永續的產業。結果他們卻選擇把未來

押在富士康身上。照這樣發展下去，不僅至少 5,000 英畝的農地會報廢，威州的聲譽也會受損。更可惜的是，這些地不是拿來種玉米或大豆的，而是高產量、品質優良的蔬菜，能直接有效供應密爾瓦基與芝加哥市場的青花菜、花椰菜和萵苣。」

多奇會怎麼看十年後的拉辛？民眾會問：「我們當初怎麼會讓這種事發生？」

富士康的支持者與當地政客對於犧牲在地農民和土地所有權人的態度，似乎毫不留情，對於整個社區造成嚴重影響的環境議題，也幾乎不以為意。即便富士康後來的計劃一再縮水，暫時降低了對環境衝擊的直接憂慮，但這片龐大工業用地的分區方式，仍讓潛在的環境災難陰影揮之不去。

也許富士康最終選擇離開威州、避免履行合約責任，但富士康也有可能繼續留在當地，只是規模會遠小於當初承諾的投資。不過根據與芒特普萊森特與拉辛郡簽訂的合約，富士康仍得為大規模的資產繳納房地產稅。為了減輕這筆稅賦，富士康或許會善用其 1,000 英畝的優質土地，加上完善道路、來自密西根湖的潔淨水源，還有超過 1 億美元的電力基礎設施，邀請其他亞洲合作夥伴進駐園區。這樣一來，這些企業也能避開其他地區必須面對的法規限制，例如煙囪排放管制與環評程序，而這正是當年州長沃克口中該砍除的「繁文縟節」。根據富士康呈給威州自然資源部的文件，原先的工廠計劃將成為區域內前幾大空氣汙染源，排放的氣體正是造成霧霾的主要成分。[9] 至今，芒特普萊森特與拉辛郡的地方高層仍對

這座農舍已清空、總面積達 3,900 英畝的高科技產業園區懷抱遠大的願景，然而，他們未必準備好迎接富士康接下來真正帶來的未來。

放眼全球，中國的工業園區往往是嚴重的汙染源，許多地區的空氣與水質狀況已達災難等級。正如非營利組織「博根計劃」（The Borgen Project）的結論：「中國的水資源短缺和水汙染問題相當嚴重，世界銀行因此警告，這將對未來幾代人帶來『災難性後果』。中國有一半的人口將無法取得安全的飲用水。」[10] 威斯康辛政府對富士康的環保要求網開一面，形同為這家主要在中國營運的公司打開大門，讓它在北美落腳，打造對汙染產業最具吸引力的基地，也為其供應商鋪路。[11] 芒特普萊森特未來的景色可能將從農田變成煙囪林立的工廠，這種未來的想像，恐怕也只有那一小部分直接受惠於數億美元地方建設資金的商人、包商與富裕專業人士樂見。

未來之路

查爾斯・海德（Charles Heide）的祖父和其他數千人一樣，在 1920 年代來到威斯康辛東南部從事汽車製造業。他從基諾沙奈許汽車廠（Nash Motors）的組裝線工人做起，一步步晉升為生產主管。靠著這份成就，他得以在拉辛和基諾沙之間的鄉間買下一小塊土地、蓋了房子，經營起孫子口中的「紳士農場」。如今，海德已進入人生的第二階段，成為家族土地的守護者。為此，他致力保護當地殘存的原生草原，並建立一個永續的農業模式，試圖擺脫中西

部工業化農業的傳統框架。

隨著這片區域的發展、城市不斷擴張，海德的母親開始鼓勵丈夫買下周圍的土地，控制家族土地周邊的開發。最終，家族的土地擴增到約 380 英畝，其中大部分沿著派克河（Pike River）分布——這條河的源頭位於富士康的土地內，最終流入基諾沙北側的密西根湖。

2017 年 10 月 11 日，海德從家裡出發，開車十五分鐘前往芒特普萊森特市鎮廳參加公開說明會，我也在現場。他離開時滿心失望。他原本希望能了解富士康的生產預測、水資源的使用、處理方式以及開發時間表，結果卻只看到穆勒傳播的公關團隊展示一張張圖表，標示富士康收購的土地地圖，配上對融資模式的籠統解釋。

長期捐款給共和黨的海德補充說道：「我來自製造業家庭，也支持企業發展。」「大家都希望看到好的就業機會和發展，這對社區穩定有幫助。如今我們正處於關鍵時刻，手上還有足夠的籌碼，可以要求富士康對我們的水道和含水層是否受到汙染負起完全的責任，無論是蓄意還是疏忽。大家都知道 LCD 製程會產生高度危險的重金屬副產品，但我到現在還沒看到有誰正面回應這個議題。我家就在下游，我想要確保，我們的地下水和這一帶數百口私人水井不會被工地廢水、重金屬汙染或其他富士康產品的副產品破壞。」[12]

2017 年秋，威州政府通過富士康專案立法的當下，便放棄了這塊 3,900 英畝土地上的濕地管轄權。沃克的團隊保證，這麼做只是為了避免重複審查，因為美國陸軍工兵團也負責監管濕地。然而，

就在法案通過並簽署成法後幾個月，陸軍工兵團卻發布聲明表示，他們對這個開發案並無管轄權，也不會做任何濕地影響評估。[13]

「我只是覺得，整個流程都被這龐大的規模和數以百萬計的利益給繞過了。」海德表示：「如果我們把富士康或其他產業發展引導到汽車業或其他產業遺棄的土地，那我會為這筆交易喝采。但現在看來，我們是把廉價農地和免費水資源送給富士康，我猜他們肯定樂壞了。」

推動這些環境政策的不是科學，而是信仰。沃克曾表示，他所有決策的背後都蘊含福音派的基督信仰。值得注意的是，福音派有項基本教義是：地球是神賜予人類的禮物，而神的監督會阻止人類對環境造成永久傷害。沃克競選第一任州長時就曾批評即將卸任的民主黨州長吉姆・道爾（Jim Doyle），指控他太過倚賴那些「不再被信任的科學家」，也就是推動全球暖化論的學者，因而錯失了發展經濟的機會。[14] 此外，沃克對科學的態度在 2015 年出訪倫敦時表露無遺，當時有人問他是否相信演化論，他回答：「我得先跳過這題。」[15] 沃克對環境與其他科學議題的「信仰派」立場，對他這個相信商業擴張是政治進步關鍵的人來說，顯得格外方便。而這種信念，也正是芒特普萊森特熱情支持富士康計劃的關鍵因素。

2018 年末，在熱門 Podcast 節目《Reply All》中，主持人斯魯蒂・皮納馬尼尼（Sruthi Pinnamaneni）訪問了芒特普萊森特鎮長德格魯特。德格魯特先是照本宣科，列出他支持富士康計劃的理由，接著，皮納馬尼尼拋出一個概念：在所謂的「信仰型開發案」中，

推動者不太會在意數字是否合理,而是深信這些計劃會帶來無法量化的正面效益。[16]

德格魯特沉吟片刻便表示認同:「我從沒看過悲觀主義幫任何人創造半個工作機會。而且某種程度來說,這確實是一種信念。你要推動的不只是一座小鎮,還有整個社區;要往前邁進,一切都得從相信『這有可能』開始。」[17]

15 從地方發跡的貪婪
Chapter　All Politics are Local

2017 年春，一個外觀簡陋的新網站悄悄上線，名稱看起來人畜無害，叫做「攜手打造更美好的芒特普萊森特」(Let's Make a Better Mount Pleasant)。網站背景是一張看似無關的奇怪庫存照片：芝加哥街頭的熱鬧景象。第一篇貼文發表於 5 月 11 日，也就是與茶黨有關或支持茶黨立場的鎮委會成員奪下芒特普萊森特治理權的一個月後。文章宣稱，網站的宗旨是「提供資訊給那些對一小群有特定立場的激進分子所帶來的各種問題感到厭倦的鎮民」。

但沒多久，這個網站的使命和焦點就縮小到只針對所謂「激進分子」本身。網站內容幾乎完全聚焦在前一屆鎮委會的多數派成員身上，尤其是某位經營 Facebook 粉絲專頁「打造更美好的芒特普萊森特」(A Better Mt. Pleasant) 的居民，這個粉專似乎就是該網站名稱的靈感來源。

那個 Facebook 粉絲專頁會定期發布芒特普萊森特和鎮委會動態的相關新聞，宗旨是「推動一個公平、負責且誠實的芒特普萊森特地方政府」。[1] 粉專大約有一千七百名追蹤者，每個月還有數千名不重複的瀏覽者，在一個選舉常常由幾百票決定勝負的小鎮裡，

這個數字相當可觀。

我們可以從 2019 年 11 月的一篇貼文清楚感受到前述網站的基調，貼文回應了《拉辛時報》的一篇社論，社論建議，應對拉辛花費 2,300 萬美元建造新游泳池的提案舉行公投。Facebook 粉專則回應道：「你在開玩笑嗎？當拉辛在閉門會議中制定計劃，借貸近 10 億美元、驅逐居民、讓土地『窳陋』並購買 3,000 英畝的土地，接著轉交給一家外國私人公司，這筆交易最初還是在餐巾紙背後談成的時候，《拉辛時報》的編輯委員史蒂夫・洛夫喬伊（Steve Lovejoy）和史蒂芬妮・瓊斯（Stephanie Jones）人在哪裡？哦，我們忘了，馬克・路易斯（Mark Lewis）也在後頭那間房裡。真好笑，他們當時怎麼沒提要辦公投來決定這種事呢？」[2]

在成立的頭幾個月裡，新網站的討論焦點從「誰該出錢擴建汙水管線」這種雞毛蒜皮的爭論，以及鎮委會空缺席次的僵局，逐漸演變成針對 Facebook 粉絲專頁創辦人凱莉・蓋勒赫（Kelly Gallaher）的人身攻擊。蓋勒赫自稱進步派民主黨人，是一位畫家，從前是藝術教育者，布萊德利大學畢業。新網站則以「白痴」、「魯蛇」、「爬代」、「滿口髒話」和「共產主義激進分子」等字眼輪番羞辱她和她的丈夫。

我第一次見到蓋勒赫是在 2017 年 10 月 11 日、富士康首次向當地居民介紹開發計劃的那場鎮公所說明會上。我們坐在一起，我聽她講了二十分鐘。她坦承自己當時對富士康協議的細節還了解不多，無法下定論。她也說，德格魯特那幫人早就認定她會反對，但

她真正感到痛心的，是整個決策過程。德格魯特當初競選鎮長時，喊的是「透明化施政」，結果他決定將 6.2 平方英里的小鎮土地讓渡給一家外國公司，裡面不只包含了世代經營的農場，還有大約七十五戶的私人住宅，而這一切都是在閉門會議中決定的。

蓋瑞‧費斯特（Gary Feest）是另一位被網站攻擊的對象，我訪問他時，他對整件事的態度出奇地平靜。費斯特一輩子都住在拉辛郡，年輕時曾短暫上過大學，後來成為一名木工。他最初踏入地方政治，是因為有一座廢棄物處理場計劃設在他家附近。與芒特普萊森特鎮委會互動的過程中他發現，這個委員會彷彿成了「老男孩俱樂部」，由一群背景與利益相近的人把持。他告訴我：「我覺得私相授受的情況司空見慣。」總是同樣的包商得標，出價較低的公司則被認定為「不合格」。2010 年，費斯特第一次加入鎮委會，並持續任職十年。他推動了一項改革：在正式招標前預先審核承包商資格，避免偏袒特定廠商。但他認為自己最大的貢獻，是讓鎮委會的行政團隊更加專業化，最具代表性的成果是聘了一位全職的行政主管。他相信，這麼做能在鎮委會的私利或偏見與小鎮的決策之間，建立一道防線。費斯特是唯一一位投票反對將富士康預定地的 3,900 英畝土地劃為「窳陋地區」的鎮委，原因很簡單：「因為那根本不是什麼窳陋地區。」

網站上線後的幾個月內，整個調性變得更加惡劣。網站內容顯然對小鎮的政治運作十分熟悉，卻一路走向更低俗的攻擊，不僅出現性暗示、恐嚇與騷擾，甚至詭異地記錄蓋勒赫在餐廳吃了什麼、

去了哪裡，還把她的住家地址公布出來，謊稱那裡將舉辦一場虛構的公開會議。儘管蓋勒赫極力調查，她始終無法確認這個網站的真正擁有者是誰。

但種種間接證據都指向同一個方向。2017年5月20日，芒特普萊森特鎮委會成員、德格魯特的支持者安娜・瑪麗・克勞森（Anna Marie Clausen）在自己的Facebook帳號上貼出這個新網站的連結，並推薦大家去看看，「好掌握芒特普萊森特的最新動態」。有人在留言中詢問網站由誰負責，克勞森回道：「我不確定具體是誰」，但「是德格魯特陣營的人」。該網站持續發布攻擊性內容，直到2018年12月。雖然網頁負責人從未公開露面，但種種線索最終還是讓蓋勒赫決定採取正式行動。

《Reply All》播出關於富士康的那集Podcast後，某位精通科技的聽眾決定深入挖掘那個極盡批評蓋勒赫的網站，看看是否能找到什麼蛛絲馬跡。他果然發現了一些線索，蓋勒赫隨後也將這些內容納入她對鎮委會的正式投訴中，並公開指出：「在數百筆網站錯誤記錄中，『fchief1951』這個使用者名稱反覆出現。然而，南岸消防局局長羅伯特・斯特德曼（Robert Stedman）在Yahoo!、Flickr和WordPress上的帳號都是『fchief』，而他1951年出生。我相信他在創建網站時用了自己熟悉的帳號名稱，以為除了他自己沒人會看見。」[3] 斯特德曼否認與該網站有關。鎮公所聘請的獨立調查員在2019年11月裁定他沒有違法，理由是他消防隊長的身分並未違反任何法規。最終，這個對蓋勒赫進行惡意、低俗且針對性攻擊的網

站於2020年下架。

網站上所有的攻擊性言論從何而來？企業界有個普遍共識：企業文化是由上而下塑造的。而在小小的芒特普萊森特，政治上似乎也是如此。保守派談話電台和福斯新聞（Fox News）不斷發出攻擊性言論，為2016年總統大選開啟了新的分裂和人身攻擊的層次。川普利用種族與經濟斷層操弄美國社會，他在造勢大會和推特中對官員起侮辱性極強的綽號、發表羞辱性言論，這些手段其實比任何政策都更根本地構成了他的競選策略與執政風格。

芒特普萊森特政治兩極分化的情況日益加劇，這一點與美國其他地區並無不同。雖然鎮委會候選人名義上不具政黨色彩，但各個派系的立場非常清楚。2013年是一個分水嶺，當時權力正從傳統保守的共和黨派系轉移到一組更具獨立思考的成員手中，隨著鎮長傑瑞·加斯基（Jerry Garski）當選，他和三位盟友取得了多數席次。當時面對的議題和之後富士康帶來的問題相比還不算嚴重，但兩派在治理風格上的差異已相當明顯。加斯基反對限制居民在鎮委會會議上發言的條例，也反對一項特別苛刻的下水道建設分攤費，因為那項工程實際上並未直接服務到部分居民，費用卻高到可能迫使他們出售房產。

但在川普執政期間，日復一日來自高層的鼓譟，似乎讓芒特普萊森特原本潛藏的社會緊張感浮上檯面。2017年地方選舉過後，當地茶黨派系重新掌權，並開始採取更具侵略性、更接近川普風格的作風。這樣的調性不只限於匿名網站上，2017年8月28日，富

士康的計劃正從宣布階段邁向實際行動，鎮委會會議吸引了比平常更多的民眾到場。宣誓完不怎麼振奮人心的效忠誓詞後，三分鐘的公眾發言時段開始。芒特普萊森特居民兼社區活動人士加德納站上講台，對著委員說：「我對富士康這件事最大的疑問就是，究竟誰會從中受益？我知道以前每次這種工作機會來臨時，像我這樣的人往往沒有機會參與建設、也拿不到工作。我今天看到一篇文章說，如果富士康來，我們的房地產稅會上漲。我已經繳了好幾千美元的地稅了，如果它們真的進來，我的稅會不會又要漲了？」

根據鎮委會會議的議事規則條例，在公眾發言時間，鎮委會成員與發言人的互動或回應有所限制。對局外人來說，這樣的情況可能顯得雙方的關係緊張，特別是居民在發言時間詢問委員，或是情緒激動、哀求委員會保住他們即將被徵收的家園時，卻得不到任何回應。

這場八月的會議打從一開始氣氛就相當緊張，尤其是民眾針對洛伊斯的聘用所提出的尖銳批評。發言人指出，這個職位沒有公開招聘資訊、沒有職務描述，也沒做過背景調查。有人提到，洛伊斯的主要資格似乎只有他的政治人脈，因為他是共和黨內部人士，在沃克執政期間曾當過薪水六位數的州政府員工，還是眾議院議長沃斯的熟人，而沃斯的父親曾與洛伊斯一同在伯靈頓市議會任職。還有人指出，洛伊斯的薪酬遠高於州長的薪水。

不管出於什麼原因，德格魯特還是忍不住開口了。他以一種像是在責備無禮學生的老師語氣說：「加德納先生，我建議你慎選閱

讀的內容，不要什麼都信……我可以向你保證，不論種族，鎮裡的每個人都會受到這項計劃的照顧。」⁴

接下來的對話，正好說明了為什麼在公眾發言期間，禁止鎮民與鎮委會成員互動是明智之舉⁵：

加德納：「好，那我可以……」
德格魯特：「夠了，先生。」
加德納：「我可以回應一下嗎？」
德格魯特：「不行，先生。」
加德納：「你剛剛回我話了。」
德格魯特：「不行，先生。」
加德納：「那我也該可以回你吧。」
德格魯特：「請你坐下。」
加德納：「你在跟誰說話啊，老兄？」
德格魯特：「在跟你說，先生。」
加德納：「你現在是這樣對納稅人說話就對了……」
德格魯特：「你想不想被宣布違反秩序？」
加德納：「但是我們不能回應你。」
德格魯特：「沒錯，先生。」
加德納：「這完全沒道理，根本沒道理。」
德格魯特：「請你坐下。」
加德納：「你到底在跟誰說話啊，老兄？」

德格魯特:「你現在違反秩序了。」

加德納:「你在跟誰說話?你又不是我爸,老兄。你到底在跟誰說話?」

德格魯特:「扎爾澤基(Zarzecki)局長,嗯,如果這位先生……」

加德納:「你應該要覺得自己很丟臉,老兄。你應該要覺得自己很丟臉。你就這樣坐在這裡,這樣跟我講話……」

德格魯特:「把這個人帶走。立刻把他帶走。」

加德納:「我自己走。你這懦夫,老兄。你就是個懦夫。你他X的就是個懦夫。」

德格魯特:「往前走。」

蓋勒赫多年來一直是鎮委會會議上最常發言的公民,對鎮裡大小事都緊盯不放,從提交委員會會議紀錄的截止日到消防局的加班情況纖悉無遺。她在 Facebook 粉專「打造更美好的芒特普萊森特」上的某些貼文也許特別惹人不快,例如她指出部分鎮委會成員經常一起吃早餐,包括鎮長和他的親密盟友南岸消防局局長斯特德曼,蓋勒赫認為這可能違反了公開會議法。正是這種鍥而不捨的監督行為,加上政治立場的分歧,鎮裡的氣氛始終緊繃,德格魯特更是火氣不小。這股怒氣終於在 2017 年 8 月 28 日那場鎮委會會議爆發。當蓋勒赫走向麥克風、準備發言三分鐘時,德格魯特搶在她開口之前先發制人:「蓋勒赫小姐,妳下次想在這個會議廳裡開口之前,

請先搞清楚在公開會議上應該有的舉止。我說的是妳上次在這裡發言完、轉身離開時，飆出不只一次《開頭的髒話，很多很多人都聽到了。」

當時仍留任、與德格魯特對立的鎮委會委員強‧漢森（Jon Hanson）立刻提出程序問題，試圖終止德格魯特的咆哮。他幾乎是大喊著懇求：「這是公眾發言時間，不是公開訓斥時間！」

德格魯特無視抗議，繼續說道：「在某些事情處理好之前，她不准發言。總之，這件事被我們的電台人員還有警察目睹了。」

另一名鎮委會委員費斯特也大聲喊出他的程序發言權：「夠了！」

德格魯特繼續說道：「蓋勒赫小姐，算妳走運，我沒聽到妳的失控發言，要是我聽到了，我會把妳轟出去，並以擾亂秩序的罪名罰妳錢或逮捕妳。在我聽到妳口頭道歉之前，妳不得再次在這個會議廳發言。我不接受口頭道歉，除非妳至少在會議前五天交給我一份書面道歉信，好讓我能查證妳的誠意，畢竟妳長期以來都有不誠實的紀錄。所以，回去坐好，或許未來我們能再聽到妳的發言。」

隨後，會議回到正常議程，鎮裡酸菜節的負責人開始報告相關事宜。

在接下來的鎮委會會議中，德格魯特以公開道歉當開場白，承認自己沒有展現出「我要求他人具備的文明態度」，不過他並不是向加德納或蓋勒赫個別道歉，而是對「芒特普萊森特的鎮民」致歉。會議接近尾聲時，費斯特提出一項出人意料的動議，要對德格

魯特在上次會議中的行為予以譴責。這雖然多半是象徵性的舉動，但他認為，這是當下能做出最合適的懲戒。不出費斯特所料，德格魯特打算參與表決並投下反對票，讓動議陷入僵局，不過費斯特事先安排了鎮裡的法律顧問到場，當場告知德格魯特他不得對自己的譴責案投票，最終動議順利通過。

鎮委會的委員任期為兩年，鎮長會在奇數年的四月重新選舉。要找到願意挑戰現任者的候選人一直是個難題。鎮長的年薪為13,263美元，而委員僅有6,574美元。2019年，德格魯特對《拉辛時報》表示：「過去幾年，不知道發生過多少次，居民走到我面前說：『你在芒特普萊森特當鎮長才賺12,000美元（他當時的薪水）？你瘋了。你應該輕鬆賺10萬美元才對。』這就是現實。這樣的話我不知道聽了多少遍，有這樣的評價我十分感激，也很高興大家能看到這個委員會和我作為鎮長所做工作的價值。但我告訴他們：『想都別想，這薪水永遠不可能漲到那個程度。』」[6]

與此同時，德格魯特在鎮公所的工作夥伴洛伊斯每個月從鎮裡的TIF資金領走24,000美元，而負責徵收土地的律師事務所也持續從同一筆豐厚的資金池中領取每年超過100萬美元的報酬。

16 蠱惑人心的 TIF
Chapter　The Trouble with TIF

　　一位朋友幫我牽線，我和愛荷華州東部小鎮戴爾斯維爾（Dyersville）的市政管理官米克・米歇爾（Mick Michel）談了談 TIF。我向他說明這本書的主題時，米歇爾立刻皺起眉頭：「書裡總是在罵 TIF，拜託不要啊。這是我唯一的工具啊。」有意無意之間，米歇爾呼應了前芝加哥市長理察・戴利（Richard M. Daley）2007 年的說法，TIF 是「唯一的遊戲規則」，也是這座城市「唯一的經濟開發工具」。[1] 當時芝加哥擁有全美最多的 TIF 特區，高達一百五十五個。雖然不同城市的規模與條件差異極大，這段話仍凸顯出 TIF 對各級地方領導者而言多麼有吸引力，甚至可稱做誘惑。

　　我完全能理解米歇爾在這座人口僅有四千的小鎮推動發展時所面臨的挑戰。高中時，我曾跟朋友來過這裡。我們週六晚上開車來回繞著市中心的街道，從教堂一路繞到鎮上唯一的汽車電影院。隔天早上，我還跟這群夜衝夥伴一起到鎮上最醒目的天主教大教堂參加彌撒。那次造訪之後，鎮上多了一個新景點，一座位於玉米田裡的棒球場，也就是電影《夢幻成真》（*A Field of Dreams*）的拍攝地。對我來說，那片球場沒什麼吸引力。我能明白，若沒有辦法在鎮上

的小型工業園區提供廉價的土地和基礎設施（像是那座可儲存多達14,700噸肥料的倉庫），要推銷戴爾斯維爾這種地方，還真不容易。

所以，沒錯，TIF確實能為地方政府帶來好處。地方政府可以利用TIF舉債，投資土地和基礎建設，進而吸引企業與產業發展。除了亞利桑那州，美國每個州都有TIF或類似的法規。在最理想的情況下，TIF帶來的效果甚至看起來就像魔法一樣。舉例來說，1990年代晚期，麥迪遜有間專精醫療紀錄與病歷管理軟體的成功企業Epic Systems正計劃興建一座全新的總部。幸運的是，Epic Systems並沒有搬太遠，而是從市區西側遷往快速成長的西南郊區，維洛納市（Verona）的西緣，距離舊址僅約十二英里。

當時Epic Systems約有七百名員工，在麥迪遜算是規模較大的公司。它們的原址空間已經不敷使用，得在另外五棟大樓租用辦公室。這間低調、私人持有的公司由茱蒂·佛克納（Judy Faulkner）於1979年創立，她曾在威斯康辛大學主修電腦科學。佛克納一心想在麥迪遜市內找到足夠的空間，不只容納現有的員工，還要實現她的願景：打造一座建築設計出色、容納更多員工的大型園區，但這樣的空間在市區根本很難找到。這些宏大的規劃也許來自她異於常人的自信，又或者她早已預見電子病歷產業即將蓬勃發展的趨勢。

對維洛納來說，在城鎮邊緣興建一座占地346英畝的企業園區是一場重大的轉變。為了敲定這筆交易，市府官員提供Epic Systems一項遷建方案，形式就是被媒體形容為「奢華」的TIF，金額之高甚至讓一些維洛納官員憂心忡忡。[2]市府最初編列的前期

富士坑　*Foxconned*

支出預算為 1,100 萬美元，主要用於場地整備和基礎建設，若將利息分攤至 TIF 特區的存續年限（至 2025 年），預估總額將增至 1,400 萬美元。換算下來，相當於每創造一個工作機會補貼 2 千美元，在這類交易仍屬合理範圍。不過這筆金額超過維洛納一整年的營運預算，難怪市府會緊張。接下來幾年，TIF 特區注定持續擴大，對市府的總支出預估將增至 3,140 萬美元。[3] 2006 年，樂觀的維洛納行政官員賴瑞・賽格（Larry Saeger）在當地另類媒體《地峽週刊》（The Isthmus）中表示，有朝一日，Epic Systems 園區的價值可能高達 5 億美元。公司本身也將顯著成長，預計到 2008 年，員工數量將增至一千五百人，整體勞動力規模至少會翻倍。[4]

早期的預估全都錯得離譜。這座園區從未停止建設，自 2002 年園區動工以來，途經附近 151 號高速公路的旅客總能看到好幾台起重機忙上忙下，成了標準風景。到了 2017 年，這座展示性質濃厚的園區總評估價值已超過 10 億美元。[5] 2019 年，這片由《逃出亞馬遜》（Jungle）、《龍與地下城》（Dungeons and Dragon）和《魔戒》（Lord of the Rings）等奇幻主題建築組成的園區，已成為約一萬名員工的辦公地。快速增加的地產稅讓市府得以提前在 2016 年還清 TIF 計劃的原始投資債務，比預期整整早了九年，TIF 特區也隨即關閉。剩餘的 TIF 資金帶來了 2,300 萬美元的一次性收益，分配給當地各單位，其中超過 1,100 萬美元流向維洛納學區。TIF 結束後，這片土地的稅收則轉回由地方主要機構分配，包括學區和社區大學。[6]

這個成功的案例迅速在整個麥迪遜都會區產生迴響。隨著年輕、高薪的勞動力進駐，公寓開發案如雨後春筍般出現，許多員工偏好住在威斯康辛大學附近、城市氛圍較濃的麥迪遜市中心。房地產仲介也坦言，Epic System 是推動銷售與租賃市場的關鍵力量。維洛納市本身也徹底改變，蟬聯好幾次全州人口成長最快的城市。2017 年，當地選民通過了一項高達 1 億 8,200 萬美元的學區支出提案，成為威斯康辛歷來最大規模的校園公投案，內容包括一座最先進的新高中。在接下來的二十年間，Epic System 繳的地產稅預估將累計達 1 億 4 千萬美元，成為擴張學區的主要推力。[7]

TIF 運作順利時，它完全是個很棒的工具。但有時那只是表面的假象，因為即便沒有 TIF，這些發展本來也有可能發生。比方說，Epic System 一開始就打算留在麥迪遜一帶，即使沒有 TIF，它們很有可能還是會選擇同一塊基地。事實上，那可能是唯一合適的選擇。麥迪遜市曾試圖挽留，但市內根本沒有足夠的土地。儘管推動富士康計劃的支持者從未提到 Epic System，但他們心中應該早有它的影子。富士康用來宣傳的模型和影片處處讓人聯想到 Epic System，包括無人車、人工湖和噴泉，以及極具設計感的建築物；看起來像明日世界的企業園區，幾乎就是 Epic System 真實園區的翻版。而多年下來，園區也擴展至將近 1,000 英畝，與富士康第一期開發規模幾乎相同。

但 Epic System 和富士康的相似之處也僅止於此。Epic System 是憑藉自身實力成長茁壯的企業，創立的前二十六個年頭幾乎沒靠

富士坑 *Foxconned*

過公共資金。它之所以選在當地落腳，大部分的原因是仰賴威斯康辛大學的智識資本，該校是美國最早發展電腦科學的領頭羊。從創業到成為全國級企業，Epic System 的成長歷程跨越了創辦人整個職涯，可謂典型「從零開始、穩紮穩打」的故事，與富士康那種幾乎一夕之間、由上而下規劃出的產業園區完全相反。事實上，Epic Systems 的故事對於州長沃克這樣的政治人物來說毫無吸引力。他主張發展企業的方式就是削減企業稅與其他稅收，再刪減教育預算，以求財政平衡。但就算是這麼親商的減稅措施，對他來說仍嫌太慢。為了配合他的政治野心，沃克需要的是立竿見影的成果，而不是靠教育衍生出的創新或孵化資金，那些做法太過緩慢、難以預測，可能要等到他卸任多年後才開花結果。更何況，他天生對自由派色彩濃厚的麥迪遜市充滿反感——那裡正是威州大多數成功新創的發源地。他格外敵視麥迪遜的工會、大學，還有教授。這種反智態度與茶黨路線十分吻合，也可能受到他個人因素的影響——沃克在馬凱特大學（Marquette University）就讀時中途退學，從未畢業。[8] 他幾乎一輩子都靠納稅人養活，卻對政府與公務員充滿敵意，這點可說是非常諷刺。

對維洛納的市政領導者而言，他們與 Epic System 合作使用 TIF 的經驗簡直是鍍金的成功典範，但 TIF 制度同時也伴隨著風險與濫用的可能。TIF 的基本原則是「用未來的稅收做為擔保，來舉債做今日的投資」。某種程度來說，這就像用保證金買股票，投資成功很美好，但一旦失利，後果就會很嚴重。事實上，這類借錢炒股的

行為，正是 1929 年股市崩盤及隨後大蕭條的主要因素之一。TIF 的另一個限制是供需問題。如果某個地區只有一座城市提供 TIF 優勢，它就有可能搶下原本拿不到的開發機會；但如果每座城市都提供 TIF 優勢，結果可能會變成每座城市最終得到的商業活動與沒有 TIF 時相同，卻得付出更多誘因成本。這種情況下，TIF 最終變成一場搶標競價，真正的贏家是得到稅收優惠的企業，輸家則是納稅人。

商業開發這個閃亮的誘餌，往往讓官員忽略了背後的實際成本與「不介入」情境下的自然發展路徑。這也是 TIF 的一大爭議：我們無法確切預測如果沒有 TIF，事情會如何發展。以富士康園區所在地芒特普萊森特的 94 號州際公路沿線農地為例，這一帶正好是密爾瓦基與芝加哥之間的重要走廊，附近已有亞馬遜等大型開發案落腳，那麼這片農地是否也會逐步開發，其實很難說不是。更別提當地居民早已知道，亞馬遜當年買下的物流中心土地，每英畝的價格比芒特普萊森特在威脅徵收時開出的價格還高。2013 年，距富士康預定地僅五英里遠的亞馬遜園區，地價達到每英畝 110,760 美元。[9] 而沒有使用 TIF 的開發案，往往能立刻帶來地產稅收入，用來補貼學校、圖書館、警消等社區服務。但只要進入 TIF 特區，地產稅收就會被鎖進 TIF 本身，長達數十年，只能用來償還開發舉債或相關支出。

TIF 失敗或遭濫用的方式不勝枚舉。例如謝拉德的費爾湖高爾夫開發案就利用 TIF，成了一場騙局。開發商透過設立 TIF 特區的名義，讓自己的利息支出和未來收益可以經由小鎮做帳面處理，等

於創造一條為期二十年的免稅收入來源。

在富士康計劃啟動的二十年前,曾有另一場跨州搶奪工業用地的戰爭在伊利諾州與威斯康辛州邊界上演。貝洛伊特(位於芒特普萊森特西南,僅四十五分鐘車程)曾是繁榮一時的工業重鎮。1994年,當地官員一得知全球手機領導品牌摩托羅拉(Motorola)正考慮在附近興建大型生產工廠時,簡直欣喜若狂。

從貝洛伊特往東南開車約三十五分鐘、越過伊利諾州邊界就會抵達哈佛市(Harvard),這座城市也曾是 Motorola 考慮設廠的地點。哈佛是一座規模較小的城市,2000 年時人口約八千人,過去以酪農業為主,市中心最醒目的地標是一頭大型玻璃纖維製的荷斯登乳牛。不過,這座城市近代歷史中最重要的一章,或許是個巧合。當地土生土長的保羅與約瑟夫・蓋爾文(Paul and Joseph Galvin)年輕時搬到芝加哥,在咆哮的 20 年代(Roaring Twenties)末期進入無線電業。兄弟倆為自己的公司取了響亮的名字:Motorola。到了 1993 年,Motorola 已經成為跨國巨頭,由保羅的孫子克里斯多福(Christopher Galvin)接班。

1990 年代初期,總部設於伊利諾州紹姆堡(Schaumberg)、靠近歐海爾機場(O'Hare Airport)的 Motorola 決定開發一座新園區,主要用於生產它們幾乎是創始者的手機產品。Motorola 1994 年推出的 Lazr 摺疊機,成了那個年代最具代表性的電子產品,直到後來數位智慧型手機問世,尤其是 2007 年第一代 iPhone 推出後,才逐漸黯然失色。然而 iPhone,並不是在美國製造的。

克里斯多福或許下定決心將工廠帶回祖父母的故鄉,但與二十五年後亞馬遜的全國競標相比,這場遊戲就像從跳棋升級到三維西洋棋——他毫不猶豫地讓伊利諾州與威斯康辛州、哈佛與貝洛伊特互相競爭。

最終,哈佛市在州政府和地方政府提供約 4,300 萬美元激勵措施的幫助下勝出,約占 Motorola 1 億美元建設成本的四成。[10] 到了 1997 年,這座占地 350 英畝、令人驚豔的總部園區舉行了剪綵儀式,建築面積約 150 萬平方英尺,包括一間可容納五百人的禮堂、一個可容納逾千人的員工餐廳、兩座直升機起降場,還有兩個托嬰中心。小小的哈佛市也投入了 300 萬美元為期十年的減稅優惠,金額遠高於伊利諾州原本設定的 100 萬美元上限,因此還需要州議會特別立法授權(最終全體一致通過)。

為了迎接預期湧入的五千名工人,這座小城滿懷希望地做好準備。一名開發商搶先動工,興建了三個全新的住宅區,共計一百五十戶,都是投機性質的。當時的經濟影響評估報告預測,將需要多達一千戶新住宅來容納這波人口成長。

當時,許多承諾似乎真的實現了。到了 1990 年代末,哈佛園區已有五千名員工進駐,甚至還有遠從貝洛伊特來的通勤族。不過,後來事實證明,有些承諾過於樂觀,真正選擇搬到哈佛的員工只有一、兩百人,其餘仍選擇通勤。當地業者原本滿心期待市中心會因為 Motorola 帶來人潮,但希望轉瞬即逝:即便位於邊界的 Motorola 園區已併入哈佛市,人流卻幾乎沒有流入市中心

富士坑 *Foxconned*

就像許多科技產業一樣，Motorola的手機業務以及其他部門時時刻刻處於變動之中。園區啟用不到五年，Motorola便將哈佛的製造業務移往墨西哥，同時擴大中國的生產規模，導致一半以上的員工被解雇。Motorola應對業務的快速變化也顯得不太靈活，最終，2003年，它們關閉了哈佛的營運中心，以遠低於成本的價格賣掉了這個如今空蕩蕩的園區。

這座設施經歷一連串的轉手，每次出售的價格都下探新低，歷任屋主都有拖欠地產稅的問題，儘管該開發案的評估價值不斷下滑。目前這座綜合設施的最新擁有者是加拿大商人龔曉華，他於2018年因證券詐欺遭起訴。法院對這座日漸老舊的哈佛園區下達強制拍賣暫停令。哈佛市的官員至今仍對這塊地產懷抱希望，期待有新買家能活化此地。他們甚至曾在亞馬遜尋覓第二總部期間，提議將此地作為候選基地。然而，這座曾經風光一時的Motorola園區最終成了納稅人的負擔，而非資產。為了彌補損失，地方官員曾推動州立法，要求Motorola補償市政府所承擔的財政壓力，但法案最終未能通過。

拉辛本身也見識過政府主導TIF開發的失敗案例。拉辛在2014年設立了18號稅收增額特區（Tax Increment District No. 18），又稱「機械街重劃案」（Machinery Row Development）。其中一位開發商這麼描述：「機械街是個令人振奮的6,500萬美元混合用途重建計劃，目標是整頓城市河岸的一塊原工業用地，這塊20英畝的土地以前是凱斯公司主廠的原址，近幾十年則是《小金書》的所在

地。」該案獲得 900 萬美元的稅務減免作為推力，但接下來幾年卻逐漸熄火。最後，開發商違約，無法償還向拉辛市借的 450 萬美元貸款，土地回歸市府所有。到了 2016 年，這個案子正式宣告終止。2018 年，市政府又提出要額外發行 350 萬美元的公債來清理場址。[11] 多年過去，機械街仍是一塊礙眼的爛地。而此案還有另一個後果：市政府得面臨至少六戶被迫搬遷的當事人提起的訴訟。在地居民談起對富士康計劃的預測時，幾乎都會引機械街一案為鑒。

芒特普萊森特為富士康的 TIF 特區承擔了龐大的債務，最後只能靠全州的稅基作為部分「道義擔保」，才勉強找到債券買家。即便有州政府撐腰，該鎮所發行的債務規模仍遠遠超過常規的謹慎標準，若不是州政府特別通過豁免立法，依照現行州法，此案本應被判為「過度舉債」而遭駁回。芒特普萊森特幾乎完全依賴與富士康簽訂的一紙合約，合約規定，從 2023 年起至 2047 年 TIF 期間結束，無論富士康實際投資多少資本，其房地產稅將按最低 14 億美元的估值繳納。與此同時，當地官員仍沉浸在富士康承諾的 100 億美元資本支出所帶來的幻想中，認為這可能會創造前所未有的稅收暴利，但前提是這一切真能實現。推動此項目或授權基礎設施支出的相關人士至今未公開表達對這種高槓桿操作的任何不安。然而，至少有個跡象顯露其擔憂：2019 年底，芒特普萊森特委託了相關單位做一份富士康未來房地產稅支付的新報告。

到了 2019 年，富士康已成了芒特普萊森特最大的單一地產稅繳納者，貢獻了 840 萬美元。然而，鎮公所顯然對此心存疑慮，於

是決定委託專家來研究未來的稅收狀況。他們之所以想再深入探究，可能是受到回顧原始預估報告的啟發，該報告由公共財務顧問公司 Ehlers 編製，負責為 TIF 計劃提供建議。根據 Ehlers 當初的預測，2019 年富士康蓬勃發展的園區應該會繳納 1,540 萬美元的地產稅，而實際上，政府只收到 100 萬美元。2020 年，他們預測能收到 23,134,017 美元的稅，但依照富士康現有建築的評估來看，實際繳納額可能只有這個數字的四分之一。照慣例，顧問公司提出極為精確的單一數字預估，2021 年的預測甚至高達 31,089,411 美元，但看來是嚴重高估了。

不僅如此，其他負債也陸續浮現。拉辛市已投入數百萬美元擴建供水系統，以滿足富士康巨型工廠每天 700 萬加侖的預估用水量。芒特普萊森特更是承諾，若富士康無法支付龐大的水費，它們將負責補償拉辛的任何短缺。但截至目前為止，富士康的實際用水量幾乎只夠沖幾次馬桶，因此 2020 年這筆由鎮公所支付的差額預估達 130 萬美元，且至 2039 年間可能累積高達 2,680 萬美元。[12]

鑑於預估收入與各項費用之間存在這樣的潛在落差，加上富士康的現況與當初的藍圖嚴重不符，怪不得芒特普萊森特的地方官員會要求重新評估財務。根據新的報告，以富士康目前的建設規模計算，未來的稅收根本無法支付鎮公所與拉辛郡為基礎建設所發行的債券。屆時光靠稅收收入，勢必無法累積足夠的資產來償還債券到期時所需的本息。即便以最保守的 14 億美元資產估值計算，整體財務缺口依然存在，這個數字頂多只能償付債券持有人的利息。我

向前鎮委會成員費斯特提起此事，他只是淡然一笑：「他們大概會再發一輪債，繼續拖吧。」接著他補了一句：「至少我聽說通常是這樣搞的。」至於市場是否願意接受這樣的債券，則另當別論。

針對報告（包括財務缺口情況）發表公開聲明時，拉辛郡的企業法律顧問辦公室出面保證，報告只是「假設情境」，其中「各項變數並不代表對開發商實際表現的預測，郡政府也提醒外界，不要依此做出任何結論。」[13]

雖然富士康的 TIF 計劃看起來像是一樁小鎮政府過度擴權的案例，但實際上放眼全美，TIF 更常被像芝加哥這樣的大城市廣泛使用（甚至濫用）於開發案上。伊利諾州在 1977 年通過了 TIF 法案，以威斯康辛州為藍本。[14] 四十一年過後，2018 年，芝加哥當時一百四十五個 TIF 特區共徵收了 8 億 4,100 萬美元的地產稅。[15] 整個芝加哥有四分之一的土地劃在 TIF 特區內[16]，合計起來占全市地產稅收入的 35％[17]。這筆鉅額資金廣受批評，人稱市府的「私房錢」，因為 TIF 特區徵收的稅金可以挪用到其他區域。2019 年，庫克郡（Cook County）的書記官凱倫・亞布羅（Karen Yarbrough）曾形容芝加哥的 TIF 資金是「小豬撲滿」，官員用裡頭的錢來應付「各式各樣的開銷」。[18]

長年批評 TIF 的另類報刊《芝加哥讀者報》（*Chicago Reader*）資深記者班・喬拉夫斯基（Ben Joravsky）致力揭露他所謂芝加哥在正式預算之外、通過某些機制或資金流動所控制和使用的「影子預算」，並與同事深入研究跨越多任市長的 TIF 財報，發現政府長

期忽視真正破敗、貧困的社區，反而把資金轉給圈內人或浮誇的「面子工程」，像是觀光用途的華麗海軍碼頭（Navy Pier）[19]。舉例來說，《芝加哥讀者報》追蹤 TIF 資金流向時發現，在繁榮的盧普區（Loop）外圍，有一筆 800 萬美元的資金用於興建購物區，而該案的開發商是市長長期的政治金主。[20]

TIF 的政治化在按選區分配 TIF 收入時也顯而易見。芝加哥前幾貧困的選區第十五選區，截至 2010 年只獲得 0.002％的 TIF 資金。[21]《芝加哥讀者報》將此現象歸咎於當地任職二十年的區議員布萊恩・多赫提（Brian Doherty），他長期反對 TIF 開發案。

除了芝加哥，其他城市也紛紛迷上發放 TIF 優惠給特定公司或商業開發案。舉例來說，德州的艾爾帕索（El Paso）政府為了讓戶外用品大型連鎖店 Cabela's 進駐，不惜大費周章，因為對方承諾這將吸引比德州著名景點阿拉莫（Alamo）還要多的遊客。[22] 市府先是將一塊空地列為「窳陋地區」，接著出資購買、著手開發，所需的資金則靠發行 4,900 萬美元的市政債券解決，而這些債券事前早已由 Cabela's 和該案的開發商認購。[23] 交換條件是，市府同意將這塊地未來銷售稅的三分之二轉回用於償還債券，這對艾爾帕索來說是一筆可觀的讓利，畢竟該市有 21％的財政收入仰賴銷售稅。當地其他戶外用品零售業者對此相當不滿，他們認為政府偏袒 Cabela's，於是聯手提起訴訟，但最終還是敗訴。[24]

芝加哥伊利諾大學的戴維・梅里曼（David Merriman）教授對芝加哥的 TIF 有著極佳的觀察視角，這也是他成為全國該領域頂尖

權威的原因。梅里曼並未打算建議全面禁止 TIF（戴爾斯維爾的市政官員米歇爾會為此鬆一口氣），但他對 TIF 在全國、特別是中西部地區的運作方式並不滿意。在 2000 年的一項研究中，梅里曼和同事理查·戴伊（Richard Dye）調查了大芝加哥地區（不包括芝加哥本身）的 235 個自治市，發現使用 TIF 的城市、鎮村「實際上比未使用 TIF 的自治市成長得更慢」。[25] 他們得出結論：「結果顯而易見且令人沮喪。」在 2018 年為林肯土地政策研究所（Lincoln Institute of Land Policy）做的後續研究中，梅里曼指出：「TIF 在實務上極易被濫用、誤用，或應用不均。許多近期研究也顯示，TIF 帶動經濟成長的成效有限。」不過，為了公允，他也補充說，若能謹慎篩選，TIF 確實有機會帶動經濟活動。他建議應在設立 TIF 特區之前做好更嚴謹的評估，一旦啟動，也得有更高程度的透明度。[26]

歷史學家尚恩·丁塞斯（Sean Dinces）深入研究芝加哥聯合中心體育場（United Center）的融資案後也指出，若要讓 TIF 等稅收補貼工具發揮正面效益，關鍵在於是否經過縝密研究，確認補貼是否真能「讓企業下定決心投資某地」，而不是只是讓原本就打算投資的企業「順便撈一筆」。[27]

TIF 的過度使用或濫用並未被忽視。美國已有二十幾個州針對 TIF 設下面積或不動產比例的上限。例如，新罕布夏州規定，每個 TIF 特區的面積不得超過市鎮總面積的 5％；[28] 緬因州則限制為 2％。[29] 相較之下，富士康案的 TIF 特區占了芒特普萊森特總面積的 18％。許多州也對市政當局能為 TIF 承擔的財務責任設立法定

上限。在威斯康辛，這個上限是市鎮全部核定地產價值的12%。然而，在2017年秋天通過的富士康激勵法案中，芒特普萊森特取得了豁免權。

　　TIF使用量的激增並非毫無限制，各方單位正試圖加以抑制。有一種TIF運作變體日益流行，模式是由開發商為TIF特區內的基礎設施或其他改善項目提供資金，然後向市鎮收取費用。在威斯康辛，這些補償叫做「現金補助」。2019年，威州州長埃弗斯提出了TIF改革方案，限制對開發商的現金補助，並要求對TIF計劃進行額外的財務審查。[30] 然而，這些改革提案在共和黨控制的州議會中未能通過委員會審議。

　　除了財務上的限制與增加透明度的要求，TIF的核心爭議還牽涉到「窳陋地區認定」與「徵收權」的使用。如果像芒特普萊森特那樣的優質農地與維護良好的住宅都可以被劃為「窳陋地區」，那麼根本沒有任何土地或住家是安全的。參考相關司法訴訟或許可以釐清問題，包括芒特普萊森特的土地徵收案。美國最高法院做出「基洛訴新倫敦案」的裁決後，威斯康辛等州曾試圖收緊對強制徵收的限制。然而，正如富士康的專案主任洛伊斯對當地居民所言：「我們會找到辦法的。」

　　進一步釐清州法也許是個解方。2016年，加州曾提出一項新法案，目的是「確保社區振興與投資管理局（Community Revitalization and Investment Authorities，簡稱CRIAs，加州版的TIF）真正用於設立目的：減輕社區的衰敗問題，並促進最需要援助地區的經

濟發展」。[31] 類似的思路還有對 TIF 資金的創新分配方式，只是目前大多數城市尚未真正採納。例如，奧勒岡州波特蘭市（Portland）就將約 40％的 TIF 收入用於興建平價住宅。[32] 幾年前，芝加哥有個市民團體也曾提出一套合情合理的改革建議，強制 TIF 資金用於平價住宅、設立 TIF 特區之前須召開公聽會、並承諾將部分增額稅收用於經過審核的低收入區職業培訓計劃。不過，這些建議一旦實施，將會限制市長對 TIF 收入的操控權，因此至今仍未付諸實行。

至於芒特普萊森特那個龐大的 TIF 特區（5 號特區），鎮裡的領導者相信，即使富士康計劃失敗，他們也能憑藉道路、水電與下水道等基礎建設吸引其他企業進駐。這正是「威斯康辛政策論壇」在 2020 年 6 月的報告《芒特普萊森特的財政狀況：一場經過計算的風險》（*Village of Mt. Pleasant's Fiscal Condition: A Calculated Risk*）所傳達的觀點。這家自稱中立的智庫雖然用了大量的統計與比較分析，但對於富士康的龐大債務與未兌現的承諾這些明擺著的大問題，整份報告卻選擇視而不見。這就像房間裡有隻巨大的八百磅大猩猩，但所有人都假裝牠不存在。反之，報告大力讚揚芒特普萊森特在 2017 年以前的財政紀律，對於小鎮為富士康基礎建設舉債金額高達年度預算十倍的事實卻隻字未提。

報告中段雖然承認，富士康的債務加上 Covid-19 疫情讓人很難無憂無慮地看待未來，但我認為報告仍有一大漏洞：若這真是場「經過計算的風險」，那應該可以清楚列出當初的評估內容，但報告與其他資料完全沒有相關證據。其實，這些「計算」本身就很值

得研究。比方說,在發行 2 億美元的債務之前,所有證據都不利時,小鎮如何評估 10.5 代製造工廠的成功機率?那麼,其他州的機構(例如就業機構 JobsOhio)因競標價格上升而放棄富士康時,它們誤判富士康價值的可能性有多大?一直以來,富士康在國際間的開發交易往往有過度承諾的問題,打破這個慣例的百分比機率上下限是多少?對於一座可能永遠不會建成的 14 億美元實體工廠徵收二十四年的稅,富士康被動接受此事的機率為何?要是公司有財務上的困難呢?假使富士康退出,芒特普萊森特能否從其他公司拿到至少 14 億美元的投資來彌補差額,這機率又是多少?

撰寫州政府合約以及芒特普萊森特與富士康之間 TIF 協議的律師,並非不知道這些潛在風險。隨著各州與地方政府在企業誘因交易中屢次受挫,這類協議逐漸加入一種「保險」機制,也就是所謂的「追回條款」(clawbacks)。這些條款賦予資方在企業未履行承諾時,追回前期投入資金的權利,通常會依據資本支出與創造就業數量來衡量。追回條款是 WEDC 與富士康簽訂契約中的重要一環,而解決爭議機制則被納入芒特普萊森特與拉辛郡簽訂的 TIF 協議中。

但追回條款和解決爭議機制可能讓人產生虛假的安全感。對於那些親商、在開發案中投入個人政治資本的官員來說,即使追回條款啟動的條件已經觸發,他們往往也會猶豫不決,擔心這麼做會損害自己的親商形象,等於承認自己過度樂觀。另一個令人擔憂的因素是,一旦企業已經接受並使用了大筆公帑,它們便握有不小的談

判籌碼。如果富士康在地方政府已經投入 5 億美元的情況下，要求重新協商自己的地產稅負擔，那這些官員該怎麼辦？此外，更棘手的是，TIF 協議及其所有相關責任的簽約對象根本不是富士康本身，而是三家設立在威斯康辛的子公司：SIO 國際威斯康辛公司（SIO International Wisconsin Inc.）、FEWI 開發公司（FEWI Development Corporation）和 AFE 公司（AFE Corporation），這些公司在當地的資產僅限於芒特普萊森特的土地與建築。至於州層級的追回條款，部分責任則由富士康董事長郭台銘設立於開曼群島的私人公司承擔。所有爭議需提交威斯康辛州法院處理。TIF 協議本身則規定所有爭議須依據國際商會的仲裁規則解決，必要時再交由威斯康辛州法院裁決。

我們可以從微軟對富士康提起的某樁長期訴訟一窺這類情況的複雜程度。訴訟內容涉及富士康未按約定支付軟體使用費。該案自 2011 年開始，到 2020 年初仍未解決，郭台銘更誓言不會支付任何和解金，反而試圖與微軟重新協商合約條款。[33] 在另一宗案件中，伊利諾州的一家公司 JST 控告富士康盜用其專利硬體技術。JST 的律師對於富士康拒絕接受法院裁定的賠償感到相當沮喪，他表示：「它們認為自己在伊利諾州無法被起訴，它們說不定認為自己在美國也無法被起訴，我不是很確定。」[34] 2020 年 7 月，富士康的律師以缺乏司法管轄權為由，主張駁回訴訟，這一論點在美國第七區上訴法院得到支持，法院認為在伊利諾州，損害的「因果關係」並不存在。[35]

透過 TIF 促進發展不應淪為一場博弈。但沒有任何證據顯示，拉辛郡與芒特普萊森特的富士康支持者與地方官員有試圖衡量潛在收益與損失的差異。其中一項核心問題在於，茶黨派的共和黨人偏好信念甚於事實，他們寧願接受郭台銘及其團隊編織的幻想：1 千億美元的投資與一萬三千個高薪職缺。多年來，即使富士康計劃早已縮水，他們仍緊抱著那個願景不放：一個「威谷」科技榮景的奇幻世界，以及隨之而來的稅收洪流與政治光環。

　　這種固執並不罕見。行為經濟學家、諾貝爾獎得主丹尼爾‧康納曼（Daniel Kahneman）認為，這正是人類行為的常態。[36] 他的研究指出：「一旦統計資料與個人印象相左，人往往會直接忽視統計資料。」[37] 他追蹤了富士康支持者所陷入的那種一廂情願的想法，並表示：「對開發案結果過於樂觀的預測無所不在。」他也觀察到，一旦做出選擇，人類便會極度抗拒改變方向或承認錯誤，即使情勢險峻、新資訊已明顯足以動搖原本的判斷，也仍不願回頭。

　　如果他們當時能靜下心來，好好用數據來計算機率，那麼這座輝煌的科技聚落成真的機率，或許是十分之一、百分之一，甚至百萬分之一。但沒有任何證據顯示，富士康的支持者有將目光從富士康高舉的閃亮誘餌上移開，去思考《威斯康辛稅收部 TIF 手冊》（*Wisconsin's Department of Revenue TIF Manual*）中所描繪的另一種可能性：「如果 TIF 特區的地產價值未如預期那樣上升，地方政府可能無法拿到足夠的稅收增額來償還支出。這種情況下，一旦 TIF 終止，地方政府就得自行承擔所有未償還的債務。」

17 有錢能使鬼推磨
Chapter　Following the Money

　　無論城市、郡或州政府的稅收多麼可觀，事情永遠做不完：修路、建橋、教育、社會福利等等。需求無窮無盡，即便是景氣良好的時候，有時也不得不做出刪減。例如一旦遇上經濟衰退或傳染病大流行導致稅收驟減，公共服務與建設計劃勢必首當其衝。在各種平衡預算的「慣用招式」中，最常見的就是延後基礎設施維修和刪減教育經費。在沃克主導的減稅政策下，威斯康辛的道路狀況不斷惡化，直到《美國新聞與世界報導》（ US News and World Report ）將威州的道路評為全美五十州的倒數第二。[1] 2018 年，受教育預算壓力所苦的威斯康辛大學史蒂芬斯角分校（University of Wisconsin-Stevens Point）曾提出要裁撤十三個人文學系的極端提案，雖然最後並未實施。[2] 根據統計，從 2012 年到 2019 年，在共和黨主導下的威州，與沃克 2010 年上任前的撥款標準相比，公立學校系統的預算少了 35 億美元，這正是他八年任期留下來的深遠影響。[3]

　　資金充裕的極右派遊說團體與智庫經常大聲疾呼，要求減少政府幾乎所有功能的作用，除了幾個例外，比方說國防與警政。在保守派主政的州，這樣的風潮帶來的結果包括學券制度興起、對社會

福利設定工作條件,以及減少環境監管。有時這些改革並非循序漸進,而是大刀闊斧地改造。2011年總統初選期間,德州州長瑞克‧裴利(Rick Perry)就曾提議廢除三個聯邦內閣層級的部會:商務部、教育部,以及辯論期間一時想不起來的第三個部會,後來才發現是能源部——諷刺的是,川普之後還任命他出任能源部部長。麥可‧路易士(Michael Lewis)在《第五風暴》(*The Fifth Risk*)驚心動魄地揭露,川普政府確實持續且悄悄削弱多個聯邦機構,包括國務院與能源部,目的似乎只是為了實現科赫兄弟與史蒂夫‧班農(Steve Bannon)等人構想中的目標:讓政府喪失效能與權力。[4] 我們已經在聯邦政府對Covid-19疫情支離破碎的應對中,看到這種策略的後果。

但無論是削減對教育機構的補助、在競選期間做出離譜又無知的承諾,還是將州政府的經濟發展機構改制為準政府單位,這些都不太可能真正改變我們納稅錢的整體支出架構。有一項公共支出很少被批評也不太會被砍,那就是經濟發展。那些找不出錢來資助K-12學校(幼兒園、小學與中學教育合在一起的統稱)、州立大學、公路或橋梁的州,卻總能設法籌出資金,投入搶奪製造廠或爭奪企業總部設立地點的競標戰。如我們先前所見,顧問、政客、經濟發展專家、承包商和政治金主之間形成了一個彼此獲利的循環,不僅發起這些交易,也推動它們持續進行。對於納稅人來說,這類交易所隱含的代價,無論以日常運作還是最終的結果來看,都十分可觀。

富士坑 *Foxconned*

經濟發展的政府制度化

各地的經濟發展機構只有一個主要目標：吸引企業與就業機會進駐本州或本區。表面上這個使命看起來合情合理、正面積極，但放眼區域或全國，實際成果卻與假設背道而馳。從宏觀的角度來看，州與州之間的競標其實是一場零和賽局。激勵措施並不會創造出汽車工廠或亞馬遜總部，只會把大量的資金從納稅人的口袋轉移到企業的手上。

另一個問題是使命的狹隘性和激勵措施的單一性。想像一場棒球比賽，跑壘完全由壘上的選手自行決定。現在某名選手簽了一份新合約，所有收入只與成功盜壘次數有關，盜壘成功就可以獲得 5 萬美元。你覺得他多久就會打破歷史盜壘紀錄？但這對球隊真的會有等值的好處嗎？經濟發展機構的制度化誘因設計就如這種扭曲的賽局，結果也一樣。這些機構並不會評估機會成本，也不會思考長期投資的效益，例如如何減少貧窮或推動幼兒教育。它們的任務就是不斷找下一筆交易：愈大筆愈好。

州與地區的經濟發展體系已構成龐大的官僚機構。根據非營利智庫城市研究所（Urban Institute）估計，2016 年全美各州的經濟發展機構合計預算已達 40 億美元，但這個數字還未包括城市、郡與地區層級的經濟發展機構。[5] 在加州這種經濟發展結構相對分散的州，州級機構的預算僅有 380 萬美元[6]；而光是聖地牙哥（San Diego）的經濟發展局，預算就高達 1,500 萬美元。[7] 這些州與地方

的發展機構大多都仰賴納稅人支撐。有些州投入更多，例如2011年，在俄亥俄州州長約翰‧凱西克（John Kasich）的主導下，JobsOhio從州政府部門中獨立出來，改由企業營運，資金來源如官網所述：「完全來自烈酒銷售的利潤。」換句話說，每當有人在俄亥俄州買下一瓶威士忌，就會有一部分的錢流向企業發展計劃。JobsOhio的年度營運支出接近10億美元，顯示城市研究所估算的五十州總額40億美元可能大大低估了實際數字。[8]

而這幾十億美元的支出，還不包括各州議會另行通過的稅收減免或補助金，例如威斯康辛州為富士康所核准的補助，或是全美各地為亞馬遜總部所提出的各種方案。上述只是年復一年維持機構運作和人員配置、如同背景存在的行政開支。

2010年就任州長時，沃克有個明確目標：精簡政府。他的創舉就是將州政府原本隸屬於商務部的經濟發展業務獨立出來，成立一個半官方機構WEDC，並由他本人擔任董事長。他宣稱如此一來，WEDC就能擺脫不必要的政治糾葛，擁有自由企業的效率。

WEDC近期的組織圖顯示，機構在2017年（也就是富士康案敲定的那年）擁有一百三十五名全職員工，預算達4,300萬美元，其中約90%直接來自納稅人，總預算的三分之二用於人事與營運支出，其餘則多為補助金。雖然州級經濟機構的職責也包括鼓勵創業與扶植現有企業，但其核心任務仍是創造就業機會，主要方式就是吸引新企業進駐。換句話說，在威斯康辛州，納稅人得花3千萬美元，才能找到值得發給1千萬美元補助的企業。在一位承諾首任

期內將新增二十五萬個工作機會的州長主導下，WEDC的施政不僅方向單一，節奏也顯得異常躁進。

這種以成功爭取開發案為導向的制度化激勵機制，往往是問題的溫床。2011年，新成立的WEDC急著要展現績效。一家名為摩根飛機（Morgan Aircraft）的新創公司提案，要在威州設廠生產一款融合直升機與飛機設計的新型私人飛機，並承諾將投資1億零500萬美元、雇用三百四十人，只要WEDC願意協助它們起步。WEDC隨即開出一筆68萬6千美元的可免償還貸款，並核准另一筆100萬美元的聯邦貸款（由州政府代為管理）；威州東南部的謝博伊根郡（Sheboygan County）也貢獻了價值15萬8千美元的基礎設施。[9] 結果到了2015年，摩根飛機聲請破產，手上幾乎沒有任何資產。威州不但一毛錢都討不回來，也完全看不到任何新增工作機會的可能性。

WEDC一定很看好航空業，2012年，WEDC迫不及待支持航空企業凱斯特瑞爾飛機公司（Kestrel Aircraft Company）。這筆交易被捧為二戰以來蘇必利爾（Superior）規模最大的經濟發展案，預計將帶來六百六十五個新工作職缺。競標非常激烈，因為凱斯特瑞爾在緬因州與明尼蘇達州已有據點，激勵措施是在激烈的拍賣氛圍中迅速敲定的。最終，WEDC提供了400萬美元的貸款，蘇必利爾的重建局加碼260萬美元，郡政府又掏出50萬美元。然而，當凱斯特瑞爾在2018年破產、讓所有機構承擔損失時，一項審計顯示，WEDC未盡職調查，包括未查明凱斯特瑞爾先前在緬因州布倫

瑞克（Brunswick）做出類似承諾卻又失敗收場的紀錄。[10] 凱斯特瑞爾一案雖然爛尾但並非毫無教訓──蘇必利爾市長吉姆・潘恩（Jim Payne）曾試圖警告州長團隊，他們正在重蹈覆轍，也就是規模更大的富士康。[11]

《麥迪遜首府時報》（*Madison's Capital Times*）2015 年總結 WEDC 爭搶招商的早期成果時這樣寫道：「2013 年的一項審計發現，WEDC 將補助發給不符合資格的對象與計劃，有些金額甚至超出方案規定的上限。[12] 這項審查由無黨派的立法審計局執行，但審計局並未要求部分補助企業提供財務報表，且未妥善追蹤承諾創造的工作是否實現。根據報告，WEDC 所營運的三十個經濟發展計劃中，有三分之一未達預期目標。審計局還揭露 WEDC 的員工曾動用州政府資金購買威斯康辛大學橄欖球賽季票、酒精與 iTunes 禮物卡等項目。」

有人認為，各州的經濟發展機構之所以能穩固存在，是因為它們具有一項「獨特優勢」──它們能「自給自足」。每個州級機構每年都會向州長與州議會提交報告，列出該機構「創造」的所有就業機會所帶來的經濟效益。地方經濟發展機構也能用類似的方式向市長與市議會報告。依照這些衡量標準，它們看起來就像不可或缺的存在。

但不妨想像一下，一個沒有經濟發展機構的世界，難道經濟成長的引擎會因此熄火嗎？如果有家公司想找地點設立汽車組裝廠，它會因為沒人牽線就放棄嗎？像富士康這樣的公司，難道沒辦法靠

自己買到那最初的 350 英畝土地,而不是依靠數億美元的納稅人資金來招待選址顧問與富士康高層、替它買地、鋪設下水道、自來水管與道路嗎?如果富士康的商業計劃沒有龐大的公帑支持就撐不下去,那麼這樣的企業,真的值得納稅人出錢補貼嗎?

2017 年,亞馬遜宣布要設立第二總部,共有兩百三十八座城市遞交了提案,爭取落腳權。這些提案幾乎都是嚴謹完整的努力成果,但對於那些投入大量時間與心力的公部門人員,亞馬遜卻一毛錢都沒付。[13] 許多由公帑資助的經濟發展經費都浪費在這類注定落空的競標案上,還有數百萬美元,花在為富士康這類公司及其選址顧問提供免費的遷廠協助服務上,不僅威斯康辛,其他曾被富士康考慮過的州也是,例如密西根州、俄亥俄州和北卡羅來納州。如果你只是從紐澤西搬到聖荷西,請問你會打電話給某個政府單位,請他們幫你找房子、免費帶你看地點,順便幫你談個便宜的空地、還送上十年二十年的房地產稅減免?當然不可能。

像富士康這樣的開發案,最主要的成本是州政府提供的數十億補助。比較不明顯、但仍被廣泛報導的,則是地方政府花在公共建設上的支出。在富士康案中,地方自治團體初期得先砸下至少 5 億美元,未來幾十年,每年還要負擔 3 億美元的貸款利息。而那些由州政府和地方政府經濟發展機構投入、用來爭取企業投資的數十億公帑(不論成功與否),則根本從未正式列入計算。這些服務對企業而言是無形的補貼,帶來的利益最終也和往常一樣,流向高階主管薪資與股東分紅。

像富士康這樣的大型開發案往往會耗費無數人力資源，從市政、郡政府到州政府各級單位，都要投入大量的時間與人力。拉辛郡經濟發展局的全職員工有十七人，當初為了爭取與安置富士康，2017 年的預算從原本每年約 200 萬美元暴增到將近 600 萬美元。到了 2018 年，預算才回落到 200 萬左右。與此同時，拉辛地區各種草根型的社區服務計劃，例如幼兒早療、居住與食品安全、學徒訓練等，都在經費捉襟見肘的情況下勉強維持，負責這些工作的社區領導者所領的薪資，也遠遠不如專事招商的經濟發展人員。值得一提的是，拉辛郡經濟發展局最終確實在不增聘人手的前提下完成了富士康案的密集任務，不過它也與芒特普萊森特簽署了一份協議，將部分額外工作費用轉嫁給地方政府。這些帳單最終也會流入芒特普萊森特的富士康 TIF 特區，也就是 5 號特區的支出項目中。

5 號特區：富士康小金庫

第 7 章我們看到，開發商如何輕而易舉把謝拉德那筆 1,600 萬美元的 TIF 資金池榨乾。其中最具代表性的例子，莫過於洛伊斯「慷慨捐贈」了一台價值 1 萬 6 千美元的發電機給小鎮，之後卻將費用回填到 TIF 資金池，也就是由小鎮舉債而來的公帑。在這個案例中，追蹤資金流向相當簡單。開發團隊毫不留情利用資金池裡的錢，儘管方式不見得違法，甚至可能也談不上不當。真正令人憂心的是，這種操作表面上可能只是再平常不過的「常規做法」，實際

上卻比明目張膽的犯罪行為更可怕。

攤開謝拉德的開發案來看,到底是誰從中受益?一開始湧現的一波建築工作,為一群勞工提供了短暫、低薪的收入,也讓承包商(至少是那些有拿到錢的)獲得一筆利益。當地的生意也許有受惠——像是那兩間酒吧,工程期間來客數上升;如果當初預期的住宅開發真有實現,它們或許還能期待長期成長。倘若整個案子順利發展,居民或許真能如願看到一些生活機能設施出現,像是一家雜貨店。但整個計劃從一開始就是為了讓富人更富,最終卻是美國納稅人買單;國家出手幫助破產的鄉村銀行紓困,帳單就落到我們老百姓頭上。

那麼,那些規模龐大的州與市政級投資又如何呢?以堪薩斯市的會議飯店為例,投資由當地納稅人承擔。實際上,這類計劃推動的是一種旅遊經濟模式。想像一下典型的加勒比海島嶼,大批當地居民受雇於連鎖飯店與度假村,擔任低薪的清潔與餐飲服務工作,而整個設施則由少數高薪、通常來自外地的管理階層營運。從豪華度假村開車往外晃晃,你看到的將是一個接近貧窮、甚至深陷貧困的社會。任何盈餘都與當地社區或工人無關,而是流向遠方總部的高階主管與富裕股東手中。

富士康這項長達三十年的 TIF 計劃,呈現了大型製造業開發案中資金流動的輪廓。[14] 這個 TIF 特區直到 2018 年夏天才正式啟用,但早在 2017 年 7 月開始,相關支出便已陸續累積。因此,觀察截至 2020 年 4 月的帳目,實際上反映的是近三年的富士康計劃執行

情形。在這段期間內,5 號特區的基金已支出超過 1 億零 700 萬美元,約為該鎮年度預算的五倍,而這筆資金主要來自舉債籌資,其中高達 40％的債務由州政府擔保。

　　地方政府最大筆的單項支出是土地收購與居民遷移補償,截至 2019 年初,金額已達 1 億 7 千萬美元,3,900 英畝的開發區內除了少數幾塊地外,其餘皆已收購。[15] 這筆資金主要來自 TIF 特區以外的來源,包括鎮公所與郡政府籌措的資金,以及富士康提供的一筆 6 千萬美元可退還預付款。雖然鎮公所承諾以市價七到八倍的價格收購農地,為部分農民帶來意外之財,但許多屋主發現,鎮公所提供的補償金根本不足以購買類似的房屋與土地,遑論彌補失去家園所帶來的壓力與焦慮。

　　對一座小鎮來說,突然掌握上億美元的資金,勢必會改變小鎮的思維模式。幾年前,鎮民大會還在為「購買全新救護車／翻修現有救護車」的價差爭得面紅耳赤;但 TIF 資金到位之後,各種費用有如流水般揮霍,花錢只需一眨眼的功夫。有位農夫收到一張 223,695 美元的支票,作為拆除穀倉並遷往州內其他地區的補償;另一名經營行動洗車業務的商人,為他的倉庫與三台卡車開出一個他自己都覺得離譜的高價,結果鎮公所照單全收,給了他 30 萬美元。消防隊長是鎮長的得力盟友,他訂了一艘救難艇、一台優質的 Evinrude 引擎和一輛船用拖車,全部算進 TIF 開銷。他還在連鎖五金賣場 Menards 添購了價值 800 美元的水上救援裝備,又上網訂了一套高規格的冰上救援套件。而這一切也全都算進了富士康 TIF 帳

表1：富士康 TIF 資金最初支出的 1 億零 700 萬美元中，金額前幾大的用途一覽

用途	金額
拉辛水務與廢水處理	36,643,000 美元
建設公司 S. J. Louis Construction（明尼蘇達）	10,107,000 美元
購買土地與搬遷費用 *	8,455,000 美元
開發承包商 Super Excavators（威斯康辛）	8,244,000 美元
工程商 Foth Infrastructure（威斯康辛）	6,073,000 美元
土木工程商 Oakes A. W. & Son（拉辛）	3,638,000 美元
馬庫維茲所屬的律師事務所 von Briesen & Roper（密爾瓦基）	2,348,000 美元
開發承包商 DK Contractors（威斯康辛）	2,140,000 美元
廢棄物處理 Guelig Waste Removal（威斯康辛）	1,624,000 美元
產權公司 Landmark Title of Racine	1,498,000 美元
卡普合夥工程（密爾瓦基）	1,150,000 美元（包括卡普為洛伊斯支付的 700,000 美元，每個月 20,000 至 24,000 美元不等）
穆勒傳播（密爾瓦基）	729,000 美元
工程顧問 Sigma Group（密爾瓦基）	404,000 美元

附注：大部分土地購買費用總計約 1 億 7 千萬美元，由其他來源支付，包括富士康預付給芒特普萊森特地方政府的一筆 6 千萬美元可退還預付款。拉辛郡也於 2017 年 12 月發行了 8 千萬美元的債券來購買土地。富士康承諾將透過特別地產稅評估，逐年償還這筆債務。

資料來源：Sean Ryan〈Foxconn Fronts $60 Million to Local Governments; Mount Pleasant Preps to Buy Land〉，《Milwaukee Business Journal》，2017 年 12 月 22 日。

第 17 章　有錢能使鬼推磨

上,即便那裡距離任何大型水域還有好幾英里遠。其他方面,有些支出也顯得過度。以 1,000 英畝土地的開發區「第 2 期」為例,不論富士康還是芒特普萊森特當局當時都沒有任何立即的開發計劃。儘管如此,該區的農舍一棟棟被拆除,農地卻照常出租給農民繼續耕作。如果小鎮日後可能得靠變賣的土地與建物籌錢,那麼當初又何必買下房舍與設施、再把它們拆光?這一切的做法,幾乎就像西班牙征服者埃爾南・科爾特斯(Hernán Cortés)當年在維拉克魯茲港(Veracruz)焚毀自己的船艦一樣,已經沒有回頭路了。

這些不動產交易所帶來的經濟效益,其實只是驗證了一句老話:「兩家人互洗衣服,養不起兩個家庭。」也就是說,市政府舉債購買居民的土地與房屋,本身並不會為城市、地區或為國家帶來真正的經濟利益。雖然有少數擁有大片土地的農民因此成為富農或富裕的退休人士,但住在這 3,900 英畝土地上的屋主,往往被迫縮衣節食、搬離當地,甚至背上更多債務。真正的賭注其實是押在這些土地被重新劃為工業區之後,是否能夠產生更高的未來價值;而這背後更是龐大的負債風險。換句話說,這筆高達 1 億 7 千萬美元的土地收購,實質上就是一場市政府的豪賭:他們賭這筆開發能夠還清債務、甚至帶來更多收益,而那樣的繁榮將足以彌補將民眾趕出家園、逐出土地所造成的痛苦。

5 號特區專案透過舉債籌得的資金中,大部分剩餘款項都用於基礎設施建設與各類專業服務。值得注意的是,這些專業服務的支出都得特別好好檢視,因為它不像基礎建設那樣必須依法公開招

標。從鎮公所每月穩定支付給徵收律師的費用就可以看出這點,即使到了 2020 年,只剩下一筆土地進入訴訟程序,律師的酬金仍維持在每月 10 萬美元的水準,與 2017 年底處理超過一百筆產權轉移的時期完全相同。

不出所料,TIF 資金中,最大筆的支出用於工地整備、道路興建,以及供水等基礎設施。拆除一整棟房屋加上清運殘骸其實大約只要 2 萬美元。我訪問了當地仁人家園二手建材店(Habitat for Humanity ReStore)的經理湯姆‧鮑恩(Thom Bowen),他表示,一開始他還能從被迫搬遷的屋主那裡回收一些材料,但鎮公所正式接管房產後,他就被排除在外。這些工作被指定的承包商接手,它們會先盡可能從屋內榨取每一分可轉售的價值,再將整棟建築夷為平地。

雖然有些基礎建設支出可能會帶來整體經濟效益,但芒特普萊森特的情況並非如此。將鄉間小路擴建成六線道的高速公路,為富士康的龐大工廠提供便利的交通,直接受益的只有承包這項工程的建商與富士康本身,對於潛在員工的幫助也只是間接的。同理,花費數百萬美元建置水管、下水道和電力基礎設施,其實也是如此:最直接的受益者並非整個社區,而是工業設施的業主。

那麼,那些建設工作呢?雖然參與的工人確實很開心有工作上門,但事實上,這些工程的範圍有限、工期很短,往往還受季節限制。政府在建設上的支出就像觀光業一樣:創造大量的低薪或中等薪資的工作,只有少數主管與工程師能拿到較高報酬,大部分的利

潤最終都流回業主手中。真正能帶來經濟影響的，是建設完成後的長期效益，而不是建設本身的成本。如果這些工程無法產生長遠的效益，那麼政府支出只會加劇收入不平等，這是國家的災難。工人拿到短暫的微薄薪水，業主則賺得荷包滿滿。而這些業主往往同時也是兩黨的政治金主，這一點並非無關緊要。

不是所有基礎建設支出都能造福公共利益，許多研究都支持這個觀點。印度高等研究院（Indian Institute of Advanced Studies）的蘇梅達・巴賈（Sumedha Bajar）回顧相關研究後指出，儘管基礎建設支出有可能帶來正面的社會效益，但她認為「基礎建設帶來的經濟成長必然會減少不平等」是錯誤的。已有文獻顯示，「經濟成長有時反而會讓不平等與貧窮的程度上升」。她指出，基礎建設是否能帶來正向影響取決於多種變因，包括基礎建設的性質、規模、資金來源，以及開發計劃所影響的族群。[16]

美國以大型私人企業為主導的經濟開發計劃，往往具備一些特定變因，這些變因通常更容易加劇不平等，而非促進全民福祉。當開發資金被指定用來推動特定企業的建設項目時，無論是堪薩斯市的會議飯店、Motorola 的廠房，還是富士康的 10.5 代面板廠，對公共利益的貢獻都相當有限。相較之下，廣泛的政府資助發展項目（例如州際高速公路系統或農村電氣化）能直接提高生產力並增進國家經濟利益。富士康這類的項目往往非常有針對性且具體，其經濟受益者也通常較少且易於識別。

富士康開發案的一大特徵就是它的「推動力」。就像那種精心

設計的多重路徑骨牌，一旦推倒第一塊，後續反應就會連鎖展開，即使富士康在工廠的規模與性質上反覆變卦，整體機制仍舊持續運轉。這種現象可以歸因於相關體制的運作：以沃克為首的州政府早已將此案作為其施政成就的核心，根本無法轉彎；從州級的WEDC、密爾瓦基都會商會的密爾瓦基七，到地方的拉辛郡經濟發展局，所有經濟發展專業人士早就把籌碼壓在這個計劃上。

2014年，經濟學家安德魯・華納（Andrew Warner）指出，許多大型政府支出計劃往往有「誘因問題」，也就是說，像沃克這樣的政治人物可能受到個人政治野心驅使，而像德格魯特這樣的地方領袖，則可能懷抱擴張影響力與地位的願景。彷彿直接針對富士康項目，華納更是點出全球大型公共資金專案的通病：「普遍迴避理性分析」。[17]

如果說富士康案最初是為了政治利益而推動，那麼它之所以能持續下去，靠的是一套精巧的互利循環。尤其富士康所聘用的承包商，裙帶關係的跡象格外明顯。對富士康與郭董而言，這其實並不陌生。政治學家裴敏欣2018年寫道：「關於中國貪腐問題，學術研究（包括我自己的研究）顯示，最能快速累積鉅額財富的方法，就是權貴聯合家人與親信掏空國有資產。個中祕密在於，這些資產往往透過政府機關以及有關係的私人商人之間的交易轉手。」[18]

富士康聘用的承包商完全避開了招標規定，因為相關作業是由私人公司執行的。儘管富士康在項目初期的資本投資遠不及所承諾的100億美元，但規模仍達數億美元。富士康選定的主承包商是一

家由 M+W 集團與建設公司 Gilbane 組成的聯合企業。根據進步派非營利組織「一個威斯康辛」（One Wisconsin Now）的統計，Gilbane 曾為沃克的競選活動捐了至少 35 萬 9 千美元。[19] 隨後，2018 年 5 月宣布富士康園區的總體規劃者為哈姆斯公司（Hammes Company），公司負責人是喬恩・哈姆斯（Jon Hammes）——另一位共和黨大金主，他曾是沃克競選連任的財務主席，也在 2016 年沃克競選總統時擔任財務主席。沃克的團隊將「聘用威州的承包商」作為富士康案為全州帶來經濟效益的炫耀資本。這是一種較少公開宣傳的樂趣，用以回報他的忠實支持者。

2007 年，經濟學家菲利普・基佛（Phillip Keefer）與史蒂芬・納克（Stephen Knack）提出證據指出，在治理品質低落且政治制衡機制薄弱的政府中，公共投資的金額會「大幅提高」。[20] 換句話說，2017 年的威斯康辛州正好符合這個特徵，不僅一黨獨大，而且這個多數黨最大的特質就是黨員對政黨和領導者絕對忠誠。

富士康在威斯康辛的案例不只是一起經濟開發失敗的個案研究，更是一則警世寓言，它呈現了全美各地大大小小開發案中一再重演的通病。這是一個可能涉及納稅人數十億美元的資金被挪作政治目的的故事，是工業開發凌駕環境保護、少數內部人獲利，卻聲稱國庫空虛、無力扶助弱勢的故事。綜觀整起事件，政府甚至毫不遲疑，輾壓了那些不幸擋在路上的居民財產與權利。

18 深入富士坑
Chapter　Foxconn on the Ground

雖然地方政府為了購買土地和建設道路、下水道，累積了數億美元的債務，但 2018 年夏天，富士康開工大典之後，還有哪些事情正在進行呢？有一件事顯然沒有發生：11 月的連任選舉即將到來，州長沃克的支持率並未因富士康案而上升。事實上，民調顯示，富士康交易的評價是負面的，全州只有不到 40％ 的居民認為這筆交易是值得的。[1] 拉辛郡以外的選民，更是對花數十億美元的稅款蓋工廠毫無熱情，畢竟這座工廠距離威州北部和西部非常遙遠，體感距離跟加拿大的溫尼伯（Winnipeg）或美國的奧馬哈（Omaha）沒兩樣。

這讓沃克和他的選戰顧問團隊感到相當不安，他們連忙尋找能夠扭轉情勢的方法。我訪問了一位拉辛地區的混凝土承包商，他提到，大約同一時間，他沒能拿到富士康廠區的鋪路合約，合約反而給了一家位於西北方 230 英里遠、名為拉科羅斯（La Crosse）的公司。他百思不得其解，因為無論從成本或效率的角度來看，雇用這麼遠的承包商根本不合理。但從政治的角度來看卻不難看出，沃克正開始著手建立一個「全州都能受惠」的宣傳論述。

富士康本身也加入了政治宣傳的行列。雖然富士康的高層可能不太熟悉美國政治的細節，但他們在裙帶資本主義方面可是老手，也很清楚沃克是他們順利拿到威斯康辛上百億美元補助的最佳途徑。因此，從 2017 年夏天開始，富士康發布了一些從商業角度來看令人困惑、但政治脈絡完全合理的公告。例如 2017 年 6 月底，富士康宣布將在綠灣（Green Bay）購買一座 75,000 平方英尺的六層樓高建築，作為「創新中心」，並含糊地解釋這是富士康 AI、8K、5G 生態系統擴展的一部分，但綠灣位於威州東北，並不以科技重鎮聞名。緊接著 7 月 16 日，《密爾瓦基商業期刊》（*Milwaukee Business Journal*）報導富士康將在歐克萊爾市（Eau Claire）開設第二座創新中心：「富士康科技集團將於 2019 年初在歐克萊爾市中心開設新辦公室，預計雇用約一百五十人，負責產品的技術、應用測試與開發。」[2] 歐克萊爾位於威斯康辛西北，再往西九十英里就是明尼阿波利斯。富士康還宣布將在歐克萊爾買下兩棟建築。看來，富士康似乎對威州的不動產情有獨鍾：2018 年 6 月，富士康又加碼購入一棟位於密爾瓦基、價值 1,490 萬美元的建築，隔年在麥迪遜市中心再買下一棟價值 950 萬美元的建物。2018 年 4 月，富士康與威斯康辛大學麥迪遜分校簽署協議，宣布將提供一筆號稱 1 億美元的大型捐款。這些向威斯康辛偏遠地區的擴張，馬上被納入沃克的競選宣傳，成為他強調全州經濟效益的一部分。

2018 年 11 月，埃弗斯在州長選舉中險勝。沃克的敗選或許是受到全國「藍色浪潮」的影響，民主黨不僅奪下聯邦眾議院的控制

權，也贏得了九個州的州長席次；但也可能只是選民對沃克感到厭倦。一些政治觀察家認為，選民經歷了長期的黨派鬥爭與分裂言論後，對埃弗斯平和的性格與理性態度感到耳目一新。此外，沃克對富士康案過度投入也是導致他失利的一個因素。自協議簽訂後的第一年，區域與全國媒體紛紛加重了對富士康案及其龐大成本的批評力道，使得這項原本被視為政績的投資案，成了選戰的包袱。

到了2019年初，威斯康辛州的政治版圖已經出現變化，但富士康的公關操作仍以有限的方式持續進行。舉例來說，富士康舉辦了一場針對全州大專師生的「智慧城市」競賽，聲稱三年內將頒發「高達」100萬美元的獎金；然而，首屆決賽實際分發的金額僅有6萬美元，遠低於承諾總額的三分之一，令人懷疑此舉是否只是作秀。富士康對威斯康辛大學那筆標榜1億美元的「捐贈」，其中的細節從未對外完全公開。後來有人揭露，這其實是需要對方配對出資的「合作提案」，且附帶大量智慧財產權的限制，潛在捐款人也因此卻步。部分協議內容外洩後，引發了教授與研究生的正式抗議。合作推動兩年後，富士康實際匯出的金額僅有70萬美元，不到當初宣稱金額的1%。

至於那些所謂的「創新中心」呢？富士康確實買下了它原本計劃在歐克萊爾購置的兩棟建築之一，但幾乎沒有做任何改善工程，也沒有招聘任何職缺。2019年2月，我訪問了歐克萊爾的行政官員，對方坦言毫無進展可報告。我向威斯康辛大學歐克萊爾分校校長辦公室確認相關資訊時，發現校方原本還對計劃抱有期待，如今

顯然也極力與富士康以及其地方相關計劃劃清界線。直至 2020 年，前往歐克萊爾與綠灣兩地的記者都未發現當地有任何實質運作的跡象。³

即便如此，由芒特普萊森特和拉辛郡居民負擔的基礎建設工程仍一如往常持續進行。原本為了配合富士康 100 億美元的 10.5 代面板廠所設計的水務與下水道工程，早已大張旗鼓展開。即使後來富士康宣布縮減計劃，這些工程的規模也沒有實質性的變動，部分原因是富士康仍持續宣稱未來會繼續擴張，部分是出於**制度惰性**，更重要的可能是地方政治人物與經濟發展專業人士對於機會主義的熱忱，他們很清楚這是一個千載難逢、可以打造巨大工業園區的大好機會。

到了 2018 年底，富士康在芒特普萊森特的實際貢獻，是啟用了一棟面積約 12 萬平方英尺的「多功能」建築，外觀看起來像一間大型量販店的倉儲式建物。2019 年夏天，第二棟更大的建築也破土興建，面積接近 100 萬平方英尺。這就是富士康所謂的「fab」，當地媒體則一再稱之為 6 代 LCD 面板工廠，儘管已有諸多證據顯示，這棟建築根本不適用。富士康原本聲稱將興建一棟 300 萬平方英尺的工廠，那才是 LCD 量產所需的規模。儘管如此，2019 年秋，《拉辛時報》的報導指出：「這座建築將成為北美第一座、也是唯一一座薄膜電晶體液晶面板製造廠。」⁴ 我詢問顯示器供應鏈顧問公司的產業專家歐布萊恩，這棟廠房是否有辦法製造出 LCD 平面顯示器，他回答：「這取決於你所謂的『製造』是什麼意

表2　富士康工業園區的基礎建設花費

基礎建設項目	支出金額
a. 10.5代LCD廠的電力基礎建設（ATC）	140,000,000美元
b. 芒特普萊森特5號特區債券	203,000,000美元
c. 拉辛郡一般責任債券	178,000,000美元
d. 市政債券存續期間的債務服務費用	300,000,000美元
e. 州政府給芒特普萊森特／拉辛郡的補助	15,000,000美元
f. 重新分配給富士康特區的聯邦公路資金	160,000,000美元
g. 富士康特區的州道路建設支出	221,000,000美元
h. 州政府給社區大學的富士康培訓補助	5,000,000美元
總計	1,222,000,000美元

資料來源：
a. Milwaukee BizTimes，〈Foxconn Electricity Needs $140 Million in Upgrades〉，2017年12月12日。由全威州納稅人分擔。
b. Racine Journal Times，〈Foxconn TID Came with Calculated Risks〉，2020年6月25日。
c. Reuters，〈Racine County to Lock In Long-Term Financing for Foxconn〉，2019年10月18日；WGTD Public Radio，〈Racine County Authorizes More Bonds for Foxconn, Land Purchases〉，2020年9月6日。
d. 依據年利率4%、平均償還期20年所估算。
e. 芒特普萊森特官網〈Racine County Welcomes Foxconn〉，www.mtpleasantwi.gov。
f. Milwaukee Journal Sentinel，〈Wisconsin Lands $160 Million for I-94 South Upgrade to Help Smooth Foxconn Project〉，2008年6月6日。
g. Racine Journal Times，〈Taxpayers Have Spent More Than $225 Million on Roads around Foxconn〉，2019年3月10日。
h. Kenosha News，〈Gateway Plans $5 Million Expansion to Help Train Foxconn Workers〉，2017年9月21日。

思。」他評估，這棟廠房頂多只能用來做象徵性的小規模生產，而且連小規模生產都看起來不太可能。

2020年夏季，富士康的子公司興建了芒特普萊森特園區內的第

三棟建築，其中最引人注目的設計是一座九層樓高的玻璃圓頂，預定作為資料中心，但至於這座中心究竟會處理哪些資料，始終不明。第四棟中型建築則被指定為組裝作業廠房，也正在施工中。就算從寬估算，這四棟建築的總價值也不到富士康承諾 100 億美元投資額的 5%。

　　威斯康辛納稅人與聯邦資金共同支應的密集道路工程已在 2018 年 8 月全面展開，94 號州際公路從六線道拓寬為八線道。貫穿富士康 TIF 特區的主要東西向道路 KR 郡級公路，也從原本的雙線道拓寬為六線道。這條道路原本的規劃甚至達到九線道，雖然後來決定縮減，但即便是六線道，對照縮水的開發規模仍顯得過度。如同許多公共工程一樣，惰性凌駕常識，最後就變成六線道了。而另一條位於富士康初始建築區以北的東西向道路布勞恩路，最初規劃為四線道並拆除沿線住宅，不過後來縮減為加寬的雙線道。無黨派機構威州州議會預算局估計，與富士康相關的道路工程將從全州其他道路項目中挪用約 1 億 3,400 萬美元，另有更多支出則是專為富士康特區擴增與加速的建設預算。[5]

　　2017 年 12 月，《密爾瓦基商業期刊》曾以〈富士康已在芒特普萊森特組裝電視〉為標題，報導富士康在當地的租賃空間設置了一條簡易組裝線，將進口零件組成中型電視。不過，正式動工沒多久，產線就關閉了。那麼，工作機會到底在哪裡？

　　從 2018 年到 2020 年，我密切追蹤富士康在威斯康辛開的職缺，發現了一連串讓人摸不著頭緒的職位：從設在密爾瓦基、要求

會說中文的護理師，到有伺服器冷卻解決方案經驗的工程師，甚至還有專門處理醫療專利的律師。起初，我以為富士康正要展開一個複雜到難以拆解的宏大商業計劃，但隨著時間過去，與現任或剛離職的員工訪談之後，我漸漸理解，這些千奇百怪的職缺，其實是富士康試圖拓展業務卻缺乏整體規劃、管理混亂的證據。看來，這些招募的真正目標並不是要實現什麼偉大的商業藍圖，而是為了達成某些雇用門檻，好啟動高達 30 億美元的州政府激勵補助中的部分款項。

一些新招聘的員工被安排在富士康於密爾瓦基市中心買下的一棟 1960 年代老舊辦公大樓、所謂的「北美總部」裡。面試時的承諾與實際工作的差距很快就顯露出來，員工不僅得從家裡自帶筆記型電腦，甚至連辦公用品，包括筆和鉛筆，都得自己準備。大樓的電梯經常出問題，屋頂還會漏水。這些被聘來的員工幾乎沒什麼正事可做，許多人整天都在看電影，或玩電腦遊戲來打發時間。[6]

某位富士康高層曾想將歐克萊爾和綠灣的「創新中心」改造成類似 WeWork 的共享辦公空間，但這個構想隨著 WeWork 自身的崩解而胎死腹中。[7] 富士康努力試著尋找某種商業立足點，但漸漸開始瀰漫著一股情景喜劇般的荒誕氣息，他們曾想過經營鯉魚養殖場、儲放船隻、經營樹苗農場，甚至出口冰淇淋。還有一個想法是贊助一支電競隊伍，並在某個創新中心設立訓練基地。然而，這些計劃往往在富士康內部不同部門互不授權項目資金的情況下無疾而終。例如「智慧城市」計劃本來選定拉辛作為試點，打造自駕車等未來

科技。結果送到芒特普萊森特的，是幾台便宜的高爾夫球車，打算加裝的自駕系統設備從未到貨。於是，百無聊賴的員工乾脆從密爾瓦基開車過來，開著球車在空倉庫裡比賽兜圈圈，直到電池耗盡。

一些新進員工接到了前所未見的任務：替富士康發明一門能賺錢的生意。早期幾位錄取的工程師甚至被送往台灣，接受所謂的「富士康訓練」。其中一人向科技媒體《The Verge》記者喬許・齊薩（Josh Dzieza）形容，他受訓歸國後的工作，就是幫公司想出一個可行的營利模式。「大家最常誤解的一點，就是以為富士康有策略、有商業計劃⋯⋯實際上根本沒有。他們完全沒有任何計劃。」[8] 富士康還承諾提供優渥的薪資，有些錄取的人因此辭去了原本的工作，最後卻被晾在一旁，甚至連錄取通知都撤回了。

這些努力的真正目的，全都是為了能達到啟動高額激勵金的雇用門檻。富士康與威斯康辛州的合約規定，每年12月底要對雇用人數進行一次「快照式」的統計。事後看來，這項條款顯然是整份合約的一大漏洞，而簽約對象富士康又這麼擅長利用制度漏洞，導致情況雪上加霜。只要富士康在2019年那天達到最低520名員工的標準，就可觸發威州向富士康支付迄今為止資本支出10%的現金折扣，總額上看5千萬美元。打從一開始，州長埃弗斯的團隊就對富士康的人數統計和州方的給付義務抱持懷疑態度，他們主張，這份合約是以興建10.5代面板廠為前提，但這座廠早就確定不會蓋了。而2019年所需的520人只是起點，未來幾年門檻將持續上升，2020年需達到1,820人，2021年是3,640人，2022年要有5,200

人,從2027年起要穩定有10,400人。這些工作機會原本是支持者捍衛天價激勵金時最常提的論據,但照富士康的發展軌跡來看,這個說法其實也沒錯,威州恐怕永遠不需要支付那傳說中的30億美元補貼。不過,即使是第一筆5千萬的返還金,也足以讓富士康動心——畢竟它們能用遠低於這個金額的成本湊到所需的人數。

2019年底,為了達到520人的雇用門檻,富士康展開了一場搶人行動,其中一項是積極招募一批帶薪實習生。它們的目的非常明顯:找來能雇用、能點名、又能快速解雇的免洗勞工,讓公司在年底統計當天「符合標準」。開出的實習職缺範圍包括:「工業人工智慧、5G網路、工業大數據、人資、韌體工程、財務、會計、法務、商業分析、室內設計、工程管理、行銷與銷售。」[9] 到了2020年初,富士康聲稱它們已經達標。不過,州政府的後續審計卻把認定的雇用數字下修至216人,遠低於門檻。富士康的內部混亂再次暴露,許多12月雇用的員工和實習生,直到隔年的1月才拿到第一張薪資單,因此不符合2019年的統計資格。收到威州官方拒絕發放補助的通知之後,郭台銘發出正式回應,表達他對威州政府缺乏政治熱情的失望,並在信中兩次提到川普,暗示富士康想要的合作夥伴就是這樣的人。隨著州長沃克與聯邦眾議員萊恩相繼離開政壇,郭董的言外之意似乎是,如果川普也不在了,富士康對威州的興趣恐怕也將煙消雲散。

2020年初,富士康將大約七十名臨時工帶進了宛如波坦金村(Potemkin Village,注:俄土戰爭過後,陸軍元帥波坦金為了討好俄

國女皇葉卡捷琳娜二世,在女皇出巡克里米亞的途中精心布置了許多可移動的村莊來欺騙女皇與大使,後來指稱各種虛假的表面工程)一樣虛有其表的電視組裝工廠,讓他們組裝口罩來應對 Covid-19 疫情。這顯然是一場公關作秀,而不是一門正經生意。這些工人實領的薪資是每小時 13 美元,換算下來,還不到富士康及其支持者所承諾可以「養家糊口」的年薪 5 萬 4 千美元的一半。與此同時,富士康顯得越發焦慮,開始試圖出租芒特普萊森特的建築。到了 2020 年 9 月,芒特普萊森特園區那座號稱「晶圓廠」的大型建築(實際上是一棟 98 萬平方英尺的大盒型建築),獲准得以將用途從製造變更為倉儲。現在,富士康只要找到需要龐大儲存空間的租客就行了。[10]

隨著富士康高層對員工的怒斥以及對美國勞工「薪資過高又效率低落」的抱怨愈來愈多,整體的不滿情緒也逐漸升高。最令美國員工困惑的是,富士康高層竟然強迫他們集體觀看得過奧斯卡獎的紀錄片《美國工廠》。該片描述中國玻璃廠接手通用汽車位於代頓的舊廠房後,原通用汽車的員工與中國主管之間發生文化衝突的故事。片中,中方管理階層對美國員工抱怨連連,說他們竟不願接受一週工作七天、每天十二小時的工作模式。被迫觀影的富士康員工,看著影片裡的美方主管一個個被亞洲員工取代,而這正是他們在威斯康辛工作現場已經親眼目睹的趨勢。如果富士康高層認為放映這部片子會激勵人心,那也只是激發了一波履歷投遞潮。

雖然 30 億美元的激勵措施中,有很大一部分看起來根本遙不

可及，但沃斯等支持者聲稱「如果富士康跳票，威斯康辛一毛錢都不會損失」的說法，實際上就是在玩弄事實。州政府已經挪用了超過 2 億美元的公路建設資金投入富士康計劃，並撥款 1,500 萬美元給芒特普萊森特，協助展開前期作業。WEDC 更是連續多年投入 7,000 萬美元，占大部分的年度預算。但真正的財政壓力集中在地方層級，由芒特普萊森特和拉辛郡共同承擔的土地徵收與基礎設施建設費用，早已暴漲至數億美元。

這筆鉅額債務的償還，幾乎完全仰賴富士康自 2023 年起依照合約以 14 億美元的估值繳納的地產稅，以及芒特普萊森特所課徵的特別稅。2019 年，富士康支付了 720 萬美元的特別稅及 100 萬美元的地產稅。若以 2％的有效稅率計算，這 14 億美元的估值每年將帶來約 2,800 萬美元稅收，差不多剛好可支付債券的年度利息。雖然 2023 年起的合約最低估值將帶來稅收激增，但富士康實際投入的資本看起來只相當於估值的三分之一。即便估值達到 14 億美元，所產生的稅收仍不足以建立償還數億美元本金所需的儲備金。如果富士康繳納的稅金不足以支援地方政府財政，根據富士康條款，州政府需承擔高達 40％的債務及利息，金額可能高達數億美元，地方政府仍得承擔相當大的負債壓力。債券到期時，芒特普萊森特還得籌出至少 1 億 2,100 萬美元來償還本金。鎮公所或許會再度發行債券，把問題延後幾十年，或者被迫向州政府尋求某種緊急紓困。畢竟，整筆交易是沃克州長一手促成的，也是他鼓勵芒特普萊森特拿土地與信用來換取富士康進駐的。

19 從輪迴到覺醒
Chapter　Breaking the Cycle

知名社會學家威廉・朱利葉斯・威爾遜（William Julius Wilson）在他 1996 年的著作《當工作消失時》（When Work Disappears）中點出了重要的現象。由於他聚焦黑人勞工階級，他很早就發現了一個後來影響美國廣大勞工的趨勢。就像拉辛一樣，美國各地在二戰期間及戰後大量招募的黑人勞工，常常成了去工業化浪潮的第一批受害者。1996 年時，天頂仍在伊利諾州的梅爾羅斯公園生產陰極射線管；基諾沙引擎還在為克萊斯勒製造引擎；西部出版也在拉辛印《小金書》。然而，這些企業當時都已陷入困境，開始裁員，並在接下來的十年內陸續關閉。

威爾遜在書的最後一章總結了一些積極措施，可以用來減緩都市貧困社區中嚴重社會崩壞的現象。二十五年過去，他的許多觀察與建議至今依然鮮明，遺憾的是，多數建議未能實現。他點出全球化帶來的挑戰、技術勞工與非技術勞工之間日益擴大的收入差距，以及教育機會、家庭穩定與都市居民相較於郊區居民所面對的機會落差。他提出的解方包括教育改革、更普及的幼兒教育機會，以及對於處於壓力下的家庭提供社會支持。他對 7 美元的聯邦基本工資

（相當於 2020 年的 11.70 美元）深表遺憾，也批評低薪工作缺乏健保保障。至於工作本身，他主張由政府發起就業計劃，填補私人部門不足的空缺，並將工作重點放在修復都市基礎設施，例如住宅等等。他惋惜地指出：「利用公共政策來對抗社會不平等的做法已經大幅減少。」[1] 雖然超出了威爾遜研究的範圍，但如今政府一再擴大對企業發展的無限制補助體系，卻不願投入社會服務，正是他所憂心結果的具體例證。

只要激勵措施存在、搶標競賽繼續開放，經濟發展支出就會持續增加，而且很可能呈螺旋式上升。這類誘因往往始於政治野心，結合根深柢固的制度性基礎建設，再加上以政治獻金換取對等回報這種參與者眼中的良性循環。最終，這將成為推動收入不平等持續擴大的強大引擎，也掏空了原本應該投入教育、基礎建設、社會服務與醫療保健的資金。換句話說，經濟發展資金不僅大量流向本就富裕的人，更是從那些本應用來扭轉社會與收入流動性下滑的關鍵公共資源中抽走。

政治紅利

政治人物為何熱衷大型經濟開發案，學術界其實早有明確結論。不只是成功爭取大型計劃能帶來獲益，就算沒搶到，只要擺出努力爭取的樣子，也能提升聲望。在這件事上，民主、共和兩黨難得意見一致，兩黨都想繼續這種政府與企業的「不正當聯姻」。

2017年亞馬遜總部競標掀起的反彈，以及富士康案讓沃克反受其害，或許代表這股風潮正逼近臨界點（例如花掉州政府30億美元之際）。除此之外，資訊透明度也相當重要。多數的地方經濟開發案都沒什麼人關注，無論是TIF的稅收補貼，還是威州對兩個破局的航空計劃補助皆然。只有亞馬遜與富士康案是例外，它們一直以來都是地區和全國媒體的頭條焦點。即便如此，沃克在2018年選前民調表現低迷，最後也以些微差距敗選。由於當時並未針對富士康效應做出口民調，我們無法確切知道這樁交易在不同的選民群體間，究竟是加分還是扣分。但沃克的政治直覺其實與過往經驗相符：成功搶下開發案，歷來就是拉票的絕招。

　　普強就業研究所的巴提克自1989年起便專注研究經濟發展議題。他在2019年的著作《搞懂補助誘因》（*Making Sense of Incentives*）中深入分析大型經濟開發案的背後動機，核心結論是，政治野心和爭權奪利是補助措施背後最重要的推動力。富士康案正好為這一觀察提供了鮮明的佐證。巴提克寫道：「補助措施以經濟的角度來看也許沒什麼效率，政治人物卻能藉此向選民展現政績……是迎合選民的完美工具。」他指出，政治人物為了選票，經常過度使用補助措施。無論是從富士康案的教訓還是相關研究來看，這一點都不難看出。例如，巴提克發現，由民選市長領導的城市，在經濟開發上的支出，明顯高於交由專業市政團隊管理的城市；而每逢選舉年，開發案數量也明顯上升，其中的政治盤算昭然若揭。[2]

　　挑戰政府大手筆開發案所帶來的光環效應並不容易，畢竟有時

間跨度的問題。一位市長也許可以高調主持市府支持的會議飯店動工典禮，但等到這棟飯店破產時，他可能早就卸任了，聖路易斯（St. Louis）與休士頓就曾發生過這樣的事。近年來，富士康與亞馬遜這類鉅額補助案所引發的質疑與反彈，或許顯示出民眾意識正在轉變；也可能只是給政治人物的警訊：以後別再玩什麼幾十億美元的案子了，乖乖簽幾億的就好。不過有一點可以肯定，如果美國政治人物願意像中國官員學習「面子工程」那套，把心力放在剪綵與動土儀式用的金鏟子，而不是花大錢提供企業補助，對整個國家說不定還比較有利。

解構經濟發展迷思

美國經濟發展最該改革的原罪，就是各州與地方政府之間的招商補助大戰。幾乎所有認真研究過這個問題的學者都得出一致的結論：這是一場零和賽局，納稅人終將淪為輸家。然而，補貼競賽不但沒有收斂，反而愈演愈烈。其實已有更合理的模式可作為借鏡，以歐盟為例，成員國間早已針對招商補助訂出上限規範。如果美國當時也有類似的制度，也許不僅能成為威斯康辛百姓的救贖，也能避免紐約市在亞馬遜總部案中不斷反覆開價、最終落得騎虎難下的局面。在堪薩斯都會區，橫跨堪薩斯州與密蘇里州的兩地政府過去也曾為了爭取企業投資爭相加碼，如今兩州已簽署停火協議，暫時畫下休止符。雖然說，要讓全美五十州的州長聯手達成類似協議，

聽起來有如天方夜譚，但由區域間率先推動這類互不競價的協議，無疑是邁向改革的重要一步。最終，若要徹底解決這場以公帑競價為榮、卻常讓民眾買單的亂象，仍需要制定一套聯邦層級的全國性政策，才有可能從根本遏止這種惡性循環。針對經濟激勵措施的補貼競賽就像引擎裡的活塞，是造成經濟不平等的眾多因素之一，卻也是最容易解決的。這不像教育成就中的種族差距那般複雜棘手，反而是個可以透過全國意志與相應立法來直接處理的議題。

但無論是這個問題還是其他關鍵的社會議題，進展之所以如此緩慢，癥結點往往在於權力結構的盤根錯節。正如諾貝爾經濟學獎得主史迪格里茲（Joseph Stiglitz）所言：「政治塑造市場，並以對頂層人士有利、犧牲其他人的方式塑造市場……我們的政治系統似乎被金錢利益所控制。」[3] 相關研究也進一步證實，即使某項政策背後有廣泛的民意支持，但真正能立法通過的，往往還是那些擁有財力、能對政治競選捐款的高收入族群所偏好的政策。這說明改革不是不可能，只是被一小群有錢有勢的人牢牢卡住了。[4]

另一個應該終止政府動輒投入數十億美元補貼企業的原因在於，公部門根本無能挑選所謂的「贏家」。雖然富士康是本書最主要的案例，但類似的荒謬情況其實比比皆是。舉例來說，我們來看看美國南方的路易斯安那州。2014 年，財政並不寬裕的路易斯安那州政府，為了爭取南非公司薩索爾（Sasol）在當地設立乙烷裂解煉油廠，砸下了 2 億 5,700 萬美元的補貼金與 8 億美元的基礎建設支出，換來對方承諾創造一千兩百五十個工作機會。表面上看

來，等於每個職缺約 80 萬美元。當時的州長金達爾與經濟發展部長史蒂芬‧莫雷特（Stephen Moret）也坦承，他們無法確定到底是因為補貼金額、路易斯安那州寬鬆的環保法規，還是當地已具規模的煉油供應鏈，讓薩索爾決定進駐。但莫雷特仍強調：「只要政府的援助在吸引這條大魚的過程中有那麼一點作用，那麼這筆錢就是值得的。」

2020 年 4 月，設施尚未全面啟用之前，薩索爾的信用評等就已被降為垃圾等級，股價自年初以來大跌 82%。[5] 導致財務陷入危機的主因是路易斯安那州的煉油設施嚴重超支，總成本從原先預估的 80 億美元飆升至 130 億美元。面對財務壓力，薩索爾開始尋求合作夥伴，希望有人能入股、協助紓困這座尚未全面啟用的工廠。

多年來，威斯康辛眾多公部門機構與官員費盡心力，投入數億美元的基礎建設資金，徵收了數千英畝的農地，並迫使數百戶居民搬遷之後──這一切的一切，最終可能連一片大尺寸電視面板都生產不出來。原本立下要打造超大型液晶面板廠和科技聚落的遠大目標，如今很可能只剩下芒特普萊森特那座幾近空蕩的工業園區。園區中央貫穿著幾條幾乎無車行駛的六線道高速公路，四周矗立著幾座富士康的建築，裡頭只有少數員工，以低於當初承諾的薪資，組裝種類繁雜、無特定主軸的電子產品。對地方官員來說，開發落空也許只是面子問題，但對當地居民而言，未來富士康若將土地轉租給高汙染產業，才是真正的惡夢。

翻轉激勵制度的遊戲規則

　　激勵措施的核心問題在於「若沒有這些補貼,開發是否仍會發生?」選址決策往往十分複雜,受到許多因素影響,包括消費市場、勞動力供給、天然資源、供應鏈布局與交通運輸等。有時光是企業高層的住家地點或休閒喜好,也會成為決定性因素。這些條件的存在,讓經濟開發官員宣稱「都是因為我們的激勵措施才吸引到開發」的說法顯得站不住腳。[6] 但他們仍堅信自己的勝利,並主張若沒有他們的努力,所在的城市、地區或州會更加貧困。正如普立茲獎作家厄普頓‧辛克萊（Upton Sinclair）那句經典名言:「如果某人是靠著裝糊塗拿薪水,你就很難要他別再裝傻。」

　　當然,若條件相同,一間公司若被塞了幾百萬美元,要它從堪薩斯州的奧弗蘭帕克搬到幾英里外的密蘇里州堪薩斯市,它自然很難拒絕。但相關研究顯示,有三分之二的補貼其實都流進了本來就會做出相同行動的企業口袋裡。至於那三分之一真的被「說服」的公司,它們所獲得的稅務和其他優惠,往往也遠高過它們能為當地帶來的實質經濟回饋。[7] 問題甚至不在於補貼是否真的會影響企業決策;重點是,當你拉遠鏡頭,放眼全美,就會發現這些市政或州層級的「勝利」根本只是贏了表面,輸了本質。這就是典型的「皮洛士式勝利」（注:Pyrrhic Victory,典故出自古代希臘伊庇魯斯國王皮洛士對戰羅馬共和國的慘勝）:看似贏了,但付出的代價比收穫還高,根本是慘勝。

即使沒有政治光環，或對競標戰設定上限，那些根深柢固的經濟發展體系依然會不斷推動各式各樣的招商補貼案。部分是出自制度惰性，畢竟全美有成千上萬名經濟發展專業人員，這些人的工作成果和升遷獎金取決於能否從其他地區的同行手中「搶來」企業投資案。收入豐厚的選址與激勵顧問更是在這些激烈的爭奪戰中火上加油，他們的酬勞往往直接與補貼金額掛勾，金額愈高他們分得愈多。競標戰的幕後還有 TIF 顧問與經濟影響分析顧問出謀劃策，TIF 顧問常會幫市政畫出充滿幻想的「未來收益藍圖」，就像伊利諾州謝拉德那群毫無防備的鎮委會委員所收到的數字一樣，說得天花亂墜。和他們搭檔的會計師則經常濫用投入產出模型，對客戶所提供的過度樂觀數據不加查證，硬是編出一份份「看起來很科學」的報告，而這些報告總是能得出同一個結論：公共資金該花，而且值得花。

　　一套成熟且運轉順暢的經濟發展機器，正穩穩地為一小撮權勢群體的利益效力。政治人物樂於享受「重大投資案」所帶來的光環；企業心甘情願接收各種補貼與讓利；顧問、廠商與承包商大排長龍，等著分一杯羹，而這些人往往也是重要的政治獻金來源。大量納稅人的資金就這樣被引導進這個狹隘的利益網絡，滋養的不是新創企業或基層勞工，而是原本就早已獲利豐厚的大企業與富裕承包商。而這還不包括龐大公共支出的機會成本，因為資源集中在特定的開發項目，導致國民教育與州立大學的經費被逐年侵蝕，原有的基礎建設長期失修，社會服務、心理健康體系與社會安全網系統

也因資源匱乏而岌岌可危。這正是許多州與地方政府無力回應基層需求的根本原因。

要改變這個根深柢固的經濟發展體系並不容易。然而，這場改革其實有可能得到一些「跨黨派」的支持，更準確來說，是不同政治光譜上的支持。進步派人士一向對「優惠企業的福利政策」十分反感，看到納稅人的錢大筆流入大公司手裡，自然會很火大。而資金充足的自由意志主義與保守派智庫則基於「市場不該被政府干預」的立場，長年呼籲停止發放這類補助與激勵措施。

至於要怎麼運用這筆節省下來的經濟發展預算，各方可就毫無共識了。從許多方面來看，受到科赫兄弟模式啟發的右翼反經濟發展遊說其實滿偏激的。科赫工業對於政府給予的各種優待可是一點都不客氣：不論是開採權，還是各州與地方政府提供給旗下煉油廠與企業的 5 億美元補助，他們照單全收。但若要重新分配這些經濟發展預算，他們的態度可就截然不同了。[8] 對於奉行基本教義的保守派來說，這筆錢的用途非常明確，就是「減稅」，特別是讓給有錢人與所謂的「創造者」減稅；同時砍掉所有社會福利、健保補助、甚至任何形式的社會安全網。若按照喬治梅森大學梅卡圖斯中心（由科赫資助）主任泰勒・柯文（Tyler Cowen）的看法，美國的貧困與未受教育人口未來的生活方式，巴西或墨西哥的貧民窟就是前車之鑑。[9]

在進步派這一方，愈來愈多人意識到，若不積極採取行動，二十一世紀的收入不平等將會如失控的疫情那樣迅速惡化。雖然沒有

明講，但技術進步所導致的工作流失，正是大家對富士康計劃如此熱衷背後的主因，未來也只會愈來愈嚴重，對弱勢群體更是一大衝擊。民主黨總統候選人楊安澤（Andrew Yang）在總統競選時推廣的「無條件基本所得」（Unconditional Basic Income，簡稱 UBI），就是目前較受矚目的解決方案之一。

保守派和進步派都沒解決的問題，就是那些推動激勵措施的整套制度機構。表面上來看，一群由公務員組成的複雜系統為私人企業服務，應該會讓進步派和保守派的理念支持者都惴惴不安。那些大力推廣學校和社會保障私有化的人，怎麼會不贊成企業選址也應完全私有化呢？如果國會能取消數十億美元的競標和針對特定公司的減稅措施，州和地區經濟發展機構花錢的動力就會大大降低。但這些機構並不會因此自動消失，因為選址專業人士還是可以帶著企業客戶到處跑，找尋免費土地、補貼基礎設施或是由政府出資的員工訓練等非現金形式的優惠。

美國各州和各地區的經濟發展機構擁有相當廣泛的任務權限來扶持地方產業。沒有人希望中止出口中西部的大豆至亞洲，也不會主張停止對新創企業的州級資助。但如果能將那些在州間惡性競標中浪費掉的資金重新導向，這些機構不僅能變得更加精簡高效，還能重新聚焦在真正有意義的發展上。我們對於遊說者如何使用金錢影響政治，早已有一套嚴格規範；同理，我們也應該為那些傾向用納稅人的錢來款待高薪顧問、培養關係的經濟發展機構，設下相應的規則與限制。

2020 年 6 月，在民主黨州長埃弗斯的領導下，WEDC 發布了一份未來發展的藍圖，展現出明顯的政策轉向：與其鼓勵花錢建造通往某座特定工廠的六線道高速公路，不如擴建寬頻網路基礎設施，讓每個人都能使用；與其把州政府絕大部分的經濟激勵資金押注在單一公司和單一產業上，不如廣泛支持各種創業人士；與其像拉辛郡為富士康那樣，為了單一客戶的需求瘋狂設計、重新修改社區大學課程，不如在全州推廣技職訓練與再培訓計劃。這些改變值得讚賞也合情合理，只可惜，這份提案在共和黨掌控的州議會始終沒能通過。

如果能夠終結這些噁心的企業福利濫用現象，以及那些專門搞補貼的公部門機構，美國的企業發展不僅不會出現淨損失，反而會帶來公共資源的淨收益。就算沒有激勵措施，特斯拉依然會生產電池，亞馬遜仍會尋找總部設址地點，而富士康對美國生產電視的可行性也終究會得出同樣的結論。

停止毫無必要的支出，將能釋出數以十億計的公共資金，協助我們對抗這個時代最重大的問題：收入不平等、教育成績放眼全球相對下滑的情形、學生債務、氣候變遷，以及貧窮的惡性循環。

裙帶關係

在經濟發展計劃首席分析師巴提克的著作《搞懂補助誘因》中，巴提克認為裙帶關係的影響有限。他檢視了主導政客與企業受

益者之間的「對價關係」，但他發現，主要受惠企業對於推動該項目的民選官員幾乎沒有直接政治獻金。當然，在富士康的案例中，外國企業與個人依法不得對美國的競選活動捐款。若要在富士康計劃中找到裙帶關係的蛛絲馬跡，則必須再多剝開幾層關係，才能看到在供應商和承包商層面迅速運作的偏袒行為。

儘管透明度、公開招標與有良心的領導都能對抗裙帶關係，但長遠而言，最有效的對策還是減少誘因的存在。有一部分的州已經採取措施限制地方 TIF 特區的支出上限，若能在全國層級對企業發展與遷移所給予的誘因設立上限，將是更進一步的改革方向。長遠來看，逐步廢除那些仰賴公帑運作、專門為相關支出服務的制度化誘因機制，也將帶來極大的改變。

收入不均

深入檢視美國的經濟誘因機制，或許無法直接揭示導致收入不均的主要原因，但卻能說明這台製造不平等的引擎有多麼根深柢固，並依循制度持續運行。正如皮凱提在《二十一世紀資本論》（*Capital in the Twenty-First Century*）中所言，企業的尋租行為與高階主管的暴漲薪資，是導致我們從 1970 年代的相對平等，走向當今極端貧富差距的主要推力。以富士康案為例，地方政府投入鉅額資金，是一場「公共承諾與實際結果之間」的失敗示範。承包商和內部人士賺得荷包滿滿，而原本用來合理化整個案子的承諾——為

高中學歷的工人提供一萬三千個「可養家糊口的工作」——最後卻變成了不穩定的就業機會，每次只有不到一百人能受雇，大多數的人只領 13 至 14 美元的時薪，還沒什麼福利。

拉辛這座掙扎中的城市，以及富士康會帶回製造業工作的虛假希望，不過是凸顯出我們這個時代經濟現實的殘酷。雖然政治利益是威斯康辛州對富士康開出數十億美元激勵方案的核心動機，但這場風潮之所以變本加厲，是因為對於藍領與低學歷勞工而言，要獲得一份有合理報酬的工作，機會確實愈來愈少。正因為稀缺，民眾才願意接受高額激勵方案所帶來的沉重代價。而那種「老式製造業重生」的幻象，更成了這場激烈競標戰的主要推手。

高薪藍領工作的流失撕裂了社會的基本結構。最早受到美國「鏽帶」去工業化衝擊、影響也最深的，是那些為了找工作而從南方遷徙北上的非裔美國人。他們雖然面臨惡劣、甚至公然的種族歧視，卻是受到重視的勞工，能領到足以養家的工資，而這一點改變了一切。對此陶德深有體會。他 1942 年開始在拉辛生活，回憶起當年的拉辛，雖然感嘆「種族歧視很嚴重」，他卻形容，在南方來的家庭眼中，拉辛簡直是「天堂」。然而，當工作機會一一消失，今天的拉辛就成了當代美國的縮影：種族歧視依舊存在，城市人口深陷困境，居民難以獲得協助，看不到希望，更沒有機會追求幸福。

有大量明確的證據顯示，工作機會正在減少，而且這個趨勢還會持續下去。牛津大學經濟學家丹尼爾・薩斯金（Daniel Susskind）的《不工作的世界：AI 時代戰勝失業與不平等的新經濟

解方》(*A World without Work: Technology, Automation, and How We Should Respond*),以及達特茅斯學院經濟學家布蘭奇弗勞的《不工作:好工作都去哪了?》等深入的研究,就提供了令人信服的論點。「這一次的情況真的不同,全球化與技術進步正在共同推動勞動市場的根本性轉變。」早在承諾創造威州一萬三千個工作機會之前幾年,富士康董事長郭台銘就曾明確表示他對機器人製造的信心。他說:「我認為未來的年輕人不會再做這種工作,也不會進入工廠。」[10]

工作機會流失與其引發的社會動盪,長遠累積下來,影響是毀滅性的。社會學家馬克・蘭克(Mark Rank)與商學教授麥可・麥勞夫林(Michael McLaughlin)曾寫道:「貧窮的核心問題在於,它會從根本侵蝕人的能力與潛能。」[11] 貧窮對兒童的影響格外深遠,尤其是兒童發展最關鍵的前五年。在美國,有超過40％的兒童在低收入家庭中成長,這些家庭普遍面臨食物與居住的不穩定、長期壓力,以及醫療資源的不足。儘管很多研究都證明幼兒教育很重要,但美國的幼教計劃能幫到的三歲小孩比例,比其他二十二個已開發國家還少;四歲小孩的比例,更是落後其他二十七個國家。[12]

教育常被視為解決貧富不均最常見的手段,也最常獲得個人經驗層面的支持。教育確實有可能是我們手中最有力的工具,但它已不再是二戰後《退伍軍人法案》(*GI Bill*)受益人所經歷過的萬靈丹。首先,重新訓練遭裁撤的勞工說來容易做來難。其次,就算擁有學位,也愈來愈難找到對應的工作。在當今這個高度壓力的經濟

環境下,愈來愈多大學畢業生從事著原本高中學歷就能勝任的工作。根據 2019 年的數據,年齡介於二十二到二十七歲的大學畢業生中,許多人面臨嚴重就業不足的問題。1990 年,有 48％的大學畢業生年薪超過 4 萬 5 千美元(經通膨調整);二十年後,這個比例降到 38％。即使受過世界頂尖的教育,也無法保證一定有工作等著你。正如薩斯金所言:「我們很難不下這樣的結論:我們正邁向一個人類可做之事愈來愈少的未來。」[13]

另一個挑戰在於,美國提供世界級教育的優勢正在消失,甚至可能已經沒了。各級教育資源缺乏支持是原因之一。主張削減教育預算的州長(例如威州的沃克、堪薩斯州的布朗貝克和路易斯安那州的金達爾之流),更是將矛頭指向贈地大學(注:Land-Grant

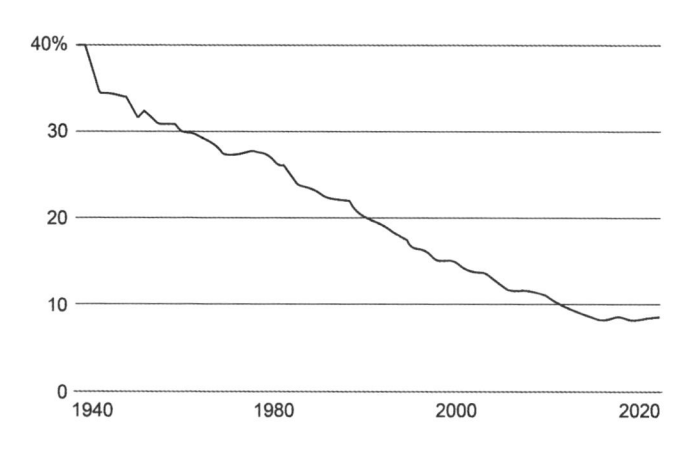

美國製造業占總就業人口的比例

資料來源:美國勞工統計局

Universities，十九世紀下半葉，美國通過《土地撥贈法案》後，各州可以出售聯邦提供的土地集資建立高等教育機構。法案還將應用學科列為教學重點，讓一般勞工與中產階級子弟也有機會讀大學），導致學費上漲，再加上大砍助學補助，學生的入學門檻變得更高、學貸負擔也更加沉重。耶魯大學社會學家海克與加州大學柏克萊分校的皮爾森總結：「老一輩美國人所受的教育程度是全球最高的，年輕一代遠遠比不上。」[14] 到了 2017 年，中國在科學、技術、工程和數學領域的畢業生人數，已經是美國的八倍。[15]

對於教育成就落後的問題，回應往往相當嚴厲且充滿政治色彩。威斯康辛已成為學券制度的領頭羊，這種制度將資金從公立教育中抽走，轉而挹注給許多具宗教背景、課程內容狹隘的私立學校，進一步加深了美國社會對現代科學基本理念與方法論的無知。沃克更是以摧毀公共工會聞名。他曾公開表示，他的競選策略是「分而治之」，先分化再征服，用一種極為玩弄人心的方式，讓經濟困頓的藍領工人相信，教師與大學教授的薪資與福利這麼多，都是從他們身上榨取而來的。沃克通過打擊工會的法案八年後，我訪問了好幾位拉辛地區的教師，這些人的薪水甚至比沃克上任前還要低。

拉辛郡不僅是自上而下推動富士康經濟開發計劃的焦點，同時也是州政府介入公立學校營運的目標。[16] 威斯康辛州議會在 2017 年的預算案中，特別針對拉辛郡的學校加入了一項條款，規定若未達到特定的標準化測驗門檻，就要採取懲罰措施，而非提供協助。這項立法命令一旦落實，可能導致該郡的教育系統被拆分為城市與

郊區兩個或多個學區，造成實質上的教育再隔離，並進一步拖垮那些服務拉辛弱勢學童的學校。更令人憂心的是，拉辛的家長對這件事完全沒有投票或發言的權利。這正是一個典型案例，說明當教育資源遭到削減時，首當其衝的往往是那些最無力自行負擔教育經費的社區，尤其是在美國仍以房地產稅作為學校經費主要來源的體制下，這種資源不均更是加劇了貧富與族群差距。

除此之外，即便富士康計劃真能按照最初的構想實現，所帶來的影響仍可能對當地教育系統造成沉重壓力。若新廠吸引大批外來勞工及其家庭遷入，當地學校將面臨學生人數激增的情況，卻得不到相應的稅收支援。因為富士康所帶來的工業發展所產生的房地產稅收益，未來三十年都將拿去償還 TIF 所累積的債務。更糟的是，若參照富士康在印第安納州的用人紀錄，這批新學生可能會對當地學校提出特殊需求，比如需要大量「英語作為第二語言」的教學。[17]而製造業員工的薪資通常買不起房子，往往以租屋或通勤為主，對房地產稅的貢獻也相對有限。換句話說，地方學校得應付潛在數千名新生的教育需求、卻無相對應的經費支援，而這些成本根本不在當初富士康專案的財務規劃之內。

機會成本

億萬富翁華倫·巴菲特（Warren Buffet）曾談過自己很「幸運」，講的不是他淨資產後面的那些零，而是他很幸運生在美國，

擁有富裕的生活和教育機會，而非某個貧困又缺乏知識的角落。他也提過自己恰巧點到一組能在當時抓住投資機會的天賦技能，而這些機會在過去的世代未必能有，未來也不一定會再出現。但這種謙虛的態度並非人人都有，當今許多經濟上的贏家往往以為自己是憑本事打出全壘打，卻忘了他們其實是從三壘起跑。技能、地理位置和出身之間的高度關聯，在現代美國的成功差距中顯而易見。舊金山和紐約等城市中心，為受過良好教育、有人脈、具備知識經濟時代所需技能的人提供了蓬勃的發展機會。而過去曾被視為穩定基礎的條件——高中畢業加上肯做事的態度——如今已不足以支撐整體經濟穩定，尤其是在美國上中西部等地區，農村和工業區持續掙扎。即便在 Covid-19 疫情重創經濟之前，全美有一半的區域，工作機會已比 2007 年來得少。[18] 自動化與人工智慧的發展將對美國勞工施加更多壓力。僅在 2019 年，就有約三百五十萬人從事卡車司機工作，超過三百萬人擔任收銀員——光是這兩個就業類別，就占全美勞動力的 7%，而這兩種工作如今正面臨被科技取代的風險。[19]

　　向上流動曾是美國最受珍視的特質，如今卻變成一個尷尬的幻影。美國最富裕、資產前四分之一家庭出身的孩子，有 77% 能在二十四歲以前取得大學學位；但來自最貧窮、資產屬後段四分之一家庭的孩子，只有 9% 能做到。[20] 七十五年前，《退伍軍人法案》讓整整一代人實現了階級翻身[21]；但如今，正如經濟學家皮凱提的結論，在美國，「父母的收入幾乎可以完美預測孩子是否能進入大學。」大家都知道，教育能當作經濟階梯的潛力，但這也讓一些營

富士坑 *Foxconned*

利性大學和職業學校（包括川普大學）多年來利用這點，專挑弱勢的學生下手剝削。

歐拉托耶・貝伊耶烏（Olatoye Baiyewu，人稱「歐拉」）已在拉辛經營學徒培訓預備計劃超過二十年。他生於奈及利亞，父親是中階銀行職員。歐拉年輕時第一次以觀光客的身分來到美國，立刻被這個國家與美國對消費者友善的文化所吸引。他決定定居密爾瓦基，後來又遷往基諾沙，最後搬到拉辛，在當地的城市聯盟（Urban League）工作多年。他最主要的工作是建立一項「橋梁計劃」，幫助有坎坷過往、十八至二十四歲各種族裔的年輕人，透過一套密集且全面的課程，為進入木工、水電或配管等技職工作做好準備。這個計劃特別強調「軟技能」，像是時間管理與情緒控制，因為歐拉發現，這些軟技能往往是求職與保住工作的最大障礙。

歐拉告訴我：「我記得，有位年輕的黑人男子背負著一身過往來找我。他混過幫派、販過毒、高中輟學，還蹲過聯邦監獄。他想加入我的課程。我跟他說，他得先去圖書館借一部電影回家看，如果看完還是想參加，我就讓他加入。」那部電影是《刺激1995》（*The Shawshank Redemption*），歐拉認為，這是一個關於教育與品格如何帶來救贖的故事。那位年輕人最終加入了課程，後來有了一份穩定的工作，買了房子，還結了婚。歐拉的課程也會指定閱讀小說，例如《動物農莊》（*Animal Farm*）與《憤怒的葡萄》（*The Grapes of Wrath*），他認為這類參與深度思考的能力對於培養優秀的未來員工至關重要。

歐拉的課每年大約有四十至五十位學生畢業。他努力協助學生就業，投入的程度與教學本身一樣努力，儘管他坦承，白人學生幾乎可以保證拿得到工作，而讓工會接受黑人學徒始終是一場硬仗。他經常被找去協助各種社會計劃，例如興建遊民收容所。他表示：「他們很愛用我們的勞力。」但要推動這些學生進入職場時，特別是長期由帶種族歧視的工會掌控的行業，那些慈善機構的董事就不一定那麼熱心了。他每年的營運預算僅有22萬5千美元，平均每位成功畢業的學生花費約5千美元。

與其讓那些陷入困境的低收入學生在營利性技職學校的虛假承諾下背負龐大債務，「第一選擇學徒預備計劃」（First Choice Pre-Apprenticeship）則是在經費極其有限的情況下，免費為參與者改變人生。幾十年來，歐拉的薪水一直比他那些如今在技術行業工作的畢業生還少，但他靠著純粹的意志力讓這個計劃不至於瓦解。他也經常依賴清潔用品公司莊臣、道明會的修女和其他支持者的穩定資助。

然而，歐拉的努力非但沒有受到讚揚，他的計劃也沒有推廣到其他社區，更別說讓這個計劃像當地經濟發展機構那樣資金充裕。每隔幾年，歐拉就得四處奔波，尋找新的贊助者和經費。他的工作起初是城市聯盟的一項計劃，後來成為一個獨立的非營利組織，也曾是聯邦就業培訓的一部分，州政府與市政府所資助的善意企業的計劃，如今則隸屬於拉辛YMCA的附屬計劃。

歐拉坦言，他的計劃無法擴大到幾千人的規模，因為技職領域

的工作機會本來就不夠多。「我們是一個一個接觸，逐個改變他們的人生。關鍵是讓他們知道，我們真正在乎他們。」他這樣告訴我。

這並不是說「第一選擇預備學徒計劃」能一舉解決拉辛深層的社會問題，而是它揭示了我們社會的優先順序。歐拉的學徒計劃長年陷入資金困境，正是最鮮明的例子。我們一方面不計代價地追逐虛幻的企業投資與工作機會，另一方面卻讓這個成效明確、持續改變年輕人生命的計劃，不只一次、而是一次又一次地瀕臨關閉。然而，這正是我們現今經濟發展資金分配方式所產生的機會成本之一。

雖然有人主張，資本主義的機制注定會造成今日美國所見的贏家與輸家，但經濟分析顯示情況並非如此。提高最低工資、支持工會組織等標準政策手段，其實都是有效且不可或缺的做法。這些政治選擇會帶來重大改變，而我們對這些政策的抗拒，正是美國收入不平等遠遠超過其他工業國家的主因。壓低薪資與企業福利所省下來的資金，最終都流向了企業經理人、高層與股東，讓他們成為最大贏家。[22] 正如皮凱提所言：「一個經濟體和社會中，社會群體之間的分化如此極端，竟然還能無限期運作下去，實在令人難以想像。」[23]

沒有什麼比威斯康辛州與富士康的災難性合作更能說明這種根深柢固、偏袒富人的制度了。這樁交易以高度政治化又沒效率的方式，把公共資金轉移給精心挑選的企業贏家。這是一則警世寓言，也凸顯出當今美國普遍存在的有害趨勢與潛在危機：當城市與各州為了有限的企業與工業工作機會彼此競價時，結果只會讓每個職位

所需的補貼成本飆升到離譜的程度，既無助於全國發展，也無益於整體勞動力。反之，這只是膨脹了企業的利潤、犧牲了納稅人的血汗錢為燃料，為我國本就不平等的爛攤子火上加油。

這不過是一場曠日費時的騙局。

後記
新合約

2021年4月20日，威斯康辛州長埃弗斯的辦公室宣布，州政府與富士康簽了一份新合約。這份新協議實質上正式承認富士康的工業計劃縮水，就業人數上限從原本承諾的13,000人降至1,454人。原本州政府承諾高達30億美元的補助，現在頂多提供8千萬美元，不到原本的2.7%。富士康的資本支出預估也從當初的鉅額縮水為6億7,200萬美元，連原計劃的7%都不到。電視螢幕的製造計劃也確定不會實現了。

州政府大肆宣傳新合約，說是能保護威斯康辛州的納稅人不必支付數十億美元的激勵補貼，但這種說法其實有點虛偽。因為富士康根本就不可能達到原先設定的就業人數和資本支出目標、拿到那些補貼。埃弗斯政府也早就說清楚，除非富士康真的蓋出原本合約承諾的那座大型10.5代液晶顯示面板工廠，否則不會給任何補貼。那為什麼州政府還要搞一份新合約，每個工作崗位還可能給到5萬5千美元的高額補貼？（主張改革的倡議者建議全國都應設立補助上限，每個工作補助額度應落在7千到3萬5千美元之間）還有，

富士康為什麼願意正式接受這個縮水的計劃呢？

答案在於富士康已經投入的沉沒成本，以及威州未來龐大、隱藏的財政負擔。富士康在威州的資本投資已達數億美元，另外還有數百萬美元的人力成本。此外，如今富士康已擁有 1,000 英畝的精華土地，這些土地配有最先進的基礎設施，且幾乎可以無限制取用密西根湖的水資源。雖然富士康對這塊基地的規劃已大幅縮水，但這仍是長期可利用的企業資產，值得保留。與此同時，威斯康辛州政府、芒特普萊森特以及拉辛郡也都被富士康的承諾綁住了。對他們而言，最壞的情況莫過於富士康違約，不再履行對地方的房地產稅承諾。根據原先與地方簽訂的合約，富士康保證其資產估值至少為 14 億美元，按此估算，每年應繳納的地方稅將近 3 千萬美元。小鎮與政府已為了配合富士康打造一個價值 100 億美元的園區而舉債數億美元，現在如果富士康不繼續繳稅，他們根本無力償還為這些基礎建設貸款的利息。而且根據 2017 年的法規，若富士康違約，州政府還得負擔 40％ 的債務本金與利息，這筆金額可能也是幾億美元。所以，如果花 8 千萬美元、每個工作補助 5 萬 5 千美元，能換來富士康未來二十五年繼續為芒特普萊森特以及拉辛郡開支票，持續替地方繳稅、填補地方債務，那麼對州政府來說，這筆錢就花得值得。

最終，這份新合約只凸顯出一個事實：一旦激勵措施受到政治議程、裙帶關係以及錯置的信任所驅動，最終將帶來多麼深遠的財政負擔與風險。

富士坑 *Foxconned*

致謝

我的《富士坑》報導始於《鏽帶雜誌》的一系列文章，當時由海勒主編負責。我還記得，第一篇文章完成之際，他正從美東搬到克里夫蘭，時間相當緊湊。那篇文章經過細細打磨，接下來的兩篇也同樣探討了威斯康辛州與富士康這場冒險的根本問題，為後續的報導奠定了基礎。當時能有這個機會、又受主編的指導，我至今仍心懷感激。這三篇報導被 Longreads.com 評選為「2017 年度最佳報導」。後來，在資深編輯兼出版人保羅・范倫德（Paul Fanlund）的指導下，我也為《美國展望雜誌》（The American Prospect）與《麥迪遜首府時報》發表了一些延伸報導。

從長篇報導轉為書籍寫作的過程中，我要感謝三叉戟媒體集團（Trident Media）始終如一支持我的經紀人亞歷克斯・斯萊特（Alex Slater）以及芝加哥大學出版社（University of Chicago Press）編輯提姆・曼內爾（Tim Mennel）耐心且睿智的指導。提姆是這個計劃的完美人選，他很快就掌握了故事的細膩與重要性，並在內容細節、整體結構與流暢度方面提供了無價的建議。他也安排了兩位

專業的審稿人,帶給我深刻且具建設性的回饋。這份書稿還大大受益於凱薩琳・費達許(Katherine Faydash)精準逐字的潤稿。此外,我要感謝出版社其他團隊成員在設計與製作上的努力,是你們讓這本書得以實現。

感謝我在威斯康辛大學主修經濟學的長子喬許(Josh),他在我完成初稿後便閱讀全稿,並以清晰的思路提出許多建言,這些建議如今已深植書中各處。次子柴克(Zach)在我調查初期就一直陪伴著我,然而,他在 2018 年因一起車禍不幸身亡,但他的身影始終活在我的心中,陪我走過後續的寫作旅程。除了兩個兒子,我要感謝我的妻子黛安(Diane),調查的過程總是曲曲折折、突發新聞也層出不窮,他們總是包容我滔滔不絕的言語轟炸。

講述這個故事的過程中,我也走了不少有趣的岔路。由於 Covid-19 疫情,我無法順利取得資料,感謝威斯康辛歷史學會(Wisconsin Historical Society)及時上傳了詹金斯 1974 年八小時的訪談錄音。撰寫列昂惕夫的相關故事之際,威斯康辛大學圖書館的豐富資源在許多方面給我極大的幫助。有超過一百位人士撥冗接受我的深入訪談,提供了寶貴的見解與經驗,對此我深深感激。特別在此感謝以下幾位:顯示器供應鏈顧問公司的歐布萊恩、IMPLAN 的首席經濟學家索瓦德森、威斯康辛大學密爾瓦基分校的馬克・萊文(Mark Levine)、洛克基金會的柯達托、普強就業研究所的巴提克、舊金山州立大學的歷史學家波斯特爾,以及哈佛商學院的史兆威。

儘管報業仍面臨嚴峻的壓力，密爾瓦基與拉辛郡的地方記者仍為「歷史的初稿」做出不可或缺的貢獻。《拉辛時報》以及後來加入《密爾瓦基哨兵報》的里卡多・托雷斯（Ricardo Torres）、《密爾瓦基商業期刊》的尚恩・萊恩（Sean Ryan），以及《密爾瓦基哨兵報》的瑞克・羅梅爾（Rick Romell）等人的報導年表，本書多次引用。追逐即時新聞之際，彭博社的奧斯汀・卡爾（Austin Carr）、威斯康辛公共廣播電台的柯琳・赫斯（Corrinne Hess）以及《The Verge》的喬許・傑澤亞（Josh Dzieza）等人的深入報導提供了更具洞察力的觀點。Gimlet Media 的皮納馬尼尼也透過《Reply All》的特輯〈芒特普萊森特說不的聲音〉（Negative Mount Pleasant），將這個地方故事推向全美的聚光燈下。報導富士康案、撰寫這本書的過程中，我曾多次試圖聯繫富士康高層和拉辛郡的關鍵人物，尋求他們的回應，但除了轉到富士康的公關公司，沒有任何回覆。

對於許多協助我完成這本書的人而言，這不只是一場學術性的研究，他們的社區、鄰里，甚至自家房屋，都是這起事件的直接受害者。在伊利諾州謝拉德採訪時，我感受到當地居民的溫暖與熱情接待。我探索拉辛的歷史與當下時，卡沃斯基、陶德與加德納教會我許多事。芒特普萊森特的喬伊・戴－穆勒願意花時間分享自己的故事，並帶我參觀她即將被拆除的房屋與土地，我深表感激。馬霍尼夫婦是那片原本寧靜宜人的鄉村型住宅區中僅存的住戶，他們對我知無不言，甚至歡迎我實地造訪。我更要感謝蓋勒赫，她在推動

當地政府透明與良治的過程中，承受了巨大的壓力與不公的個人攻擊，卻始終堅持不懈。她源源不絕的好奇心與堅定不移的意志不僅是我重要的訊息來源，也是激勵我的強大力量。

富士坑　*Foxconned*

注釋

前言

1. Encyclopedia of Dubuque, "African Americans," http://www.encyclopediadubuque.org/index.php?title=AFRICAN_AMERICANS; Isabel Wilkerson, "Seeking a Racial Mix, Dubuque Finds Tension," *New York Times*, Nov. 3, 1991.
2. Hacker and Pierson, *Let Them Eat Tweets*, 5.

富士康威斯康辛計劃時間軸

1. Mark Sommerhauser, "Foxconn Disputes Report That It's Changing Its Plans for New Wisconsin Campus," *Wisconsin State Journal*, May 24, 2018, https://madison.com/wsj/news/local/govt-and-politics/foxconn-disputes-report-that-its-changing-its-plans-for-new-wisconsin-campus/article_91b6aa35-a543-5ba9-ba98-9d6c2e2aa3ca.html.
2. Jessy Macy Wu and Karl Plume, "Exclusive: Foxconn Reconsidering Plans to Make LCD Panels at Wisconsin Plant," *Reuters*, Jan. 30, 2019, https://www.reuters.com/article/us-foxconn-wisconsin-exclusive/exclusive-foxconn-reconsidering-plans-to-make-lcd-panels-at-wisconsin-plant-idUSKCN1PO0FV.
3. Karen Pierog, "Wisconsin County to Lock In Long-Term Financing for Foxconn Project," *Reuters*, Oct. 18, 2019, https://www.reuters.com/article/us-foxconn-wisconsin-bonds/wisconsin-county-to-lock-in-long-term-financing-

for-foxconn-project-idUSKBN1WX0HV.
4. Kelly Meyerhofer, "Foxconn Pledged $100 Million to UW-Madison: The School Has So Far Received $700,000," *Wisconsin State Journal*, Sept. 13, 2019, https://madison.com/wsj/news/local/education/university/foxconn-pledged-100-million-to-uw-madison-the-school-has-so-far-received-700-000/article_9f738a83-c280-5f33-9dbf-edad5f454cc6.html.
5. Lauly Li, Kensaku Ihara, and Gen Nakamura, "Foxconn Terry Gou's Struggling Display Plant Seeks Fresh Capital," *Asia Nikkei*, Sept. 11, 2019, https://asia.nikkei.com/Business/Technology/Foxconn-Terry-Gou-s-struggling-display-plant-seeks-fresh-capital; Yimou Lee, "Exclusive: Foxconn Eyes Sale of $8.8 Billion China Plant amid Trade War Woes," *Reuters*, Aug. 1, 2019.
6. Debby Wu, "Foxconn's Terry Gou Vows to Fire Up Wisconsin Plant This Year," *Bloomberg*, Jan. 21, 2020, https://www.bloomberg.com/news/articles/2020-01-22/foxconn-s-terry-gou-vows-to-fire-up-wisconsin-plant-this-year.
7. "The Latest: Foxconn Begins Making Masks in Mount Pleasant," *Minneapolis Star Tribune*, Apr. 21, 2020, https://www.startribune.com/the-latest-foxconn-begins-making-masks-in-mount-pleasant/569830272/.

第 1 章

1. MacLean, Democracy in Chains, 220.
2. Erik Lorenzsonn and Shawn Johnson, "Walker: 'If I Can Take On 100K Protesters, I Can Do the Same' with Islamic Terrorists," *Wisconsin Public Radio*, Feb. 26, 2015, https://www.wpr.org/walker-if-i-can-take-100k-protesters-i-can-do-same-islamic-terrorists.
3. Ricardo Torres, "Properties in Foxconn 'Blighted Area' Await Their Fate," *Racine (WI) Journal Times*, June 17, 2018.

第 2 章

1. Tom Daykin, Rick Romell, and Rick Barrett, "With Agreement Signed, Foxconn Era Begins in Wisconsin with Pomp, Circumstance and a Rush for Land," *Milwaukee Journal Sentinel*, July 27, 2017.
2. Ron Starner, "Bagging the Big One, How Wisconsin Landed Foxconn," *Site*

Selection Magazine, Sept. 2017.
3. "Donald Trump Rally at the Indiana Fairgrounds," *Indianapolis Star*, Apr. 20, 2016, https://www.indystar.com/picture-gallery/news/2016/04/20/donald-trump-rally-at-the-indiana-state-fairgrounds/83278572/.
4. Ted Mann, "Viral Video over Plant Closure Gets Attention in GOP Debate," *Wall Street Journal*, Dec. 13, 2016, https://blogs.wsj.com/washwire/2016/02/13/viral-video-over-plant-closure-gets-attention-in-gop-debate.
5. "Trump Speaks to Carrier Employees," *ABC News*, https://www.youtube.com/results?search_query=Trump+Speech+on+Carrier+Jobs.
6. Amanda Becker, "More Layoffs at Indiana Factory Trump Made Deal to Keep Open," *Reuters*, Jan. 11, 2018, https://www.reuters.com/article/us-usa-trump-carrier/more-layoffs-at-indiana-factory-trump-made-deal-to-keep-open-idUSKBN1F02TL.
7. "2016 Person of the Year," *Time Magazine*, https://www.shortlist.com/news/donald-trump-interview-person-of-the-year-2016.
8. White House, "President Donald J. Trump Announces the White House Office of American Innovation (OAI)" (press release), Mar. 27, 2017, https://www.whitehouse.gov/briefings-statements/president-donald-j-trump-announces-white-house-office-american-innovation-oai.
9. "SoftBank's Son Pledges $50 billion, Foxconn Eyes US Expansion as Trump Woos Asian Firms," *Reuters*, Dec. 6, 2016, https://www.reuters.com/article/us-usa-trump-softbank/softbanks-son-pledges-50-billion-foxconn-eyes-u-s-expansion-as-trump-woos-asian-firms-idUSKBN13V2LG.
10. Connie Loizos, "SoftBank Says It Has Now Invested $18.5 Billion in WeWork, 'More Than the GDP' of Bolivia, Which Has 11.5 Million People," *TechCrunch*, Oct. 24, 2019, https://techcrunch.com/2019/10/24/softbank-notes-it-has-now-invested-18-5-billion-in-wework-more-than-the-gdp-of-bolivia-which-has-11-5-million-people.
11. Todd Frankel, "How Foxconn's Broken Pledges in Pennsylvania Cast Doubt on Trump's Jobs Plan," *Washington Post*, Mar. 3, 2017, https://www.washingtonpost.com/business/economy/how-foxconns-broken-pledges-in-pennsylvania-cast-doubt-on-trumps-jobs-plan/2017/03/03/0189f3de-ee3a-11e6-9973-c5efb7ccfb0d_story.html.
12. "Rick Rommel, a Blind Proposal, a Summons to Washington and a Jet Trip: Wisconsin's Drive to Win Foxconn," *Milwaukee Journal Sentinel*,

July 29, 2017, https://www.jsonline.com/story/money/business/2017/07/28/blind-proposal-summons-washington-and-jet-trip-wisconsins-drive-win-foxconn/519202001.
13. Inquiry to WEDC sent and received Feb. 22, 2019. WEDC's statement: "WEDC paid a total of $37,500 for 5 seats, of which Tricia Braun's [WEDC's chief operating officer] and Governor Walker's seats were paid for by WEDC, in the amount of $15,000. The remaining $22,500 was reimbursed to WEDC by the Department of Administration for Secretary Neitzel's seat ($7,500) and the Department of Transportation for Governor Walker's security detail ($15,000)." Walker brought along two of his state highway patrol security guards.
14. "Johnson Controls and Foxconn Industrial Internet Create Global Strategic Partnership" (joint press release, Johnson Controls and Foxconn), Aug. 28, 2019.
15. Heather Asiyanbi, "Mount Pleasant Trustee Candidate: David DeGroot," *Patch*, Mar. 25, 2013, https://patch.com/wisconsin/mountpleasant/mount-pleasant-trustee-candidate-david-degroot.
16. "About American Majority," https://app.joinhandshake.com/employers/american-majority-9169.
17. Alison Bauter, "DeGroot Has Right Connections: New Mount Pleasant Board Member Is Top Finisher in Election," *Racine (WI) Journal Times*, Apr. 6, 2013, https://journaltimes.com/news/local/degroot-has-right-connections-new-mount-pleasant-board-member-is-top-finisher-in-election/article_abbd8e08-9f34-11e2-80ef-0019bb2963f4.html.
18. Associated Press, "Trump Taj Mahal Casino Sold for 4 Cents on the Dollar," Los Angeles Times, May 9, 2017.
19. Richard Torres, "Foxconn exec: 'We're building the airplane while we're flying,'" *Racine Journal Times*, Feb. 21, 2019.
20. Jay Lee, "Foxconn Is Making Masks, Ventilators, Data Servers," *Wisconsin State Journal*, Nov. 13, 2020.

第 3 章

1. Roger Fingas, "Apple Supplier Foxconn So Far Up to 40,000 'Foxbots' in China," *Apple Insider*, May 10, 2016, https://appleinsider.com/articles/16/10/05/apple-supplier-foxconn-so-far-up-to-40000-foxbots-in-china

2. Brian Merchant, "Life and Death in Apple's Forbidden City," *The Guardian*, June 18, 2017.
3. "Foxconn in Pardubice, Czech Republic," *Electronics Watch*, Apr. 2017, https://electronicswatch.org/compliance-reports-foxconn-in-pardubice-czech-republic-june-2018_2541758.pdf, https://www.dw.com/en/foxconn-accused-of-exploiting-workers-in-europe/a-17132689
4. Washington Center for Equitable Growth, "Consequences of Routine Work Schedule Instability for Worker Health and Wellbeing," Sept. 26, 2018, https://equitablegrowth.org/working-papers/schedule-instability-and-unpredictability/
5. Jason Dean, "The Forbidden City of Terry Gou," *Wall Street Journal*, Aug. 11, 2007, https://www.wsj.com/articles/SB118677584137994489
6. *Asian Market News and Trading Resource*, citing a May 8, 2013, story from Taiwan's *Apple Daily*, https://tw.appledaily.com/new/realtime/20130508/178689/
7. Austin Carr, "Inside Wisconsin's Disastrous $4.5 Billion Deal with Foxconn," *Bloomberg*, Feb. 6, 2019, https://www.bloomberg.com/news/features/2019-02-06/inside-wisconsin-s-disastrous-4-5-billion-deal-with-foxconn
8. Chris Smith and Jenny Chan, "Working for Two Bosses," *Human Relations* 68, no. 2 (2015): 305–26; "Foxconn admits student intern abuse at plant assembling Amazon devices," *The Standard*, Aug. 9, 2019.
9. Juliette Garside and Yan Thompson, "Apple's Chinese iPhone Plants Employ Forced Interns, Claim Campaigners," *The Guardian*, Apr. 1, 2012, https://www.theguardian.com/technology/2012/apr/01/apple-iphone-china-factories-forced-interns
10. *Reuters*, "Apple Manufacturer Foxconn Says Underage Workers Used in China," Oct. 16, 2012, https://www.reuters.com/article/us-foxconn-teenagers/apple-manufacturer-foxconn-says-underage-workers-used-in-china-idUSBRE89F1U620121016
11. "How China Built 'iPhone City' with Billions in Perks for Apple's Partner," *New York Times*, Dec. 29, 2016, https://www.nytimes.com/2016/12/29/technology/apple-iphone-china-foxconn.html
12. "How Foxconn's Broken Pledges in Pennsylvania Cast Doubt on Trump's Jobs," *Washington Post*, Mar. 3, 2017, https://www.washingtonpost.com/business/economy/how-foxconns-broken-pledges-in-pennsylvania-cast-doubt-

on-trumps-jobs-plan/2017/03/03/0189f3de-ee3a-11e6-9973-c5efb7ccfb0d_story.html
13. Austin Carr, "Inside Wisconsin's Disastrous $4.5 Billion Deal with Foxconn," *Bloomberg*, Feb. 6, 2019, https://www.bloomberg.com/news/features/2019-02-06/inside-wisconsin-s-disastrous-4-5-billion-deal-with-foxconn
14. Corrinne Hess, "Owners Near Foxconn Say They Were Misled: Now Their Homes Are Gone," *Wisconsin Public Radio*, Sept. 3, 2019, https://www.wpr.org/owners-near-foxconn-say-they-were-misled-now-their-homes-are-gone
15. "The Impact on the US Economy of Greenfield Projects by US Subsidiaries of Foreign Companies," *LocationUSA.com*, http://www.locationusa.com/foreignDirectInvestmentUnitedStates/jul08/greenfield-projects-United-States-subsidiaries.shtml
16. "Foxconn Culture," *Comparably.com*, https://www.comparably.com/companies/foxconn/culture
17. All quotes with Williams and Morris come from direct interviews conducted by the author in August and September 2017.
18. Lawrence Tabak, "Wisconsin's Promise of 13,000 jobs," Belt Magazine, Sept. 11, 2017, https://beltmag.com/foxconns-wisconsin-promise-13000-quality-jobs-empty-one

第 4 章

1. *Encyclopedia of Chicago*, "Melrose Park, Il.," http://www.encyclopedia.chicagohistory.org/pages/809.html.
2. WBEZ, rebroadcast as part of "A History of Manufacturing in Five Objects," Oct. 12, 2019, *Americans at Work* series, https://www.backstoryradio.org/shows/a-history-of-manufacturing-in-5-objects/.
3. Andrew Zajac and Sallie L. Gaines, "Zenith to Idle Plant in Melrose Park," *Chicago Tribune*, Oct. 6, 1998, https://www.chicagotribune.com/news/ct-xpm-1998-10-06-9810080004-story.html.
4. Katie Reilly, "The Last Major TV Factory in the US Is Shutting Down Because of President Trump's Tariffs," *Time Magazine*, Aug. 8, 2018, https://time.com/5361394/tv-factory-closing-trump-tariffs/.
5. Pat Choate, "The Big Squeeze," *Washington Post*, Sept. 20, 1990, https://

www.washingtonpost.com/archive/opinions/1990/09/30/japan-and-the-big-squeeze/0fb1617e-8756-4390-a776-f1619d59869a/.
6. Kawamoto, "History," 495.
7. Kawamoto, 496.
8. "Honda Breaks Ground on Indiana Plant," *ReliablePlant*, Mar. 2007, https://www.reliableplant.com/Read/5342/honda-officially-breaks-ground-for-auto-plant-in-indiana.
9. "Apple Supplier Japan Display Set to Start Idle LCD Plant," *Nikkei Asia Review*, Dec. 8, 2016.
10. "BOE 10.5 Generation Line Project Shows Wisdom to Build Black Technology," Shenzhen Enrich Electronics Co., Oct. 15, 2018, http://www.customlcddisplay.com/info/boe-10-5-generation-line-project-shows-wisdom-29840701.html.
11. Daniel Simmons, "What the Residents of Mount Pleasant Really Think about Foxconn Construction," *Milwaukee Magazine*, Aug. 27, 2018.
12. Makiko Yamazaki, "Foxconn Agrees to Buy Sharp after Slashing Original Offer," *Reuters*, Mar. 29, 2016, https://www.reuters.com/article/us-sharp-honhai/foxconn-agrees-to-buy-sharp-after-slashing-original-offer-idUSKCN0WW03P.
13. "China's Midea Group Buys Toshiba's Home Appliance Business," *ChinaDaily.com*, Mar. 31, 2016.
14. Hiroko Tabuchi, "Sony's Bread and Butter? It's Not Electronics," *New York Times*, May 27, 2013.
15. "What Happened to Japan's Consumer Electronics Giants?," *BBC News*, Apr. 2, 2013.
16. "LG Display Open Guangzhou OLED Panel Production Plant," *Korea JoongAng Journal*, Aug. 30, 2019, https://koreajoongangdaily.joins.com/news/article/article.aspx?aid=3067421.
17. Jon Porter, "Samsung Display Is Getting Out of the LCD Business," *The Verge*, Mar. 31, 2020, https://www.theverge.com/2020/3/31/21200859/samsung-display-ending-lcd-panel-production-quantum-dot-oled-south-korea-china-factories.
18. "China approves LG Display's Guangzhou OLED TV fab," *OLED–Info*, July 11, 2018, https://www.oled-info.com/china-approves-lg-displays-guangzhou-oled-tv-fab.
19. Michael Herh, "LG Display Puts Off Volume Production at Guangzhou Plant to Next Year," *Business Korea*, Dec. 24, 2019, http://www.businesskorea.co.kr/

news/articleView.html?idxno=39505.
20. Ross Young, "OLEDs Expected to Gain Ground as LCD Investment Slows," *Information Display*, May 3, 2019.
21. Bob O'Brien, "Tariffs Impact US TV Imports," *DSCC*, Nov. 18, 2019, https://www.displaysupplychain.com/blog/tariffs-impact-us-tv-imports.
22. "Entering a Survival Situation," *TV Veopar Journal*, Feb. 2020, https://www.tvj.co.in/entering-a-survival-situation/.
23. "Foxconn Looking to Sell New Gen 10.5 Plant?," *Display Daily*, Aug. 8, 2019, https://www.displaydaily.com/article/display-daily/foxconn-looking-to-sell-new-gen-10-5-plant.
24. Michael Burke, "Foxconn Starts Roof Installation on 'Fab' Plant," *Racine (WI) Journal Times*, Oct. 10, 2019, https://journaltimes.com/business/local/foxconn-starts-roof-installation-on-fab-plant/article_0641cd3e-cc12-5f1f-b053-86e1bde91283.html.

第 5 章

1. The quotations in this section are my own transcriptions from the live stream of the meeting.
2. *University of Chicago* Briffault, "Most Popular Tool," 67.
3. Corinne Hess, "'Blight' Declaration for Foxconn One of the Largest Ever Seen, Say Experts," *Wisconsin Watch*, *Wisconsin Public Radio*, Sept. 3, 2019, https://www.wisconsinwatch.org/2019/09/blight-declaration-for-foxconn-one-of-the-largest-ever-seen-experts-say/.
4. "Braun Road to Be Widened East of I–94," *Kenosha (WI) News*, July 11, 2018.

第 6 章

1. Deon Drane, "Black History in Racine," *Racine (WI) Journal Times*, Apr. 9, 1995, https://journaltimes.com/news/local/black-history-in-racine/article_32df8f28-6919-59ba-a31a-9ab77787cf96.html.
2. Thompson, *Continuity and Change, 1940–1965*, 338.
3. US Census Bureau, *QuickFacts Racine, WI*, https://www.census.gov/quickfacts/fact/table/racinecitywisconsin,racinecountywisconsin/PST045219.
4. Alana Watson, "Report: Milwaukee, Racine Rank as Worst Cities for African

Americans to Live," *Wisconsin Public Radio*, Nov. 15, 2019, https://www.wpr.org/report-milwaukee-racine-rank-worst-cities-african-americans-live.
5. Dolores Acevedo-Garcia, Clemens Noelke, and Nancy McArdle, "The Geography of Child Opportunity: Why Neighborhoods Matter for Equity," Brandeis University, Jan. 2020, 36, http://new.diversitydatakids.org/sites/default/files/file/ddk_the-geography-of-child-opportunity_2020v2_0.pdf.
6. Cary Spivak, "Potawatomi Casino Complex Laying Off 1,600 Employees as COVID-19 Continues to Hurt Business," *Milwaukee Journal Sentinel*, July 17, 2020.
7. Cary Spivak, "Gambling Revenue Flat as Potawatomi Tribe Wins about $400 Million from Gamblers," *Milwaukee Journal Sentinel*, Sept. 4, 2017. Cary Spivak, "Potawatomi Casino Complex Laying Off 1,600 Employees as COVID-19 Continues to Hurt Business," *Milwaukee Journal Sentinel*, July 17, 2020.
8. Van Vugt, *British Immigration to the United States*, 91.
9. *Racine: Growth and Change in a Wisconsin County*, a compilation written by leading Wisconsin historians (Racine: Racine County Board of Supervisors, 1977).
10. "The Company of Jerome Case," 2017, http://www.racinehistory.com/jicase.html.
11. "A Case History: Century and a Half of Highlights," *Racine (WI) Journal Times*, Nov. 8, 1992, https://journaltimes.com/news/local/a-case-history-century-and-a-half-of-highlights/article_b3482ec9-de8c-5fb3-9064-288a47c7742b.html.
12. Burckel, *Racine*, 374.
13. Michael Burke, "Era Ends at Historic Racine Factory," *Racine (WI) Journal Times*, July 27, 2002.
14. Dun & Bradstreet, https://www.dnb.com/business-directory/company-profiles.s_c_johnson__son_inc.c009c81e24093adacf60e359feb5b62c.html.
15. Jim Higgins, "The Golden Legacy of Racine's Western Publishing," *Milwaukee Journal Sentinel*, Feb. 24, 2017, https://www.jsonline.com/story/entertainment/books/2017/02/24/golden-legacy-racines-western-publishing/98171542/.
16. Paul Holley, "230 Jobs Go When Local Plant Closes," *Racine (WI) Journal Times*, Jan. 22, 1993, https://journaltimes.com/news/local/jobs-go-when-local-plant-closes/article_31ad3758-8a49-5192-995b-820c9b5b78b7.html.
17. James Hagerty, "Once Made in China: Jobs Trickle Back to US Plants," *Wall

Street Journal, May 21, 2012, https://www.wsj.com/articles/SB10001424052702304587704577333482423070376.
18. Oral history interview with William "Blue" Jenkins, Civil Rights History Project: Survey of Collections and Repositories, Wisconsin Historical Society, Library–Archives, https://www.loc.gov/folklife/civilrights/survey/view_repository.php?rep_id=712.
19. Thompson, *History of Wisconsin*, 331–32.
20. Michael B. Sauter and Thomas C. Frohlich, "These US Cities Have Gone from Rich to Poor in Less Than Half a Century," *USA Today*, Dec. 2, 2019, https://www.usatoday.com/story/money/2019/12/02/american-cities-that-went-from-rich-to-poor/40662605/.
21. US Census Bureau, *Janesville Wis. Quick Facts*, https://www.census.gov/quickfacts/janesvillecitywisconsin.
22. Blue Jenkins recorded interview, 1974, Wisconsin Historical Society.
23. Burckel, *Racine*, 379.
24. Burckel, 422.
25. Judd, *Ill Fares the Land*, 77.
26. Case and Deaton, "Deaths of Despair," 62.
27. Pollin, *Back to Full Employment*, 19.
28. Stiglitz, *Price of Inequality*, xl–xli.
29. Stiglitz, xli.
30. "Report: Milwaukee, Racine Rank as Worst Cities for African Americans to Live," *Wisconsin Public Radio*, Nov. 15, 2019.
31. Blanchflower, *Not Working*, 5–7.
32. Towncharts.com, "Racine, Wisconsin Education Data," https://www.towncharts.com/Wisconsin/Education/Racine-city-WI-Education-data.html.
33. Kristof, *Tightrope*, 87.
34. Case and Deaton, "Deaths of Despair," 51.
35. Kristof, *Tightrope*, 35–36.
36. Sauter and Frohlich, "These US Cities."
37. Central Racine County Health Department, *2011–2016 Racine County Fetal, Infant, & Child Death*, 5.
38. Central Racine County Health Department, "Data and Resources," https://crchd.com/opioid-and-heroin-awareness/data.
39. "Race and Ethnicity in Racine, Wisconsin," September 2018, https://

statisticalatlas.com/place/Wisconsin/Racine/Race-and-Ethnicity.
40. Travis, Western, and Redburn, *Growth of Incarceration in the United States*.
41. Cheryl Corley, "Wisconsin Prisons Incarcerate Most Black Men in US," *National Public Radio*, Oct. 3, 2013, https://www.npr.org/sections/codeswitch/2013/10/03/228733846/wisconsin-prisons-incarcerate-most-black-men-in-u-s.
42. Pamela Oliver, "The Wisconsin Racial Disparities Project," *Pamela Oliver* (blog), 2015, https://www.ssc.wisc.edu/~oliver/racial-disparities/.
43. Blanchflower, *Not Working*, 113.
44. Molly Dill, "At Regional Conference, Woo Works to Clear Up Misconceptions about Foxconn," *Milwaukee BizTimes*, Oct. 30, 2018, https://biztimes.com/at-regional-conference-woo-works-to-clear-up-misconceptions-about-foxconn/.
45. In the late 1950s work was well under way outside of present-day Kenosha on a major new US Air Force base, R. I. Bong, named after a World War II aviator. More than $168 million (over $1 billion in 2020 dollars) was invested before the Pentagon abandoned the project. For years before being turned into a state recreation area, it was nine square miles of gutted land.
46. Eric Johnson, "Mount Pleasant Officials Pleased with Foxconn Progress," *Racine (WI) Journal Times*, Sept. 27, 2020. Daniel Simmons, "What the Residents of Mount Pleasant Really Think about Foxconn Construction," *Milwaukee Magazine*, Aug. 27, 2018, https://www.milwaukeemag.com/what-mount-pleasant-residents-think-about-foxconn-construction/.

第 7 章

1. Ben Botkin, "Fyre Lake Developer Uses TIF Funds to Buy Sherrard Generator," *Rock Island Argus*, May 12, 2007.
2. Barb Ickes, "Former Clerk Convicted of Embezzlement Shows Regret, Worries about Future," *Quad–Cities Times*, June 6, 2010, https://qctimes.com/news/local/former-clerk-convicted-of-embezzlement-shows-regret-worries-about-future/article_31eef37c-7109-11df-bf6f-001cc4c002e0.html.
3. Kay Luna, "Big Plans for Fyre Lake," *Quad City Times*, June 16, 2007.
4. Lee Provost, "Bradley: 1 of 2 Local Investors Says Development's Loan Default Was on Purpose," *Kankakee (IL) Daily Journal*, July 27, 2011.
5. Janine Anderson, "City of Burlington Officials Give Themselves a Pay Hike,"

Racine (WI) Journal Times, Feb. 6, 2005, https://journaltimes.com/news/local/city-of-burlington-s-elected-officials-give-themselves-pay-hike/article_f8ce2d53-dba3-5ea9-90d0-8df555c1b38f.html.
6. Megan Noe, "Developer Todd Raufeisen Sentenced to Six Years in Prison," *WQAD8 ABC*, Sept. 14, 2017, https://wqad.com/2017/09/14/developer-todd-raufeisen-sentenced-to-prison/.
7. Simmons, "What the Residents of Mount Pleasant Really Think."

第 8 章

1. "Braun Road to Be Widened East of I–94," *Kenosha News*, July 11, 2018, https://www.kenoshanews.com/news/local/braun-road-to-be-widened-east-of-i/article_c9519c73-fd3b-5a94-8f6c-7e7f731288c1.html.
2. Cezary Podkul, "Meet the Fixers Pitting States against Each Other to Win Tax Breaks for New Factories," *Wall Street Journal*, May 18, 2019.
3. Anderson, *Knowledge Is Power*.
4. "SDG President Mark Williams Reflects on Common Site Selection Mistakes in Recent Podcast Interview," *StrategicDev.com*, Dec. 5, 2019.
5. FOIA-obtained WEDC email from Coleman Peiffer, Apr. 28, 2017, titled "MEETING / EVENT BRIEFING" re: "Meeting with Foxconn Chairman Terry Gou," accessed via Public Record Request 32685, obtained January 10, 2020.
6. Coleman Peiffer, "Meeting/Event Briefing" (WEDC briefing paper), May 5, 2017.
7. Jason Stein, "Michigan Offered Foxconn $3.8 Billion for Flat–Screen Plant, Still Lost to Wisconsin's $3 Billion Bid," *Milwaukee Journal Sentinel*, Oct. 19, 2017, https://www.jsonline.com/story/news/politics/2017/10/19/michigan-offered-foxconn-3-8-b-flat-screen-plant-still-lost-wisconsins-3-b-bid/772803001/.
8. Mark Hogan, head of WEDC, to Scott Neitzel, head of the state's Department of Administration, email dated June 26, 2017, FOIA-obtained request.
9. "Foxconn Factory Could Lead to $1 Billion Corning Plant in Wisconsin," *Milwaukee Business Journal*, July 28, 2017, https://www.tmj4.com/news/local-news/foxconn-possibly-attracting-glass-maker-corning-to-se-wisconsin.

富士坑　*Foxconned*

第 9 章

1. "The Birth of the Weather Forecast," *BBC Magazine*, Apr. 30, 2015, https://www.bbc.com/news/magazine-32483678.
2. Hannah Fry, "Why Weather Forecasting Keeps Getting Better," *New Yorker*, June 24, 2019.
3. Dietzenbacher and Lahr, *Wassily Leontief*, 136.
4. Leontief, *Genia & Wassily*.
5. "Wassily Leontief, 1906–1999," Library of Economics and Liberty, https://www.econlib.org/library/Enc/bios/Leontief.html.
6. Dietzenbacher and Lahr, *Wassily Leontief*, 11.
7. Bjerkholt, "Wassily Leontief," 24.
8. Bjerkholt, 5.
9. Dietzenbacher and Lahr, *Wassily Leontief*, 13–14.
10. Conference on Research in Income and Wealth, *Input–Output Analysis*, 9.
11. Walker and Thiessen, *Unintimidated*, 53.
12. Dietzenbacher and Lahr, *Wassily Leontief*, 41–43.
13. Dietzenbacher and Lahr, 44.

第 10 章

1. Author interview, Apr. 30, 2020.
2. Noah Williams, "An Evaluation of the Economic Impact of the Foxconn Proposal," *Center for Research on the Wisconsin Economy*, Aug. 21, 2017, https://crowe.wisc.edu/an-evaluation-of-the-economic-impact-of-the-foxconn-proposal/.
3. Abraham B. Beoker, "Memorandum Rm–3532–Pr March 1963 Input–Output and Soviet Planning: A Survey of Recent Developments," https://apps.dtic.mil/dtic/tr/fulltext/u2/401490.pdf.
4. Author interview, Aug. 2017.
5. Author interview, Aug. 2017.
6. Mitchell et al., *Economics of a Targeted Economic Development Subsidy*, 6.

第 11 章

1. Emily Stewart, "Donald Trump's Issue with Windmills Might Not Be about Birds," *Vox.com*, Oct. 23, 2020. See also Gervais and Morris, *Reactionary Republicans*.
2. "Full Historic Timeline," *Export–Import Bank of the United States*, https://www.exim.gov/about/history-exim/historical-timeline/full–historical–timeline.
3. James Conca, "Congressional Tea Party Vows to Destroy America's Export–Import Bank," *Forbes*, June 22, 2016, https://www.forbes.com/sites/jamesconca/2015/06/23/congressional-tea-party-vows-to-destroy-americas-export-import-bank/?sh=1b9309156e22.
4. "Ex–Im Still 'Boeing's Bank,'" *Mercatus*, Aug. 31, 2018, https://www.mercatus.org/publications/government–spending/ex–im–still–boeings–bank.
5. "Sen. Cruz: Corrupt Ex–Im Deal Proves We Have Government of, by, and for the Lobbyists," *U.S. Senate*, press release, July 14, 2015, https://www.cruz.senate.gov/?p=press_release&id=2403.
6. Amber Phillips, "Why Did Ted Cruz Savage Mitch McConnell on the Senate Floor? The Export–Import Bank," *Washington Post*, July 24, 2015, https://www.washingtonpost.com/news/the–fix/wp/2015/06/30/the–expiration–of–the–export–import–bank–explained–for–those–who–dont–know–what–that–is/.
7. Russell Burman, "Ted Cruz's Cry for Attention," *Atlantic Monthly*, July 24, 2015, https://www.theatlantic.com/politics/archive/2015/07/ted–cruz–mitch–mcconnell–donald–trump–liar–senate/399590/.
8. Paul Kane, "Pity the Export–Import Bank, Caught between Warring Republican Factions," *Washington Post*, May 8, 2019, https://www.washingtonpost.com/powerpost/pity-the-export-import-bank-caught-between-warring-republican-factions/2019/05/07/4fcb2140–70ff–11e9–8be0–ca575670e91c_story.html.
9. Melissa Quinn, "Rubio Takes on Export–Import Bank: 'Government Should Not Be Picking Winners and Losers,'" *Daily Signal*, Apr. 23, 2015, https://www.dailysignal.com/2015/04/23/rubio–takes–on–export–import–bank–government–should–not–be–picking–winners–and–losers/.
10. "CNBC's Rick Santelli's Chicago Tea Party," YouTube video, 4:36, posted by Heritage Foundation, https://www.youtube.com/watch?v=zp–Jw–5Kx8k.
11. "Wisconsin State Senate Elections," *Ballotpedia*, 2010, https://ballotpedia.org/Wisconsin_State_Assembly_elections,_2010.

12. "Wisconsin State Senate Elections."
13. Rosenthal and Trost, *Steep*, 34.
14. Jensen and Malesky, *Incentives to Pander*, Kindle loc. 594.
15. Bartik, *Making Sense of Incentives*.
16. Wall, *Unethical*, 84.
17. Wall, 126–27.
18. Wall, 163.
19. Matthew Defour, "Paul Jadin: Scott Walker 'Defamed' Economic Development Agency to Shift Blame for Failed Jobs Pledge," *Wisconsin State Journal*, Oct. 20, 2018, https://madison.com/wsj/news/local/govt–and–politics/paul–jadin–scott–walker–defamed–economic–development–agency–to–shift–blame–for–failed–jobs–pledge/article_f9e916c7–bcf4–5e14–8433–0126a4f2e520.html.

第 12 章

1. In FOIA–obtained email correspondence; for example, WEDC's Coleman Peiffer's Apr. 26, 2017, email to the governor's office stating, "Foxconn is looking at reshoring $10 billion and 10,000 jobs."
2. Piketty, *Capital in the Twenty–First Century*, 61.
3. Nicholas Kristof and Sheryl WuDunn, "Who Killed the Knapp Family," *New York Times*, Jan. 9, 2020.
4. Case and Deaton, *Deaths of Despair*.
5. Susskind, *World without Work*, 103.
6. US Bureau of Labor Statistics, "Labor Force Statistics from the Current Population Survey," as of Oct. 8, 2015, https://www.bls.gov/cps/cps_htgm.htm#employed.
7. Blanchflower, *Not Working*, 126–27.
8. Blanchflower, 127.
9. Ben Steverman, "The Wealth Detective Who Finds the Money of the Super Rich," *Bloomberg News*, May 23, 2019, https://www.bloomberg.com/news/features/2019–05–23/the–wealth–detective–who–finds–the–hidden–money–of–the–super–rich.
10. Steve Hargreaves, "How an Oil Boom Brought Diversity to North Dakota," *CNN Business*, Feb. 2, 2015.
11. Piketty, *Capital in the Twenty–First Century*, 265.

12. "AP Fact Check: Trump Plays on Immigration Myths," *PBS News Hour*, Feb. 8, 2019, https://www.pbs.org/newshour/politics/ap–fact–check–trump–plays–on–immigration–myths.
13. "Donald Trump in Phoenix: Mexicans Are 'Taking Our Jobs' and 'Killing Us,'" *Slate*, July 12, 2015, https://slate.com/news–and–politics/2015/07/donald–trump–in–phoenix–mexicans–are–taking–our–jobs–and–killing–us.html.
14. "Nothing Donald Trump Says on Immigration Holds Up," *Time Magazine*, June 29, 2019, https://time.com/4386240/donald–trump–immigration–arguments/, accessed Mar. 19, 20.
15. Frey, *Technology Trap*, 280.
16. Farah Stockman, "Becoming a Steelworker Liberated Her: Then Her Job Moved to Mexico," *New York Times*, Oct. 13, 2017, https://www.nytimes.com/2017/10/14/us/union–jobs–mexico–rexnord.html.
17. Judt, *Ill Fares the Land*, 176.
18. Harrison Jacobs, "Inside 'iPhone City,' the Massive Chinese Factory Town Where Half of the World's iPhones Are Produced," *Business Insider*, May 8, 2018, https://www.businessinsider.com.au/apple–iphone–factory–foxconn–china–photos–tour–2018–5.
19. Ross, *Industries of the Future*, 37.
20. Milwaukee 7 report circulated May 18, 2017, by WEDC chairman Mark Hogan, Public Record Request 32685, obtained January 10, 2020.
21. Gwynn Guilford, "The Epic Mistake about Manufacturing That's Cost Americans Millions of Jobs," *Quartz*, May 3, 2018, https://qz.com/1269172/the–epic–mistake–about–manufacturing–thats–cost–americans–millions–of–jobs/.
22. Claire Cane Miller, "The Long–Term Jobs Killer Is Not China: It's Automation," *New York Times*, Dec. 21, 2016, https://www.nytimes.com/2016/12/21/upshot/the–long–term–jobs–killer–is–not–china–its–automation.html.
23. Thomas Biesheuvel, "How Just 14 People Make 500,000 Tons of Steel a Year in Austria," *Bloomberg Businessweek*, June 21, 2017, https://www.bloomberg.com/news/articles/2017–06–21/how–just–14–people–make–500–000–tons–of–steel–a–year–in–austria.
24. Miller, "Long–Term Jobs Killer."
25. James K. Galbraith, *The End of Normal*, 142.
26. Goldstein, *Janesville*, 118.

27. "Gov. Walker Fails to Denounce Climate Change Gag Order on State Employees," *One Wisconsin Now*, Apr. 17, 2015, https://onewisconsinnow.org/press/gov-walker-fails-to-denounce-climate-change-gag-order-on-state-employees/.
28. Frederica Freyberg, "Vos, Hintz Weigh In on Foxconn and Other Fall Legislation," *Here and Now*, Nov. 17, 2017.
29. Emily Badger, "Are Rural Voters the 'Real' Voters? Wisconsin Republicans Seem to Think So," *New York Times*, Dec. 6, 2018, https://www.nytimes.com/2018/12/06/upshot/wisconsin-republicans-rural-urban-voters.html.
30. "Scott Walker Admits It: Former Wisconsin Governor Argues Votes in Metropolitan Areas Shouldn't Count as Much as Votes in Rural Areas," *Media Matters*, July 18, 2019.
31. James Rowen, "The Foxconn Road to Ruin," *Urban Milwaukee*, Mar. 9, 2020, https://urbanmilwaukee.com/2020/03/09/oped-the-foxconn-road-to-ruin.
32. "Local Perspective—Assembly Speaker Ron Vos," YouTube video, 29:51, posted by League of Wisconsin Municipalities, Aug. 26, 2019, https://www.youtube.com/watch?v=AF47aks1EdI&t=74s.
33. "On the Border: Foxconn in Mexico," *OpenDemocracy*, Jan. 16, 2015, https://www.opendemocracy.net/en/on-border-foxconn-in-mexico/.
34. Macy Yu, "Exclusive: Foxconn Reconsidering Plans to Make LCD Panels at Wisconsin Plant," *Reuters*, Jan. 30, 2019, https://uk.reuters.com/article/us-foxconn-wisconsin-exclusive/exclusive-foxconn-reconsidering-plans-to-make-lcd-panels-at-wisconsin-plant-idUKKCN1PO0FV.
35. Lauren Zumbak, "Foxconn's Wisconsin Factory Isn't What It Initially Promised: Can It Still Turn Mount Pleasant into a High-Tech Hub?," *Chicago Tribune*, Feb. 28, 2020, https://www.chicagotribune.com/business/ct-biz-foxconn-wisconsin-changing-plans-20200228-hn6wzt4fyzenpdeznjcyw642qu-story.html.
36. Statista, "Average Construction Costs of Industrial Warehouses in the United States in 2019, by Select City," https://www.statista.com/statistics/830417/construction-costs-of-industrial-warehouses-in-us-cities/.
37. Melanie Conklin, "Will Taxpayers Give Foxconn $172,000–$290,000 per Job?," *Wisconsin Examiner*, Aug. 5, 2019, https://wisconsinexaminer.com/2019/08/05/will-taxpayers-give-foxconn-172000-290000-per-job/; Bartik, "Costs and Benefits of a Revised Foxconn Project."

38. Jeffrey Dorfman, "Government Incentives to Attract Jobs Are Terrible Deals for Taxpayers," *Forbes*, Sept. 6, 2017, https://www.forbes.com/sites/jeffreydorfman/2017/09/06/government–incentives–to–attract–jobs–are–terrible–deals–for–taxpayers/#728debf66eff.

第13章

1. "Solutions for Avoiding Intercultural Barriers at the Negotiation Table," Program on Negotiation Staff, Harvard Law School Program on Negotiation, *Daily Blog*, July 23, 2020, https://www.pon.harvard.edu/daily/business-negotiations/solutions-for-avoiding-intercultural-barriers/.
2. John Grossman, "What Does It Take to Do Business in China?," *New York Times*, Sept. 4, 2013, https://boss.blogs.nytimes.com/2013/09/04/what-does-it-take-to-do-business-in-china/.
3. Austin Carr, "Inside Wisconsin's Disastrous $4.5 Billion Deal with Foxconn," *Bloomberg*, Feb. 6, 2019.
4. Paul Milgrom, "Auctions and Bidding, a Primer," *Journal of Economic Perspectives* (Summer 1989).
5. Joe Taschler, "Sales Take Will Go Away on March 31 after 23 Years," *Milwaukee Journal Sentinel*, Mar. 10, 2020, https://www.jsonline.com/story/news/2020/03/10/miller-park-board-end-sales-tax-helped-fund-brewers-stadium/5002966002/.
6. Nick Williams, "Forbes: Milwaukee Bucks Now Worth $1.58 Billion, Move Up the Ranks," *Milwaukee Business Journal*, Feb. 12, 2020.
7. Jennifer Bratburd, "Walker's Cuts to UW Were Devastating," *Wisconsin State Journal*, June 23, 2018, https://madison.com/wsj/opinion/letters/scott-walker-s-cuts-to-uw-were-devastating—/article_edd16f5f-4403-5394-a9a7-200a67a36ac8.html. "Wisconsin Governor Signs Bill to Fund New Milwaukee Bucks Arena," *Associated Press*, Aug. 12, 2015.
8. MacLean, *Democracy in Chains*, xvi.
9. "#945 James Dinan," *Forbes*, January 30, 2021, https://www.forbes.com/profile/james-dinan/#21918d9736d1.
10. Ross, *Industries of the Future*, 186.
11. Marc Andreessen, "What Will It Take to Create the Next Great Silicon Valleys," *Andreessen Horowitz*, https://a16z.com/2014/06/20/what-it-will-take-to-create-

the-next-great-silicon-valleys-plural/.
12. Vivek Wadhwa, "Industry Clusters: The Modern-Day Snake Oil," *Washington Post*, July 14, 2011.
13. Bresnahan, Gambardella, and Saxenian, "Old Economy Inputs for New Economy Outcomes," 835–60.

第 14 章

1. "Thin Green Line," *Environmental Integrity Project*, Dec. 9, 2019, https://environmentalintegrity.org/wp-content/uploads/2019/12/The-Thin-Green-Line-report–12.5.19.pdf.
2. "Trump EPA Backs Away from Smog Breaks for Foxconn, Indiana Steel Mills," *Chicago Tribune*, May 28, 2019.
3. "The EPA's Stunning Gift to Polluters in Chicago and across the Midwest," *Chicago Sun Times*, Nov. 22, 2019, https://chicago.suntimes.com/2019/11/22/20970669/epa-environmental-protection-agency-bga-brett-chase-veolia-sauget-pollution-midwest-scott-pruitt.
4. Foxconn did not respond to requests to discuss the project's potential pollution issues or their environmental record in China. Over the course of reporting this story and writing this book, phone calls to Foxconn were deferred to their public relation agency and emails remained unanswered.
5. "Water Conservation," Jan. 30, 2021, City of Racine website, https://www.cityofracine.org/Water/WaterConservation/.
6. PBS Wisconsin, *Here & Now* interview, Aug. 11, 2017, https://pbswisconsin.org/watch/here-and-now/foxconn-manufacturing-environment–LCD–heavy–metals/.
7. Rik Myslewski, "Chinese Apple Suppliers Face Toxic Heavy Metal Water Pollution Charges," *The Register*, Aug. 5, 2013, https://www.theregister.com/2013/08/05/chinese_apple_suppliers_investigated_for_water_pollution.
8. Ivan Moreno, "What Are the Environmental Concerns Surrounding the Wisconsin Foxconn Plant," *Chicago Tribune*, Aug. 26, 2017, https://www.chicagotribune.com/business/ct–foxconn–wisconsin–plant–environmental–issues–20170826–story.html.
9. "Foxconn Plant Would Add to Air Pollution in Wisconsin," *Wisconsin Public Radio*, Mar. 2, 2018, https://www.wpr.org/foxconn-plant-would-add-air-

pollution-wisconsin.
10. Carolyn Gibson, "Water Pollution in China Is the Country's Worst Environmental Issue," *Borgen Project*, Mar. 10, 2018, https://borgenproject.org/water-pollution-in-china/.
11. The Foxconn site was designated through the Foxconn legislation of 2017 as an "Electronics and Information Technology Manufacturing Zone." No limiting specifications were added, leaving the door open to a wide variety of industrial applications, such as the plastics manufacturing and molding operations that would be needed to produce consumer TVs. Hence the broad smokestack pollution waivers granted by Trump's EPA.
12. *Wisconsin Democracy Campaign*, https://www.wisdc.org/index.php?option=com_wdcfinancedatabase&view=searchadvanced&active_search=1&ic_name=heide%2C+charles.
13. Lee Bergquist, "Foxconn Will Not Need a Permit from Army Corps of Engineers for Impact to Wisconsin Wetlands," *Milwaukee Journal Sentinel*, Jan. 3, 2018.
14. "Most GOP Gubernatorial Candidates Are Climate Science Deniers, Like Their House and Senate Counterparts," *ThinkProgress*, Oct. 23, 2010, https://archive.thinkprogress.org/most-gop-gubernatorial-candidates-are-climate-science-deniers-like-their-house-and-senate-counterpar-d618d1532e3/.
15. "Every Politician Should Tell Us What They Think about Evolution and Climate Change," *Washington Post*, Feb. 13, 2015.
16. "#132 Negative Mount Pleasant," *Reply All* (Gimlet Media podcast), Dec. 6, 2018, https://gimletmedia.com/shows/reply-all/wbhjwd.
17. "#132 Negative Mount Pleasant."

第 15 章

1. The page is available at https://www.facebook.com/abettermtpleasant.
2. An exaggeration, having been actually handwritten on a sheet of the governor's letterhead.
3. Kelly Gallaher's formal complaint to the Village of Mount Pleasant, May 13, 2018, https://www.scribd.com/document/412281708/PFC–Complaint–Cover–Letter–1.
4. All quotes from this meeting were transcribed from the Village's audio archive

of meetings available at https://www.mtpleasantwi.gov.
5. Mount Pleasant audio archives, https://soundcloud.com/mtpleasantwi/vb-august-28-2018.
6. Adam Rogan, "Mount Pleasant OKs Small Raises for Village Board, to Take Effect after Next Elections," *Racine (WI) Journal Times*, Aug. 14, 2019, https://journaltimes.com/news/local/mount-pleasant-oks-small-raises-for-village-board-to-take-effect-after-next-elections/article_0b3aecd2-c198-5c34-837b-feb3d7af7b5d.html.

第 16 章

1. Briffault, "Most Popular Tool," 55–56.
2. Marc Eisen, "Epic Systems: Epic Decision," *Isthmus*, June 22, 2008, https://isthmus.com/archive/from-the-archives/epic-systems-epic-decision/.
3. Logan Wroge, "Verona Approves Epic Systems TIF Closure; Windfall Awaits," *Wisconsin State Journal*, May 10, 2016, https://madison.com/wsj/news/local/govt-and-politics/verona-approves-epic-systems-tif-closure-windfall-awaits/article_97f357cc-e281-533f-b621-e25503be2f2a.html.
4. Eisen, "Epic Systems."
5. "Epic Systems Pauses HQ Construction after 15 Years of Constant Growth," *Xconomy.com*, July 20, 2018, https://xconomy.com/wisconsin/2018/07/20/epic-systems-pauses-hq-construction-after-15-years-of-constant-growth/.
6. Wroge, "Verona Approves Epic Systems TIF Closure."
7. Barry Adams, "An Explosion of Growth in Verona and It's Not Just at Epic Systems Corp.," *Wisconsin State Journal*, May 22, 2017, https://madison.com/wsj/news/local/an-explosion-of-growth-in-verona-and-it-s-not/article_96d4ab82-41b6-53a8-9e5d-ce0bed54a9b5.html.
8. For a full accounting, see Dave Umhoefer, "Solving the 'Mystery' of Scott Walker's College Years and Entry into Politics," *PolitiFact*, Dec. 18, 2013.
9. BizTimes staff, "Land for Amazon.com Distribution Center Sold for $17.5 Million," *BizTimes*, Nov. 6, 2013, https://biztimes.com/land-for-amazon-com-distribution-center-sold-for-17-5-million/.
10. Alejandro Cancino, "Illinois Is Poised to Dangle Business Incentives to Big Companies—But Is It Worth It?," *Crain's Chicago Business*, Oct. 6, 2017.
11. City of Racine Finance and Personnel Committee Meeting Minutes, Oct. 8,

2018.
12. "Mt. Pleasant Water Agreement," *City of Racine*, Nov. 2018, https://www.cityofracine.org/uploadedFiles/_MainSiteContent/Departments/Water/_Documents/Mt.-Pleasant-Water-Agreement–November–2018.pdf.
13. Sean Ryan, "Foxconn Current Projects Valued at $522M by Local Governments," *Milwaukee Business Journal*, Jan. 17, 2020.
14. "Tax Incremental Financing Law, Section 66.46," *Wisconsin Legislative Audit Bureau*, 1981, I-1.
15. Paris Schutz, "In Chicago, TIF Revenues Soaring," *WTTW News*, July 31, 2019, https://news.wttw.com/2019/07/31/chicago-tif-revenues-soaring.
16. Civic Federation, "How the City of Chicago Uses Tax Increment Financing Surplus," May 17, 2019, https://www.civicfed.org/civic-federation/blog/how-city-chicago-uses-tax-increment-financing-surplus.
17. Heather Cherone, "TIFs Claim 35% of City's Property Tax Revenue," *Daily Line*, Aug. 1, 2019, https://thedailyline.net/chicago/08/01/2019/tifs-claim-35-of-city-property-tax-revenues-report/.
18. Paris Schutz, "In Chicago, TIF Revenues Soaring," *WTTW News*, July 31, 2019.
19. Ben Joravsky, "Chicago's TIF Scam Might Be Even More Crooked Than We Thought," *Chicago Reader*, July 25, 2017, https://www.chicagoreader.com/chicago/tif-investigation-navy-pier-audit-crains-bga-david-orr/Content?oid=28317757.
20. "Exposed, Wealthy Recipients of TIF Funds," *NBC Chicago*, Dec. 11, 2009.
21. Mick Dumke and Ben Joravsky, "The Shadow Budget: Who Wins in Daley's TIF Game," *Chicago Reader*, May 20, 2010.
22. US PIRG, "Tax Increment Financing," *El Paso Education Fund*, October 11, 2011.
23. "Development around Cabela's Gradually Bringing Returns for Gonzales," *El Paso (TX) Advocate*, May 8, 2017.
24. Adopted budget of El Paso, Texas, 2020, https://www.elpasotexas.gov/~/media/files/coep/office-of-management-and-budget/fy20-budget/fy-2020-adopted-budget-book--updated.pdf.
25. Dye and Merriman, "TIF Districts Hinder Growth," 2000.
26. "Improving Tax Increment Financing (TIF) for Economic Development," *Lincoln Institute of Land Policy*, 2017, https://taxpayersci.org/wp-content/uploads/TIF_Lincoln-Institute_2018.pdf.

27. Dinces, *Bulls Markets*, 205.
28. "Tax Increment Financing," *New Hampshire Office of Energy and Planning*, Nov. 2015, https://www.nh.gov/osi/planning/resources/documents/tax-increment-financing.pdf.
29. "Tax Increment Financing Report," *City of Portland, Maine*, Aug. 2018, https://www.portlandmaine.gov/DocumentCenter/View/26069/FYE2018-Annual-TIF-Report-to-City-Council--Prepared-8-2018.
30. *Wisconsin Policy Forum*, "Renovating TIF," *Wisconsin Taxpayer* 87, no. 5, May 2019.
31. "AB 2492 (Alejo): Cleanup for CRIA Implementation (AB 2)," *Assembly*, Feb. 19, 2016, https://caled.org/wp-content/uploads/2014/12/AB-2492-CRIA-Cleanup-Fact-Sheet-Final.pdf.
32. Benjamin Schneider, "CityLab University: Tax Increment Financing," *Bloomberg CityLab*, Oct. 24, 2019, https://www.bloomberg.com/news/articles/2019-10-24/the-lowdown-on-tif-the-developer-s-friend.
33. Liang-rong Chen, Elaine Huang, "On Microsoft's Attack against Hon Hai (Foxconn)," *Commonwealth Magazine*, Mar. 20, 2019, https://medium.com/commonwealth-magazine/on-microsofts-attack-against-hon-hai-foxconn-880c2a251998.
34. Ricardo Torres, "Foxconn's Legal Issues," *Racine (WI) Journal Times*, Apr. 21, 2019, https://journaltimes.com/news/local/foxconns-legal-issues-two-lawsuits-could-shed-light-on-how-the-business-operates/article_f4745f56-4be6-5469-a1b5-7e8b3dbdd8a2.html.
35. *JST Corp. v. Foxconn Interconnect Technology, Ltd.*, No. 19-2465 (7th Cir. 2020), Justia US Law, https://law.justia.com/cases/federal/appellate-courts/ca7/19-2465/19-2465-2020-07-13.html.
36. Kahneman, *Thinking, Fast and Slow*.
37. Kahneman, 149, 250.

第17章

1. "Candidate Evers Calls Wisconsin's Roads 2nd Worst in the US: Are They?," *The Observatory* (UW-Madison School of Journalism), May 7, 2019, https://observatory.journalism.wisc.edu/2018/09/28/candidate-evers-calls-wisconsins-roads-2nd-worst-in-the-u-s-are-they/.

2. Karen Herzog, "UW–Stevens Point Rolls Out Transformation That Would Cut 6 Liberal Arts Degrees, Focus on Careers," *Milwaukee Journal Sentinel*, Nov. 12, 2018, https://www.jsonline.com/story/news/education/2018/11/12/uw-stevens-point-transformation-trims-humanities-focuses-careers/1976108002/.
3. "Years after Historic Cuts, Wisconsin Still Hasn't Fully Restored State Aid for Public Schools," *Wisconsin Budget Project*, July 2, 2018, http://www.wisconsinbudgetproject.org/years-after-historic-cuts-wisconsin-still-hasnt-fully-restored-state-aid-for-public-schools.
4. Michael Lewis, *Fifth Risk*.
5. Norton Francis, "What Do State Economic Agencies Do?," *Urban Institute*, July 2016, https://www.urban.org/sites/default/files/publication/83141/2000880-What–Do–State–Economic–Development–Agencies–Do.pdf.
6. California state government agency profile, http://www.allgov.com/usa/ca/departments/office–of–the–governor/office_of_business_and_economic_development?agencyid=7452.
7. City of San Diego City of San Diego website, https://www.sandiego.gov/sites/default/files/fy20ab_v2econdev.pdf.
8. "Understanding JobsOhio Funding," JobsOhio.com, https://www.jobsohio.com/about-jobsohio/about-us/understanding-jobsohios-funding/.
9. Matt DeFour, "$700,000 WEDC Loan to Aviation Company Unpaid," *Wisconsin State Journal*, June 7, 2015, https://madison.com/wsj/news/local/govt-and-politics/wedc-loan-to-aviation-company-unpaid/article_08cd4cfc-ec3d-58b5-9e71-b0e9f248868d.html.
10. Beth Brogan and Whit Richardson, "Brunswick's Kestrel Aircraft Struggling to Pay Workers, Rent," *Bangor (ME) Daily News*, Sept. 25, 2013, https://bangordailynews.com/2013/09/25/news/brunswicks-kestrel-aircraft-struggling-to-pay-workers-rent/.
11. Danielle Kaeding, "Little Hope Remains for Wisconsin Officials Looking to Recover Funds from Failed Aircraft Deal," *Wisconsin Public Radio*, Aug. 5, 2019, https://www.wpr.org/little-hope-remains-wisconsin-officials-looking-recover-funds-failed-aircraft-deal.
12. Jessie Opién, "Critics Question Proposed WEDC, WHEDA Merger in Scott Walker's Budget," *Capital Times*, Mar. 3, 2015, https://madison.com/ct/news/local/govt-and-politics/election-matters/critics-question-proposed-wedc-wheda-merger-in-scott-walkers-budget/article_4d437bf3-6bec-51fc-a807-

de023b46cc64.html.
13. Alison Griswold, "A Nearly Complete List of the 238 Places That Bid for Amazon's Headquarters," *Quartz*, Nov. 4, 2017, https://qz.com/1119945/a-nearly-complete-list-of-the-238-places-that-bid-for-amazons-next-headquarters.
14. "Foxconn's 2017 Project Plan for the creation of Tax Incremental District No. 5," *Mount Pleasant website*, Ehlers Inc. report, October 4, 2017, https://www.mtpleasantwi.gov/DocumentCenter/View/1239/TID–5–Project–Plan–PDF.
15. Ricardo Torres, "Local Foxconn Project Estimates Increase by $150 Million," *Racine (WI) Journal Times*, Jan. 20, 2019, https://journaltimes.com/local-foxconn-project-estimates-increase-by-150-million/article_35fbbbf0-011f-5c17-9ea8-6e3a041ae6eb.html.
16. Sumedha Bajar, "The Impact of Infrastructure Provisioning on Inequality," *National Institute of Advanced Studies*, Indian Institute of Science Campus, Bangalore, India, July 2018, https://www.un.org/development/desa/dspd/wp-content/uploads/sites/22/2018/07/1–2.pdf.
17. Andrew Warner, "Public Investment as an Engine of Growth," *IMF eLibrary*, August 2014, https://www.elibrary.imf.org/view/IMF001/21561-9781498378277/21561-9781498378277/21561-9781498378277_A001.xml.
18. Minxin Pei, "Can China Save Itself from Crony Capitalism?," *AsiaGlobal Online*, Aug. 23, 2018, https://www.asiaglobalonline.hku.hk/china-crony-capitalism-corruption-inequality.
19. "Foxconn Deal Proving Lucrative . . . for Donors to Gov. Scott Walker's Campaign," *One Wisconsin Now*, May 7, 2018, https://onewisconsinnow.org/press/foxconn-deal-proving-lucrative-for-donors-to-gov-scott-walkers-campaign/.
20. Keefer and Knack, "Boondoggles," 566–72.

第18章

1. Jason Stein and Bill Glauber, "Marquette Law School Poll: Wisconsin Voters Think State Overpaid on Foxconn Deal," *Milwaukee Journal Sentinel*, Mar. 5, 2018.
2. Sean Ryan, "Foxconn Plans Another Innovation Center in Wisconsin," *Milwaukee Business Journal*, July 16, 2018.

3. Josh Dzieza and Nilay Patel, "Foxconn's Buildings in Wisconsin are Still Empty, One Year Later," *The Verge*, Apr. 12, 2017; Jonathan Sadowski, "Foxconn's Promise for 'Innovation Sites' Going Nowhere," *Up North News*, May 13, 2020.
4. Michael Burke, "Foxconn Begins Roof Installation on 'Fab' Building Plant," *Racine (WI) Journal Times*, Oct. 10, 2019.
5. Matthew DeFour, "Fiscal Bureau: Foxconn Roads Could Draw $134 Million from Other State Highway Projects," *Wisconsin State Journal*, Dec. 15, 2017, https://madison.com/wsj/news/local/govt-and-politics/fiscal-bureau-foxconn-roads-could-draw-134-million-from-other-state-highway-projects/article_f7a8a608-c245-5dce-acf3-7f83a19e615e.html.
6. Josh Dzieza, "The 8th Wonder of the World," *The Verge*, Oct. 19, 2020.
7. Dzieza.
8. Dzieza.
9. "Foxconn Announces Training Program for Students," *Daily Reporter*, Oct. 4, 2019, https://dailyreporter.com/2019/10/04/foxconn-announces-training-program-for-students/.
10. "Foxconn Announces Training Program for Students." In September 2020

第 19 章

11. Wilson, *When Work Disappears*, 140.
12. Bartik, *Making Sense of Incentives*, Kindle locs. 407 and 645.
13. Stiglitz, *Price of Inequality*, I, xli.
14. Hacker and Pierson, *Winner–Take–All Politics*, 158.
15. Andrew Marc Noel, Loni Prinsloo, and Paul Burkhardt, "Sasol Starts Stake Sale in $13 Billion US Chemical Plant," *Bloomberg*, Apr. 21, 2020, https://www.bloomberg.com/news/articles/2020-04-21/sasol-kicks-off-sale-of-stake-in-13-billion-u-s-chemical-plant.
16. Garreau, *Edge City*.
17. Bartik, *Making Sense of Incentives*, Kindle loc. 514.
18. Good Jobs First, https://subsidytracker.goodjobsfirst.org/parent/koch-industries.
19. MacLean, *Democracy in Chains*, 213.
20. Michael Kan, "Foxconn Expects Robots to Take Over More Factory Work," *PC World*, Feb. 27, 2015, https://www.pcworld.com/article/2890032/foxconn-

expects-robots-to-take-over-more-factory-work.html.
21. McLaughlin and Rank, "Estimating the Economic Cost of Child Poverty in the United States," 73–83.
22. Hacker and Pierson, *American Amnesia*, 35.
23. Susskind, *World without Work*, 167.
24. Hacker and Pierson, *American Amnesia*, 33.
25. Niall McCarthy, "The Countries with the Most STEM Graduates," *Forbes*, Feb. 2, 2017, https://www.forbes.com/sites/niallmccarthy/2017/02/02/the-countries-with-the-most-stem-graduates-infographic/#57d79602268a.
26. Lawrence Tabak, "The Latest Assault on Public Education by WI Gov. Scott Walker? Attempting to Resegregate Students in Racine County," *Belt Magazine*, Mar. 13, 2018, https://beltmag.com/wisconsin-war-on-education/.
27. Author interview with editor of *Greensburg Daily News*, 2017.
28. Kristof, *Tightrope*, 53.
29. Jennifer Cheeseman Day and Andrew W. Hait, "American Keeps on Trucking," *US Census Bureau*, June 6, 2019, https://www.census.gov/library/stories/2019/06/america-keeps-on-trucking.html. Vickie Elmer, "Most Americans Work One of These Ten Jobs," *Quartz*, Apr. 1, 2014, https://qz.com/194264/sales-and-related-jobs-account-for-11-american-jobs.
30. "College Affordability and Completion: Ensuring a Pathway to Opportunity," *US Department of Education*, https://www.ed.gov/college.
31. Piketty, *Capital in the Twenty-First Century*, 485.
32. Piketty, 302.
33. Piketty, 297.

Foxconned
Imaginary Jobs, Bulldozed Homes, and the Sacking of Local Government

富士坑
美國製造的真實故事

作　　者	勞倫斯・塔巴克（Lawrence Tabak）	出　　版	感電出版
譯　　者	方佳馨	發　　行	遠足文化事業股份有限公司
編　　輯	鍾顏聿		（讀書共和國出版集團）
編輯協力	徐育婷	地　　址	23141 新北市新店區民權路108-2 號9 樓
視　　覺	白日設計、薛美惠	電　　話	0800-221-029
		傳　　真	02-8667-1851
副 總 編	鍾顏聿	電　　郵	info@sparkpresstw.com
主　　編	賀鈺婷		
行　　銷	黃湛馨		

印　　刷　呈靖彩藝有限公司
法律顧問　華洋法律事務所　蘇文生律師

ISBN　978-626-7523-37-7（平裝）
　　　　978-626-7523-41-4（EPUB）
　　　　978-626-7523-42-1（PDF）

定　　價　550 元
初版一刷　2025 年7 月

Foxconned
Copyright © Lawrence Tabak, 2021
This edition arranged with Sanford J. Greenburger Associates, Inc.
through Andrew Nurnberg Associates International Limited.
Complex Chinese Language Translation copyright © 2025
by SparkPress, a Division of Walkers Cultural Enterprise Ltd.

如發現缺頁、破損或裝訂錯誤，請寄回更換。
團體訂購享優惠，詳洽業務部：(02)22181417 分機1124。
本書言論為作者所負責，並非代表本公司／集團立場。

國家圖書館出版品預行編目 (CIP) 資料

富士坑：美國製造的真實故事 / 勞倫斯. 塔巴克 (Lawrence Tabak) 作；方佳馨譯. -- 新北市：感電出版：遠足文化事業股份有限公司發行, 2025.07
400 面； 14.8×21 公分
譯自：Foxconned : imaginary jobs, bulldozed homes, and the sacking of local government.
ISBN 978-626-7523-37-7（平裝）

1.CST: 富士康科技集團 2.CST: 科技業 3.CST: 產業發展 4.CST: 美國　　484.5　　114004292

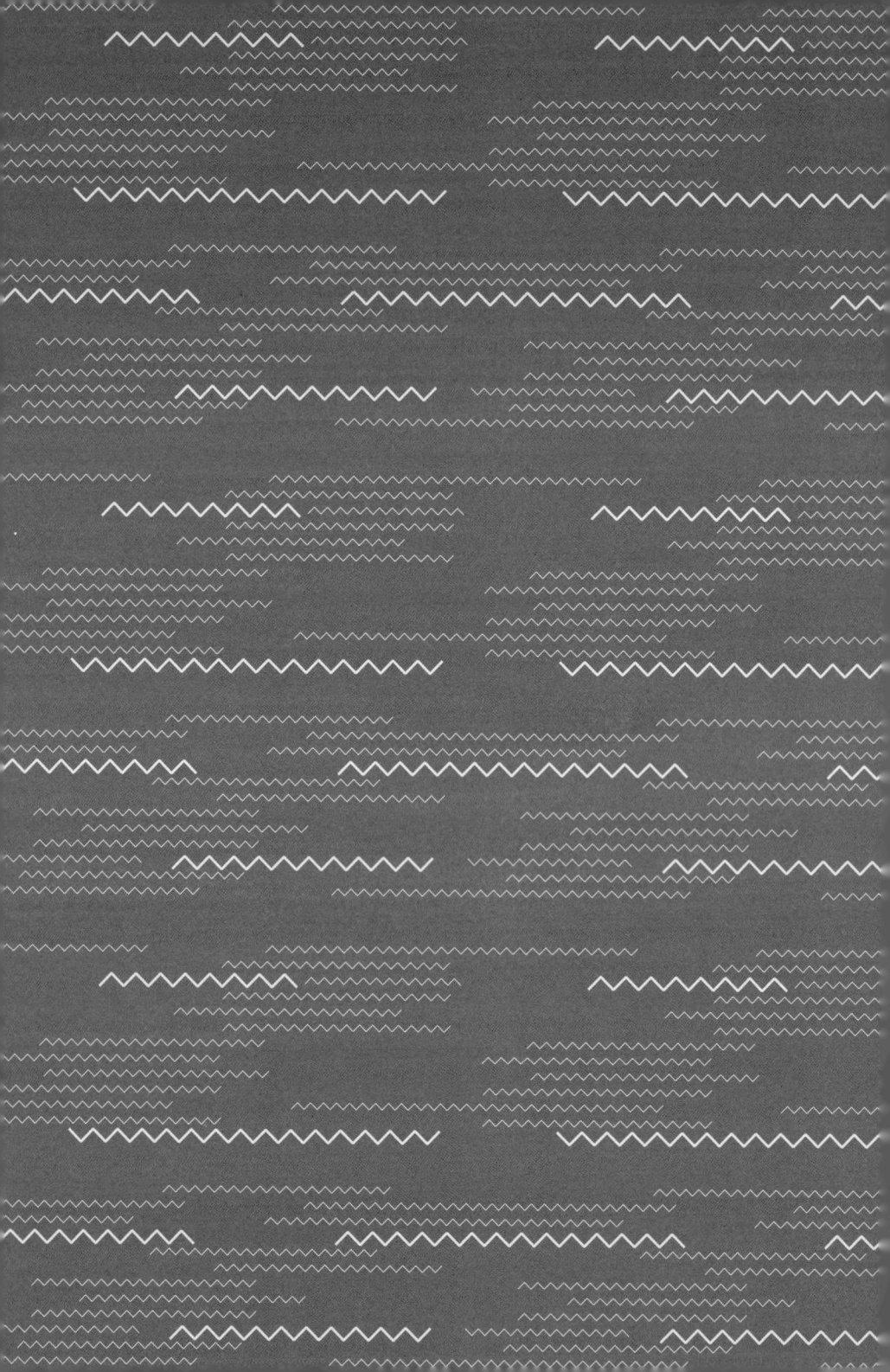

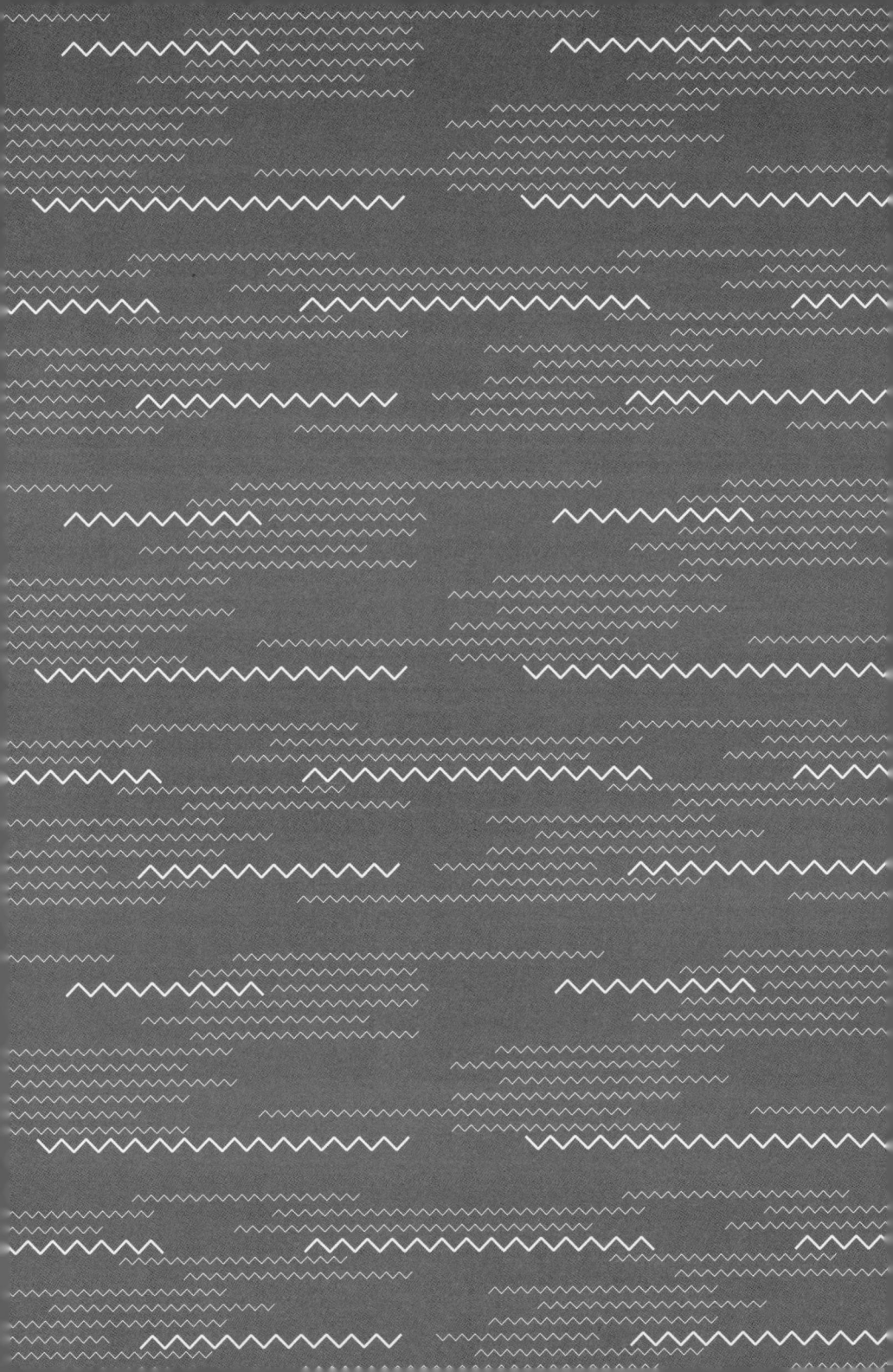

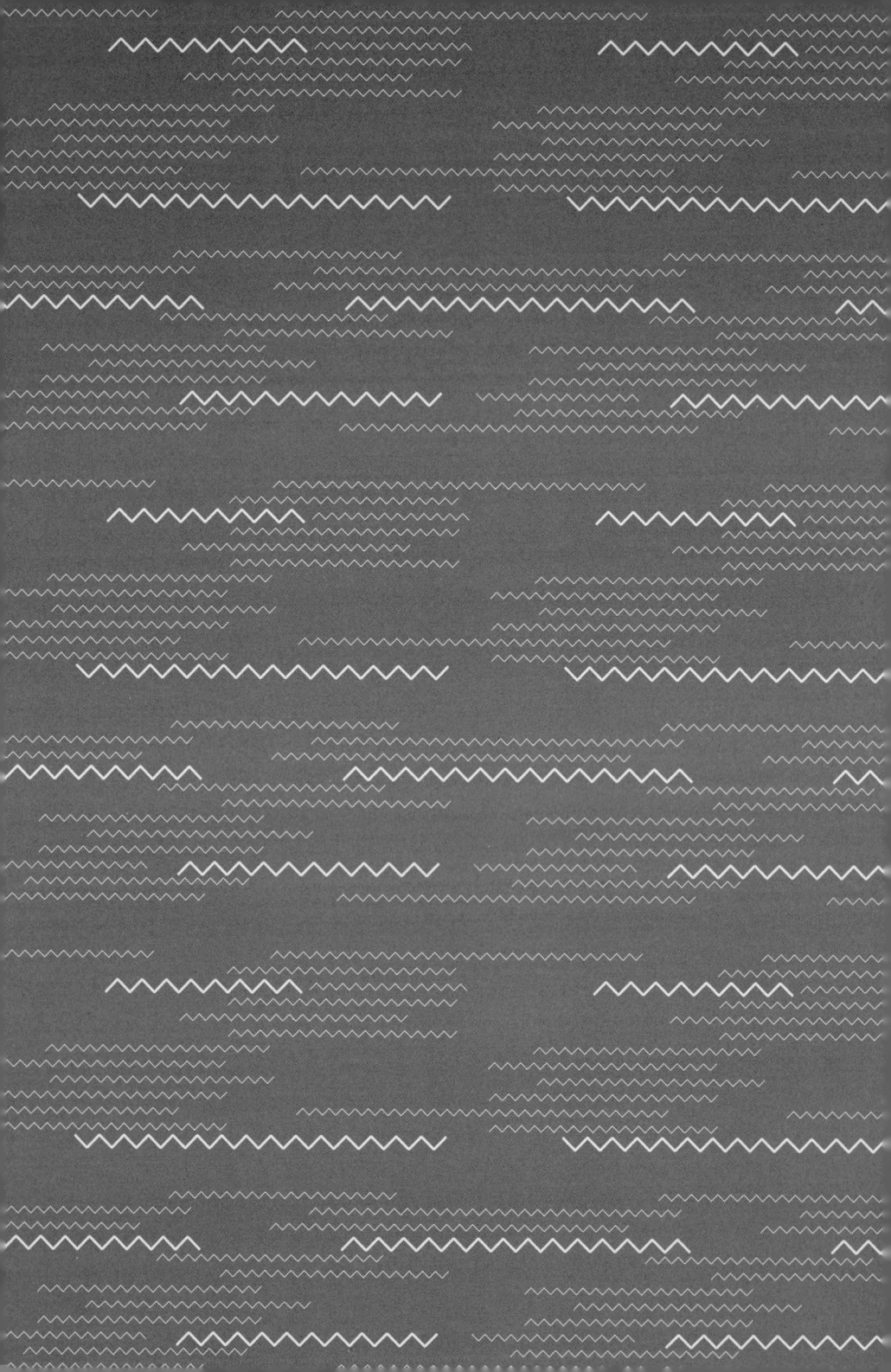